U0151085

飞行器静电起电放电理论与测试技术

胡小锋　王雷　魏明　周帅　刘卫东　著

国防工业出版社

·北京·

内 容 简 介

本书系统地介绍了静电基础理论、飞行器静电起电放电机理分析、飞行器摩擦起电、飞行器发动机喷流起电、飞行器吸附起电、飞行器静电放电辐射场建模与测试等内容,反映了近几年国内外飞行器静电起电放电领域的最新进展。

本书可供从事静电防护工程、飞行器领域静电起电放电研究的科技人员参考,也可作为相关专业研究生和高年级本科生的教材。

图书在版编目(CIP)数据

飞行器静电起电放电理论与测试技术/胡小锋等著.
—北京:国防工业出版社,2024.1
ISBN 978 - 7 - 118 - 12739 - 3

Ⅰ.①飞… Ⅱ.①胡… Ⅲ.①飞行器－静电防护
Ⅳ.①V47

中国国家版本馆 CIP 数据核字(2023)第 147591 号

※

*国防工业出版社*出版发行
(北京市海淀区紫竹院南路 23 号　邮政编码 100048)
北京凌奇印刷有限责任公司印刷
新华书店经售
*
开本 710×1000　1/16　插页 6　印张 16¼　　字数 315 千字
2024 年 1 月第 1 版第 1 次印刷　印数 1—1000 册　　定价 139.00 元

(本书如有印装错误,我社负责调换)

国防书店:(010)88540777　　书店传真:(010)88540776
发行业务:(010)88540717　　发行传真:(010)88540762

前　言

　　进入 20 世纪后,随着工业技术的发展,人们开始研究静电技术的应用。与此同时,静电这个不速之客闯进了许多高速发展的工业部门,造成了人们难以预料的各种障碍和事故。特别是近半个世纪以来,随着高分子材料、微电子技术和电爆装置的广泛应用,静电造成的危害已受到世界各发达国家的普遍重视。

　　飞机、导弹、运载火箭等飞行器在大气层内运动时会因多种静电起电方式而累积大量的静电荷,当其飞行高度不断增加,气温和气压不断下降时,相互绝缘的部件间就很容易发生静电放电。静电放电作为近距离干扰源会产生热效应、电流脉冲注入、电磁辐射等多方面的复杂效应,对飞行安全产生严重危害。静电放电严重时可干扰导航和通信系统、阻塞控制计算机等电器设备、损坏供电系统,导致飞行器姿态失控,造成不可弥补的损失。

　　导致飞行器积累大量静电荷的原因有大气电场的静电感应充电效应、发动机的喷流起电充电效应、摩擦起电充电效应、雷云的静电感应和电荷吸附等。对于不同的飞行器,上述各因素的权重略有不同,一般认为前三者为飞行器带电的主要因素。

　　本书作者结合多年对飞行器静电起电放电理论的系统研究,对静电放电信号进行了理论分析、模拟试验和多种机型的实飞测试,在此基础上编写了本书。

　　本书共 7 章:第 1 章介绍飞行器静电危害和飞行器静电起电放电研究动态;第 2 章详细讲解静电基础理论,包括静电起电原理、固体起电、液体的静电起电、气体的静电起电;第 3 章介绍飞行器静电起电放电机理分析,包括飞行器静电起电方式、飞行器静电放电机理;第 4 章介绍飞行器摩擦起电,涵盖了飞行器摩擦起电的影响因素,结合实际,叙述了飞行器摩擦起电模拟测试方法与技术、实验平台的理论建模和飞行器摩擦起电试验;第 5 章分析飞行器发动机喷流起电,对飞行器发动机进行简述,介绍了飞行器发动机尾气带电粒子的产生与演化,并结合实际,介绍了飞行器发动机尾气喷射起电的车载地面模拟试验和实地试验,同时对试验结果进行分析,研究了非接触式同轴喇叭状静电传感器;第 6 章详细讲解飞行器吸附起电的相关理论和试验;第 7 章阐述飞行器静电放电辐射场建模与测试,主要包括辐射场基础理论、飞行器静电放电辐射场建模和地面模拟与测试。

　　在本书的编写中,我们力求理论联系实际,加强针对性和实用性,涉及的相关理论、原理和方法，大部分都进行了相关试验研究，使读者能够把本书介绍的概念连贯起来，对所学理论做到融会贯通，进而加深对相关理论的理解和应用。

值本书出版之际，谨向国防工业出版社表示衷心的感谢！对所引用文献资料的作者致以诚挚的谢意！同时感谢研究生朱利、郑会志、杜照恒、樊高辉所做的工作。

由于作者水平所限，书中难免存在一些缺点和疏漏，恳请各位专家和读者批评指正。

作者

2023 年 5 月

目　录

第1章 绪 论

静电学是人们熟悉的一门古老学科,有丰富的实验基础和较完整的理论体系。自古希腊哲学家泰勒斯(Thales)首次发现并记录静电起电现象以来,静电进入人类的文明史已逾 2500 年,然而直至工业革命时期,静电才开始被科学地观察和研究。人类对电磁现象的认识是从研究静电现象开始的。早在几千年以前,古希腊人就发现了琥珀经摩擦后会吸附轻小物体。古希腊及古罗马人的观察记录一直流传至今。我国春秋战国时代的史料也有类似的记载。我国东汉时期王充所著《论衡》里有"顿牟掇芥"的记载,在西晋张华的《博物志》中有"今人梳头、脱著衣时,有随梳、解结有光者,亦有咤声"的记载,这些都说明,在中国古代,人们对静电现象已有认识。从 16 世纪起,人类对静电现象开始进行科学的观察与研究。其中最有名的一位是英国伊丽莎白女王的御医威廉·吉尔伯特(William Gilbert),他在观察和研究大量静电现象后,出版了《论磁石》一书,书中吉尔伯特提到除了琥珀之外,钻石、蛋白石、蓝宝石和硫黄等 10 多种物质都具有吸引轻小物体的能力。他将这类物质冠以起源于琥珀的名称"埃莱克特里卡"。英语中的"电(electricity)"一词是 1646 年左右出现的,就是来自古希腊语的"琥珀"一词,当时它的含义就是"吸引轻小物体的力"。在古代的中国,人们对大自然的静电放电现象——闪电和雷雨进行了研究。所以,汉字中繁体字的"電"(diàn)是由"雷"和"雨"组合演变而来的。

直至 18 世纪中叶,人类才通过科学实验的方法,发现电荷有正电荷与负电荷之分。1785 年,库仑通过实验证明了静电学的基本定律——库仑定律。1799年,伏特在仔细研究了摩擦起电和两种不同金属接触都会使青蛙腿抽搐的现象之后,认为青蛙腿的抽搐不过是对电流刺激的灵敏反应。电流产生的先决条件是两种不同的金属插在一定的电解液中并构成回路。于是,他在 1800 年用锌板和铜板插入一瓶稀硫酸液中做成了人类的第一个电池。这种电池,后来人们叫作伏特电池。1820 年,安培和奥斯特发现了电流的磁效应。1831 年,法拉第发现了电磁感应定律。1865 年,麦克斯韦在全面总结前人研究成果的基础上,用 4个方程揭示了宏观电磁现象的基本规律,形成了人们今天熟悉的麦克斯韦方程组,即

$$\begin{cases} \oint_S \boldsymbol{D} \cdot \mathrm{d}\boldsymbol{s} = \sum q \\[2mm] \oint_L \boldsymbol{E} \cdot \mathrm{d}\boldsymbol{l} = -\dfrac{\mathrm{d}\phi_{\mathrm{m}}}{\mathrm{d}t} \\[2mm] \oint_S \boldsymbol{B} \cdot \mathrm{d}\boldsymbol{s} = 0 \\[2mm] \oint_L \boldsymbol{H} \cdot \mathrm{d}\boldsymbol{l} = \sum I + \dfrac{\mathrm{d}\phi_{\mathrm{e}}}{\mathrm{d}t} \end{cases}$$

式中：$\oint_S \boldsymbol{D} \cdot \mathrm{d}\boldsymbol{s} = \sum q$ 为高斯定律表达式，描述了电场性质；$\oint_L \boldsymbol{E} \cdot \mathrm{d}\boldsymbol{l} = -\dfrac{\mathrm{d}\phi_{\mathrm{m}}}{\mathrm{d}t}$ 为法拉第电磁感应定律的表达式，描述了变化的磁场激发电场的规律；$\oint_S \boldsymbol{B} \cdot \mathrm{d}\boldsymbol{s} = 0$ 为磁通连续性原理，描述了磁场的性质；$\oint_L \boldsymbol{H} \cdot \mathrm{d}\boldsymbol{l} = \sum I + \dfrac{\mathrm{d}\phi_{\mathrm{e}}}{\mathrm{d}t}$ 为由安培环路定律推广的全电流定律，描述了传导电流和位移电流激发磁场的规律。

至此，人类在研究和应用电磁规律方面取得了空前的进展。人类被以库仑、法拉第、麦克斯韦等为代表的科学家带入电磁学时代，静电学逐渐被人们忽视，在工业领域的应用研究更是少有人问津。

随着工业技术的发展，静电的研究也被世界各发达国家逐渐重视起来。1907年美国年轻的工程师 F. G. Cottrell 制造了世界上第一台实用的静电除尘器，并将其安装到 Detroit Edison 工厂的厂房。自此，静电学掀开了在工业领域广泛应用的序幕，人们开始关注静电学在工业和生产生活中的应用。随着 20 世纪科学技术的迅猛发展，静电学理论与技术得到快速发展，逐渐形成了静电除尘、静电复印、静电分选、静电喷涂、静电纺织等诸多相对独立的工业应用领域，并进一步发展了静电工程学和静电防护工程学等新兴学科。

1.1　飞行器静电危害与测试

飞机、飞艇、运载火箭等飞行器在大气层内运动时会因多种静电起电机理而累积大量的静电荷，这些静电荷不断泄放到空气中，形成气体放电，在飞行器内部和空间中激发出强烈的电磁波，干扰飞行器的正常工作，严重时造成飞行器飞行事故。静电曾导致美国 Thor - Delta 火箭、"民兵" I 导弹、侦察兵火箭、"大力神"三C 火箭，欧洲欧罗巴 II 火箭等诸多飞行器的重大事故。20 世纪 20 年代，由于飞行器积累的静电荷放电时会引起燃油油箱起火爆炸、静电放电的辐射场会干扰通信和导航系统，为保证飞行安全，美国斯坦福研究所的 E. F. Vance 和 J. E. Nanevicz

在空军等的支持下开始对飞行器的静电起电机理和静电高压特性进行研究。20世纪80年代,澳大利亚的King和英国的Illingworth等以飞行器穿越冰晶云为背景,研究了冰晶和金属的碰撞摩擦起电,指出此时飞行器会迅速积累大量的静电荷,引发强烈的静电放电。随后美国学者Jones研究确定了飞行器静电起电和静电放电的两个主要机制。近年来,俄罗斯学者V. A. Fedorov以美国Saturn V Apollo－12发射过程中的两次雷击事件为例,研究了飞行器在地面和主动飞行段的静电带电特性与影响因素。静电放电会产生强烈的脉冲电流,辐射强的电磁波,对飞行器及其附近的电子设备造成多方面的负面影响。研究结果表明,静电放电产生的电磁脉冲具有上升时间短、幅值大、衰减快、能量频谱分布宽的特点,且具有较强的随机性。20世纪80年代末美国海军航空兵报道了其对飞行器及其机载设备的静电放电辐射场的测试研究:将KC－135飞行器的缩比模型作为被测对象,将静电放电器安装在缩比模型的不同位置,对其电晕放电辐射场进行了测试研究,发现电晕放电辐射场能量在10～200MHz的频段内都有分布,且辐射场中电场能量大于磁场能量。近年来,有报告指出,所有飞行器在飞行过程中都会发生静电放电,同时伴随着电磁辐射;在不同条件下静电放电辐射脉冲的功率不同;现代飞行器的静电起电很快,积累0.5～1.3C的电荷量仅需10～15s。

2011年,俄罗斯莫斯科能源工程研究所的特米克夫和卡纳科斯基等在A. B. Vatazhin对飞行器雷达罩表面微放电模拟研究的基础上,详细研究了雷达天线罩在人工模拟产生的带电湿气溶胶云中的带电情况及其对天线罩内雷达的放电情况,指出飞行器雷达天线罩在云中运动导致带电后可能直接对其中的雷达天线阵产生介质击穿静电放电,对雷达的探测效能和飞行安全产生极大威胁。

西安电子科技大学张珺、谢拥军和傅焕展等,利用双指数电流激励,采用有限元算法研究了固定翼飞行器材料为碳纤维复合材料时静电电荷积累和静电放电的规律,得到了不同频率下固定翼飞行器的辐射方向图及其在机身表面激发的感应电流,并分析了辐射场在不同频段的能量分布。华中科技大学的李尔宁等对不同气体氛围中正极性电晕放电和负极性电晕放电的阈值电压和伏安特性等进行了研究,实验发现气体分子的分子量对电晕放电的阈值电压、正负电晕阈值电压间的差值具有显著影响:当气体为六氟化硫等分子量较大的气体时,正、负极性电晕放电的阈值电压的绝对值相差较大;当气体为氮气、氧气和水蒸气等分子量较小的气体时,正、负极性的电压发生电晕放电的起晕阈值电压相差很小。

军械工程学院的博士生毕增军等对静电火花放电的偶极子模型进行了改进,并采用该模型对火花放电产生的电磁场特征进行了分析;建立了细导线静电放电产生辐射场的数值模型,采用时域有限差分方法分析了静电放电辐射电磁波的特征及其影响因素。武汉大学的陈诗修教授等采用等效电路的方法将针－板放电电极及电晕放电等效为闭合回路,分析计算了电晕放电的辐射场特性,发现其辐射场可等效为短偶极子天线辐射和小环形天线辐射的叠加。

第二次世界大战期间，德国、美国和苏联就先后开始研究利用飞行体的静电带电特性及其激发的静电场对其进行近距离探测的引信技术。经过 10 余年的研究，美国先后研制成功了多种型号的炮弹用和导弹用静电引信；苏联以及后来的俄罗斯也对利用飞行体静电带电特性及其激发的静电场对其开展近距离探测的技术进行了深入研究，受当时仪器性能和测试技术限制，其研制成功的静电引信对运输机、飞艇等大型飞行器目标的探测距离为 400m，对炮弹、导弹等小型目标的探测距离为 200m。

北京理工大学崔占忠领导的研究小组在理论上对静电引信的探测方法进行了研究，通过分析弹 – 目交会前后的静电场分布特性，建立了弹药引信对目标特征的响应模型，通过时域有限差分方法对理论模型进行了仿真计算。北京理工大学陈曦等研究了利用空中目标静电场特征信息对其进行定位的探测技术，他们在水平面上构建了圆形阵列接收装置，根据不同位置处接收到的信号差异来对空中物体的方位和距离进行解算，通过对测试方法的建模分析和传感器的优化设计，实现了利用静电场对空中目标的近距离探测。

1.2 飞行器静电起电放电研究动态

导致飞行器积累大量静电荷的原因有大气电场的静电感应充电效应、发动机的喷流起电充电效应、摩擦起电充电效应、雷云的静电感应和电荷吸附等。对于不同的飞行器，上述各因素的权重略有不同，一般认为前三者为飞行器带电的主要因素。由于地球表面带有负电荷，大气中存在指向地面的电场，因此当飞行器停放在地面或火箭竖立在发射台上时，在大气电场作用下机体会聚集负电荷。在本书研究中为不失一般性，将大气电场的静电感应充电效应简化为使飞行器带有一定量的初始负电荷 Q_a。美国学者 E. F. Vance 和 W. Coleman 曾对发动机的喷流起电效应进行研究，测得喷流起电电流最高可达 800μA，但发动机喷流起电的机理仍然不十分清楚。因此，一般在对飞行器进行起电放电宏观特性的研究中，均将发动机的喷流起电充电效应等效为一恒定的负极性充电电流 I_e。飞行器在空中快速运动时蒙皮材料会不断与空气中的颗粒发生碰撞，产生摩擦起电。尤其当飞行器穿越云层时，其表面会与云层中的冰晶、水滴、尘埃和干冰等颗粒发生剧烈碰撞，产生强烈的摩擦起电，使飞行器短时间内即可获得大量的电荷。

早在 20 世纪初，人们就注意到飞行器在空中飞行和穿越云层时会在机身沉积大量的静电荷，但由于早期飞行器安装的电子设备较少，因此对该问题并未给予重视。随着电子设备的大量使用，飞行器静电很容易使通信系统受到严重干扰，甚至中断通信数十分钟；导航系统也因静电而难以正常工作。尤其是飞行器穿越带电云层或带电微粒区域时,机身上会迅速吸附沉积大量电荷,使此类问题更为严重。因此人们统称此类静电为沉积静电(precipitation static 或 P – static)。

为保证飞行安全,20 世纪 20 年代美、苏等国的学者逐渐开始对飞行器的沉积静电进行研究,发现飞行器在飞行过程中表面会因多种原因而带有静电电荷,静电电荷的不断积累和快速泄放会对机载设备的正常工作产生严重影响。

20 世纪 40 年代,美国学者胡珂、古恩和斯坦等率先开始系统地对飞行器在降水等天气状态下飞行所遭遇的沉积静电及其对机载设备的干扰问题展开研究,并对飞行器飞行中的表面静电积累和机身携带大量静电电荷后所产生的局部放电进行分析,设计了早期的棉线和金属丝放电刷。

由于在第二次世界大战中美军深受沉积静电问题的困扰,因此,1943 年 5 月美国陆军和海军联合成立了沉积静电研究联合管委会,建立了包含两条飞机专线、3 架测试飞机、多家研究所和数十位科学家与工程师的联合项目组,花费 10 余年时间,耗费大量的人力和物力,进行了数百架次的飞行试验和大量地面测试,集中开展对沉积静电问题的研究,然而至今其研究成果仍被严格保密。随后不久,斯坦福研究所的泰纳勒和纳尼维茨主持开展了固定翼飞机在亚声速状态下的静电起电规律和静电放电电磁干扰特性的研究,他们以某型战斗机为试验对象,测试其在高空飞行时的静电起电情况,发现战斗机穿云时静电起电电流可以达到 $45\mu A$,最大起电电压可达 8×10^4V;研究发现喷气式飞机的带电量可达 $10^{-3}C$,旋翼式飞机因没有发动机尾气喷射起电,其带电量略低,但也可达 $10^{-4}\sim10^{-6}C$。1967 年新加坡科学家奥迪姆利用直升机进行雨、雪等不同类型和程度降水中的飞行器静电试验研究,测得在不同的气候条件下,直升机起电电流可以在几微安到 $\pm500\mu A$ 间变化,电流的方向可以发生反转。80 年代澳大利亚学者凯恩等研究发现,一旦飞行器飞入云层,其机身上会迅速累积大量负极性静电电荷;当飞行器飞离云层后,其机身上所累积的大量负极性静电电荷会按照负指数规律随时间逐渐减小。

20 世纪 90 年代,英国曼彻斯特大学的艾楞沃斯等研究了不同半径的冰晶微粒与飞行器常用蒙皮材料碰撞时电荷转移的规律及其影响因素。研究发现,飞行器表面的静电起电量与飞行器表面材料、云层中冰晶尺寸以及碰撞速度呈一定比例关系;当碰撞速度很大时,碰撞起电电量几乎不受冰晶半径大小和飞行器机身表面材料力学性能参数的影响。由于碰撞起电机制,飞行器表面材料与云层中的冰晶或水滴不断进行碰撞而带有大量静电荷,随着电荷的不断积累会发生静电放电。

20 世纪末美国矿业工程研究院的约翰等改造了无动力滑翔机、螺旋桨引擎滑翔机和喷气发动机引擎滑翔机共 3 架,在机身不同位置安装了数个大气电场测试仪,构建了大气研究特别飞行器测试系统,研究了飞行器的沉积静电问题,发现该型飞行器静电起电的主要方式是摩擦起电和发动机尾气喷射起电。

同一时期美国普林斯顿大学飞行器仪器仪表学院的学者对飞行器飞行时的电

容变化情况进行了研究,他们分别利用球体模型和椭球体模型对飞行器进行近似,以此来计算其对地电容值和自电容值,发现其电容值的大小主要决定于飞行器自身的几何尺寸。武汉理工大学的王春等利用矩量法,通过数值计算分析了某型固定翼飞行器在地面停靠和空中飞行时的电容变化规律,得到该飞行器地面停靠时的电容值约为400pF。

20世纪90年代以来,日本京都大学化学工程系的静电研究团队在松阪教授的带领下针对食品和药品等工业领域中粉体处理时所遭遇的静电问题,对粉体颗粒物管路输送和过滤等过程中的摩擦起电机理和理论进行了研究,提出了粉体的等效功函数测量方法并得到广泛认同。

2001年美国波音公司鬼怪式战斗机总设计师杰瑞在国际雷电与静电会议上指出,对于以B-2飞行器为代表的美军现役复合材料飞行器,沉积静电问题依然严峻;他认为飞行器的主要充电机理是飞行器穿越雷暴云和与自然界中的灰尘颗粒、雨雪和冰晶等的摩擦起电;飞行器的主要电荷泄放机理是电晕放电、流光放电和电弧放电;但是他没有重视发动机喷射尾流充电作用的重要性及其电荷泄放作用。同时他通过测量多种不同复合材料的静电耗散率,发现复合材料的电阻普遍呈现随电压升高而降低的特性,并认为目前控制静电及其干扰危害的有效方式是控制材料表面的电阻率。

为解决沙尘暴引起的强烈电磁干扰问题,2008年西安交通大学的鲁录义基于颗粒动力学理论,通过数值模拟的方法分析了3种典型颗粒半径下沙粒碰撞过程中的起电现象,发现碰撞时产生的温度差引起水分子电离出的 H^+ 和 OH^- 迁移率的不同是导致颗粒碰撞起电的主要原因;空气湿度很低时颗粒间的碰撞几乎不产生静电起电,随后起电率随湿度增大而升高;当湿度增加至某一范围内,起电率几乎不受湿度影响;当湿度进一步继续增大至高于某一特定值时,起电率随湿度增加而迅速下降直至当湿度继续增大时,颗粒碰撞几乎不产生静电起电,但他没有对该理论进行充分的试验验证。兰州大学力学系的风沙环境力学小组在风沙成因、沙粒荷电机理、风沙荷电对电磁波传输的影响、沙粒荷电测试方法、沙尘暴风洞试验技术和数值模拟等方面取得了很多研究成果。

2013年芬兰国防科技研究中心的萨姆拉和海克玛等对欧洲多国联合开发的新型多用途直升机NH90多种不同气象条件下低空悬停和货物装卸过程中的静电带电和静电放电(ESD)问题进行了理论分析和试验研究,测得该直升机在雪天时最大对地电位可达-62kV,并最终确定使用新型复合材料后的NH90直升机能够达到欧盟飞行器安全标准。

自2008年我国启动大飞机C919研究项目以来,中国商飞上海飞机设计研究院注意到沉积静电问题及其对飞行的危害。2013年该研究院工程师宋金泽撰文专门介绍沉积静电的干扰频段、静电放电器基本结构、安装特点、安装数量计算方法、安装位置要求、雷电防护要求和美军标 MIL – STD – 9129 中的相关技术指标，并专门介绍了复合材料飞行器表面静电放电器的安装问题。

2015 年上海飞机设计研究院工程师郭丞在参考波音和空客等商飞公司成熟机型沉积静电科目试飞项目书《运输类飞机合格审定飞行试验指南》(AC25 – 7)的基础上，探讨了符合我国民用飞机试飞的方法，认为应该将"机载高频通信系统沉积静电"试飞科目作为常备试飞科目，挂载到试飞任务单上，由地面站提供卷云等气象引导信息，飞行员目视云层后自主驾驶飞行器穿越云层，在预定的频点和工作模式下开展高频通信试飞科目及电子设备受干扰情况。总体来看，该书仅是初步概念和组织方法的介绍，且没有报道飞机静电相关科目的试飞结果，由此可以推断，目前在沉积静电领域，国内仍然尚未开展试飞试验。

近 10 年来，陆军工程大学刘尚合院士带领科研团队对飞行器的静电起电理论和电晕放电辐射场进行了系统研究，并对静电放电信号进行了理论分析、模拟试验研究和多种机型的实飞测试。研究结果表明，飞行器发生静电放电时会辐射强烈的电磁波，在 LF(低频)至 UHF(超高频)频段内都会产生强烈的干扰信号，很容易影响信息化设备的正常工作，甚至造成设备工作效能的恶化和性能降级。

第2章　静电起电机理

由于材料表面电荷的不平衡而带来某种极性的静电荷,这种电荷的不平衡产生了可以测量到的电场,此时我们说物体具有静电。静电起电是指在不同功函数的两个物体之间静电电荷的转移。

要想控制静电放电必须先了解静电的产生过程。静电起电最常见的方式是两种材料的接触和分离。例如,当一个人在房间地面走动时,由于鞋底不断和地面接触与分离就会产生静电。当电子器件滑入或滑出包装袋和包装盒时,它的外壳或金属引线与容器反复接触和分离就产生了静电。

2.1　固体静电起电

两物体接触和分离产生静电的过程涉及构成物体的材料间电子的转移问题,如图 2 – 1 所示,物体 A 的原子中质子和电子的数目相同,物体 B 也是如此,两种物体都是电中性的。当两种物体接触后再分离,电荷就从一种物体表面转移到另一种物体表面。物体失去电子或得到电子决定于两种物体的材料特性。失去电子的物体带正电,而得到电子的物体带负电,如图 2 – 2 所示。

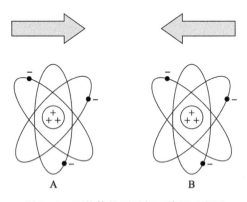

图 2 – 1　两物体的原子相互接近示意图

实际上,上述的描述是不严谨的,只是帮助理解静电起电过程。在不同物体的接触、分离和电子的转移过程中,有更为复杂的机制。在静电起电中,决定一个物体带电量多少的因素很多,如材料的费米能级、接触面积、分离速度、相对湿度及其

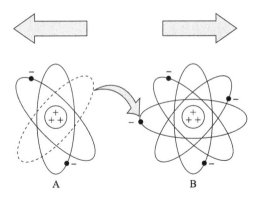

图 2 – 2   两物体的原子相互接触后分离示意图

他因素。任何两种不同的物体或处于不同状态的同一种物体,发生接触－分离过程时,都会发生电荷的转移,即发生静电起电现象。只是有的起电过程极其微弱,有的过程产生的静电荷被中和或转移,在宏观上不呈现静电带电现象。那么,物体的接触－分离过程为什么会产生电荷的转移呢? 这就是本节所要讨论的主要问题。

固体有金属导体、绝缘体和半导体之分。两种不同固体之间的接触可以是两种不同金属、两种不同绝缘体或者两种不同半导体之间的接触,也可能是金属与绝缘体之间、金属与半导体之间或者半导体与绝缘体之间的接触。关于物体接触起电的理论,比较成熟的是金属间的接触－起电理论,其他材料间的接触起电过程本身就比较复杂,再加上表面状态和表面沾污的影响,使问题更加复杂化,目前国际上还没有形成普遍认同的理论。首先来讨论金属间的接触起电理论。

2.1.1   金属间的接触起电理论

在日常生活中,我们遇到的静电问题多数都与绝缘材料有关。因此,通常认为静电导体材料尤其是金属材料不会产生静电。然而事实并非如此,两种金属接触－分离时也会发生电荷的转移,从而产生静电。只是在分离过程中,由于金属的导电性良好,常常很快将静电荷导走,分离后金属上几乎没有静电荷,从而在通常条件下不显示出静电带电现象。如果控制实验条件,使金属分离过程中产生的静电荷不被泄漏掉,金属的接触－分离过程也可以产生很高的静电电位,1932 年 Kullrath 用实验证实了这一现象,将金属粉从铜管中高速吹出时,这个对地绝缘的装置产生了 $26 \times 10^4 \text{V}$ 的静电高压。

伏特认为,当两种干燥的不同金属相互接触时,它们之间就存在有电位差,称为接触电位差。这种电位差不同于电解过程中产生的现象。伏特利用这种电位差制成了伏特电池。1898 年,开尔文勋爵证实了不同金属间这种接触电位差的存在。1915年密立根通过进一步仔细研究找出了两种不同金属之间接触电位差与金属中自由电子功函数之间的关系。

1）费米能级与功函数

金属内部有大量的电子,电子在金属中占据不同的能量状态,这些能量状态具有不同的能量,被称为具有能级分布。根据量子力学理论,电子总是首先占据能量较低的能级。在绝对零度时,金属中电子占据的最高能级称为金属的费米能级。也就是说,在绝对零度时金属费米能级以下的能量状态全部被占据,费米能级以上的能量状态是空的,即这些能量状态上没有电子。不同的金属具有不同的费米能级。

通常条件下,金属的温度不是绝对零度,金属中的电子除具有势能外,还具有动能,具有较大动能的电子有可能跃迁到金属费米能级以上的状态上。这样,在常温条件下,金属费米能级以上的状态上也有少量的电子存在,费米能级以下的状态也有少量空着的能量状态。总之,金属的费米能级是金属中电子填充所能达到的水平,是作为能级填满和空着分界线的一个特定能量值。由于参与导电或与其他物质发生作用时,都是具有较高能量的电子。因此,也可以认为,金属中自由电子具有的能量（势能）就是金属费米能级对应的能量。

在常温条件下,金属中自由电子虽然不停地做热运动,却不会从金属中挣脱出来,这说明存在着限制电子离开金属表面的力。这种力的产生来自两个方面;一方面是金属晶格上正电荷的作用;另一方面是当电子走到界面时,电子把其他电子向金属内部排斥,在界面上出现过多的正电荷,阻止电子的离开。从能量的观点上说,就是金属中电子负的势能。也就是说,金属中电子处于势阱中。

电子要从金属中逸出,必须获得足够的能量。电子从金属中逸出所具有的最小能量叫作金属的功函数,功函数也叫作逸出功。功函数的单位是电子伏,即 eV,功函数的符号常用 Φ 表示。如果将真空中自由电子的势能定为零,则金属的功函数 Φ 和金属的费米能级 u_F 存在以下关系,即

$$\Phi = -u_F \qquad\qquad (2-1)$$

金属材料的功函数可以由实验方法得到,目前较成熟的实验方法有热电子发射法、光电法和标准金属法。但不同方法给出的数值有所不同。表2-1给出部分金属材料的功函数。

表 2-1 部分金属材料的功函数

金属材料	功函数/eV
银	4.50~4.52
铜	4.65
铝	4.08

10

金属材料	功函数/eV
铁	4.40
金	4.46
镍	5.03
钼	4.20
钨	4.38

2）金属间的接触起电过程

两种不同的金属Ⅰ和金属Ⅱ相接触,当它们之间的距离小于2.5nm时,由于量子力学的隧道效应,两种金属内的电子穿过界面而互相交换。当达到平衡时,两金属之间产生一定的电位差,界面两侧出现了等量异号电荷,如图2-3所示。若把接触后的两种金属分开,两金属将分别带等量异号的静电荷,这就是金属与金属的接触起电。

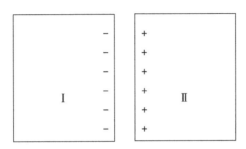

图2-3　金属间接触起电

设金属Ⅰ的功函数为 Φ_1,金属Ⅱ的功函数为 Φ_2,且 $\Phi_1 > \Phi_2$。因此,金属Ⅰ中的电子处于深度为 Φ_1 的势阱中,金属Ⅱ中的电子处于深度为 Φ_2 的势阱中,如图2-4所示。由于金属Ⅱ内电子的势能高于金属Ⅰ内电子的势能,故在两种金属相接触且接触距离小于2.5nm时,两金属中的电子可以通过界面发生转移。根据能量最低原理,金属Ⅱ内有较多的电子流入金属Ⅰ,直到Ⅰ、Ⅱ两种金属的费米能级相平为止。金属Ⅰ获得电子,其表面带负电;金属Ⅱ失去电子,其表面带正电。

假设由于金属间接触后电荷的转移,分别使Ⅰ、Ⅱ两种金属上产生的电位为 U_1 和 U_2,且有 $U_1 < 0$、$U_2 > 0$。这样金属Ⅰ中电子的势能增加了 $-eU_1$,金属Ⅱ中的电子的势能增加 $-eU_2$。因此,金属Ⅰ中电子的势能为

$$W_1 = -\Phi_1 - eU_1$$

金属Ⅱ中电子的势能为

$$W_2 = -\Phi_2 - eU_2$$

11

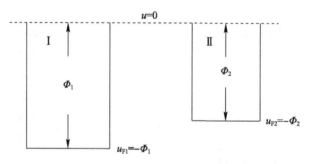

图 2 - 4　两种金属接触前势能曲线

当电子交换达到平衡时,金属 I、II 中电子的费米能级拉平,自由电子的势能相等,$W_1 = W_2$,如图 2 - 5 所示。

因此有

$$-\Phi_1 - eU_1 = -\Phi_2 - eU_2$$

$$U = U_{21} = U_2 - U_1 = \frac{\Phi_1 - \Phi_2}{e} \qquad (2-2)$$

接触电位差也称为接触电动势。由式(2-2)可知,若 $\Phi_2 < \Phi_1$,则 $\Phi_2 - \Phi_1 < 0$,e 为电子电量的绝对值,因此 $U > 0$,即 $U_2 > U_1$。这表明,两种金属接触,功函数大者带负电、小者带正电。实际测量得出金属的接触电位差一般在十分之几伏到几伏之间。

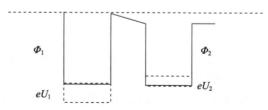

图 2 - 5　金属间接触时平衡状态下的势能曲线

两种金属接触时,电荷仅仅存在于离界面非常近的地方,形成所谓偶电层。设偶电层界面的间隙为 d,d 一般很小。因此,间隙间的电场可看成匀强的,电场强度为

$$E = \frac{U}{d}$$

进一步可以得到金属界面上的电荷密度为

$$\sigma = \varepsilon_0 E = \varepsilon_0 \frac{U}{d} = \frac{\varepsilon_0}{ed}(\Phi_1 - \Phi_2) \qquad (2-3)$$

式(2-3)表明,两种金属接触所产生的面电荷密度与它们功函数之差成正比。

3)分离过程中静电电位的升高

两种金属相接触时产生的接触电位差很小,但静电起电分离时却产生很高的电位差。下面分析其原因。

偶电层可近似地作为平行板电容器处理,设极板间距离为2.5nm(可以发生电荷交换的距离)时,可以计算出其单位面积上的电容为 3.54×10^{-3} F/m。若将 d 增加到1mm,这时单位面积上的电容为 8.85×10^{-9} F/m。在此过程中,电容缩小到原来的40万分之一,如果电量保持不变,由 $U = Q/C$ 可知,两物体之间的接触电位差将增大40万倍。如果两金属间的接触电势差为1V,则两金属分离到1mm时,它们之间的电压将达到 40×10^{4} V。这就是很小的接触电位差会变成很高的静电电压的原因。

2.1.2 金属与绝缘材料的接触起电

绝缘材料与金属接触时,电子在金属和绝缘材料之间的转移过程,不仅决定于金属的费米能级和绝缘材料中电子的能量状态,而且决定于绝缘材料表面缺陷和表面沾染,甚至与接触时间、接触次数有关。绝缘材料一般不能与金属一样具有确定的费米能级和功函数,但可以用实验的方法确定绝缘材料的等效功函数。表2-2给出部分绝缘材料的等效功函数。绝缘材料与金属接触时起电的极性和大小,可以根据金属的功函数和绝缘材料的等效功函数的相对大小决定。

表2-2 部分绝缘材料的等效功函数

材料名称	等效功函数
聚氯乙烯	4.85
聚四氟乙烯	4.26
聚碳酸酯	4.26
聚乙烯	4.25
聚苯乙烯	4.22
尼龙66	4.08
聚酰亚胺	4.36
氯化乙醚	5.11

表2-3给出由实验得到的部分绝缘材料与金属接触后材料表面所带电荷的电荷密度值,需要说明的是,这些值只是一些典型实验值。在实际静电起电过程中,由于材料表面情况和环境条件的不同,实际起电过程产生的静电电荷密度可能与表中数据有较大的差别。

表 2-3　部分绝缘材料与金属接触后材料表面电荷密度

材料	电荷密度/(C·m^{-2})	实验条件
聚乙烯	$5 \times 10^{-6} \sim 10^{-4}$	空气中，与水银接触
	5×10^{-5}	空气中，滑动接触
	2×10^{-5}	真空中
	10^{-4}	真空中，滑动接触
聚四氟乙烯	3×10^{-5}	真空中
	7×10^{-5}	空气中，滑动接触
	2×10^{-4}	真空中，滑动接触
	2×10^{-3}	真空中，滚动接触
尼龙	10^{-3}	真空中，水银接触
	10^{-3}	真空中，滚动接触
聚碳酸酯	10^{-3}	真空中，滚动接触
聚氨酯	3×10^{-3}	真空中，滚动接触
硅树脂	10^{-4}	真空中，紧密接触
石英、玻璃	10^{-5}	真空中
	5×10^{-4}	真空中，滚动接触
氯化钠	5×10^{-4}	真空中，滑动接触

从表 2-3 可以看出，绝缘性材料与金属接触后，其电荷密度一般在 $10^{-5} \sim 10^{-3} C/m^2$ 之间。

接触起电产生的物体表面的电荷密度典型值 $10^{-4} C/m^2$ 相当于物体表面上每一万个原子中有一个原子带上一个基本电荷。有时少量表面污染或物理缺陷完全有可能引起如此小比率的带电。所以，从绝对意义上说，静电接触带电是一种微弱的效应。另外，静电接触起电又是强的效应，即使接触带电产生电荷密度的下限值 $5 \times 10^{-5} C/m^2$，这些电荷也会在其表面附近产生静电场的电场强度为 $5.6 \times 10^6 V/m$，超过空气的击穿场强（在一个大气压条件下，空气的击穿场强为 $3 \times 10^6 V/m$），使附近空气电离。接触起电电荷密度的上限值所对应静电场的电场强度甚至接近一般介质材料的击穿场强。

2.1.3　绝缘材料之间的接触起电

当两种绝缘材料接触时，也会发生电荷的转移。绝缘材料的接触起电机理相当复杂，从发生电荷转移的载流子类型看，目前提出的理论可分为电子型和离子型。绝缘材料之间发生接触起电与金属间接触起电有明显的不同。金属间接触起电产生的电荷只分布在金属的表面。绝缘材料接触起电时，其产生的电荷不仅分

14

布在物体表面,有时也会进入物体内部,形成体电荷分布。

任何材料特别是晶体结构的物质,晶面与其内部的结构不同。在表面处,微观粒子的周期排列,或长程有序、电位周期性等都被截断,出现"悬挂键",其结果是形成表面能级。这些表面能级的出现会严重影响绝缘材料间的接触起电特性。由于表面能级的存在,电子的授、受过程就在表面上发生,相当于在相互接触的两个表面之间"插进了"一个薄的金属板,直接影响到前面所说的固体与固体之间的接触起电理论。另外,通常情况下,物体表面会沾染其他物质,这些物质都会影响接触起电的结果。

通常绝缘体带电都被认为电子是带电载流子,除了离子晶体等具有简单的结晶构造的物质外,关于其能级和功函数方面的知识无论在理论方面还是实验方面都是很贫乏的,从而遇到了困难,并且绝缘物的表面导电,特别是在其表面吸附了水分时,参与传导的带电载流子可以认为是离子。根据这个理由,绝缘体带电时,有的学者认为通过接触界面移动的带电载流子是离子。即使空气相当干燥,在物体表面上或多或少都吸附着水。吸附量因物质的不同而不同。在湿度低的情况下,以单分子层吸附,在湿度高的情况下,以多分子层吸附,也有将水分吸湿到物质内部的物品。这些水分中的一部分离解成 H^+ 和 OH^-。另外,由于污染及周围空气中的灰尘和来自附近的其他物体沉积在表面上的东西吸附了水,也能产生离子。当物体具有离子性原子团时,助长了水的吸附,离解出离子而成为带电载流子。

据哈珀认为,清洁面,譬如物质内部新切开的面,因为在化学方面是不稳定的,所以要力图形成稳定化的表面层。亲电性的绝缘物因为有亲水性,所以就吸引这个表面上的 OH^- 原子团而趋于稳定,为此,表面就带负电。具有正离子(或负离子)的物体是亲电性绝缘物,没有这些东西的是疏电性绝缘物。亲电性绝缘物是水晶和玻璃类。疏电性绝缘物是琥珀和塑料类,如果它们被洗干净,则相对于金属等显示不出接触带电。通常所见到的这些东西的带电是由于表面被污染而带上亲电性物质的缘故。

如果离子存在于两种物体的界面上,那么界面附近的电场可以认为是处于各个物体内部的镜像电荷产生的。这时当考虑作用于离子的力时,电容率大的一方因为出现更大量的相反符号的镜像电荷,所以来自该物体的力就变得更大。通常认为电容率高的物体带正电,带电载流子是正离子。

不同学者提出的各种理论模型,都在一定程度上从不同侧面较好地解释了固体与固体之间的接触起电问题。但是,无论哪种理论模型,面对实际中各种复杂的起电过程,都显得知识和理论基础薄弱,许多实验现象得不到圆满解释,很多问题有待深入研究。

2.1.4 分离过程

从前面的讨论可以知道，当两个物体相互接触，在接触面上会发生电荷的交换，达到平衡状态时，在接触界面处形成偶电层，两个物体分别带上等量的正电荷和负电荷。由于偶电层间距非常小，若把相互接触的两个物体看成一个系统，从外部来看整个系统仍然是不带电的，呈现电中性。只有接触又分离后，两个物体才分别显示出带正电荷或负电荷，而且分离后每个物体所带电荷的绝对值，与相互接触并处于平衡状态时偶电层中正电荷或负电荷的绝对值不相等，一般前者总小于后者。以 Q 表示分离后任一物体上所带电荷的电量绝对值 Q_0，以表示分离前偶电层中正电荷或负电荷的绝对值，则两者之间的关系可写为

$$Q = kQ_0 \qquad\qquad (2-4)$$

式中：k 的取值范围是 $0 < k < 1$，即 $Q < Q_0$。Q 小于 Q_0 的原因是分离过程中，偶电层中电荷的一部分表现出逸散现象。k 值的大小直接与相互接触的两个物体分离速度、接触面周围的环境和分离过程中所发生的场致发射、气体放电等物理现象有关，其机理与过程如下。

1）接触界面的电荷逸散

接触界面的电荷逸散是分离过程初期发生的。开始分离时，由于隧道效应有效，电子仍能移动。因此，即使在分离时，在隧道效应有效的间隔内，电荷也能移动，当两物体的间隔 D 小于发生隧道效应的极限距离 d_c 时，两金属物体的电位差将维持在原有数值。由于电容的减小，表面电荷密度将减小。这称为电荷的反电流或反漏。当间隔超过隧道效应的界限 d_c 时，物体间的电势差不再保持恒定。假如除了逸散外，再无别的原因（带电体被充分绝缘），因为已经没有通过界面的电荷移动，那么带电体就保持电量一定，随着电容量的减小，电位 U 就升高。

2）场致发射

当非常强的电场作用于表面时，即使在较低温度下物体也能发射电子的现象称为场致发射。实际的接触面上多少有些凸出的部分，在分离过程中，电荷被聚集在这里，有可能形成强电场，产生场致发射。场致发射发出的电子，将使分离过程中的两个接触面之间的部分电荷中和，从而使式（2-4）中的 k 值减小。

3）通过物体表面及内部的电荷泄漏

无论是导体还是绝缘材料，对电荷都有一定的传导作用。在分离起电过程中，通过物体表面及内部向大地泄漏电荷的传导作用，使偶电层的电荷密度减小。电荷泄漏的能力主要决定于物体表面及内部泄漏电阻的大小，同时决定于物体分离过程的初期阶段通过接触界面泄漏的情况。因为接触面不是理想的平面，分离初期，分离点的电位变高，电荷就向电位低处和未分离的点集中，即向凸起点集中，这样就使被分离的电荷通过未分离点泄漏。

16

由以上分析可知,式(2-4)中的 k 值大小直接受到物体的静电泄漏电阻值的影响。静电泄漏电阻值越大,分离速度越高,k 值越接近于1;反之,k 值越接近于0。这就是金属接触分离起电时,物体所带电量很小,而绝缘性能很好的高分子材料与高分子材料接触分离起电时,物体所带电量很大的主要原因之一。

4) 气体放电的影响

当泄漏电阻大时,绝缘体上的电荷无法通过物体表面和内部的逸散,决定电量最大值的因素主要是周围的气体放电。在分离过程中,由于偶电层间的静电场场强有可能超过间隙气体的击穿强度,就会发生气体放电现象。气体放电使带电体自身的电荷量减少。界面间发生气体放电时,间隙的距离可以根据帕邢(Paschen)定律进行估计,根据帕邢定律发生气体放电所需的电压存在一个最小值,这个最小值决定于气压和间隙的乘积。当气压为 1mmHg(1mmHg ≈ 133Pa) 高时,对应的放电间距为6mm;在气压为 1atm(1atm ≈ 1.01 × 10⁵Pa) 时,对应的放电间距约为 8μm。

2.1.5 摩擦在接触起电过程中的作用

最初,人们将静电起电称为摩擦起电。实际上摩擦不是静电起电的必要条件,单纯的接触-分离过程就会使物体带电,但摩擦确实可以使接触起电的效应增强。摩擦过程实际上就是相互摩擦的两个物体接触面上不同接触点之间连续不断地进行接触和分离的过程。对于金属导体来说,只有两种导体最后分离那一瞬间才对静电起电有作用;对于绝缘体来说,摩擦的整个过程都和静电起电有关,如摩擦引起的温度升高、材料界面凸起部分的断裂、热分解、压电效应及热电效应等,都会改变静电起电量。另外,摩擦的类型(如对称摩擦还是非对称摩擦,平面沿固定方向摩擦还是转动式或扭转式摩擦等)、摩擦时间(是瞬时接触分离还是长时间的摩擦后再分离)、摩擦速度(分离速度)、摩擦时的接触面积(摩擦长度)和摩擦时正压力等因素都与起电电量有关。

1) 摩擦使物体温度升高影响静电起电

相互摩擦的两种物体表面的温度要升高。一般情况下,发生摩擦的两物体升高的温度并不相等,如锯子和木头这两个物体进行非对称的摩擦,相当于木头这一方的一点由于经常被摩擦,所以温度就比较高。这种物体是绝缘体时,对热也是绝缘的,所以在这里就产生热点。另外,即使不是非对称摩擦,处于物体表面的凸起部分由于经常摩擦也会产生热点。由于摩擦引起的局部温度升高,正好与热扩散一样,产生带电载流子从高温向低温移动,这个过程与热电子发射相类似。

2) 摩擦使物体断裂影响静电起电

把玻璃和各种金属面加工成光学平面时,对于研磨带电的情况进行实验,发现带电量随着研磨次数的增加而增加。这是由于研磨引起了材料表面的机械破裂,从而增加了带电粒子的数目。

2.1.6　固体静电起电方式

洛布(Leonard B. Loeb)给静电起电所下的定义:静电起电包括使正、负电荷发生分离的一切过程,如通过固体与固体表面、固体与液体表面之间的接触、摩擦、碰撞,固体或液体表面的破裂等机械作用产生的正、负电荷分离,也包括气体的离子化、喷射带电以及在粉尘、雪花和暴风雨中的带电现象。根据电荷守恒定律,电荷既不能创生,也不能被消灭,只能是电荷的载体(电子、离子等)从一个物体移动到另一个物体,或者从一个物体的某一部分移动到另一部分。研究起电过程就是从微观角度出发,研究这些电荷载体在物体之间或同一个物体的各部分之间运动的原因、条件和结果,运动的规律、特点。物体带电以后,所带的电荷将通过各种放电形式不断消散。电荷的积聚和消散是同时进行的,当物体上电荷的积聚和电荷的消散达到动态平衡时,物体上就出现稳定的带电现象。

固体的起电机理主要是指固体与固体之间的接触分离起电理论:两种不同的固体紧密接触、分离以后,将分别带上符号相反、电量相等的电荷,每种固体所带电荷的符号可由摩擦带电的静电序列确定。在静电序列中每种物质的排列位置根据该物质功函数的数值大小来确定,由小到大排成一个序列。此序列中任意两种固体相接触时,排在前面的固体带正电,排在后面的固体带负电;两种固体在序列中的位置相距越远,接触分离后所带的电量越大。例如,铅、锌、锡、汞、铁、铜、金等序列中,铅和铁接触分离后,铅带正电,铁带负电;当铁与铜接触时,则铁带正电,铜带负电。物质的功函数决定于物质本身的固有性质,上述结果是假定物质处在理想的条件下。在实际的静电起电过程中,相接触的两种固体表面很容易受实验条件和周围环境因素的影响,常常会沉积或者吸附水气、尘埃、油膜等其他物质。物体表面情况及物体周围的电磁场分布,温、湿度对物体静电带电符号和带电电量的大小都有影响。所以,实验中有可能出现静电带电符号与静电序列所决定的结果不同的情况。另外,由于实验条件和资料来源不同,不同著作中所列的静电序列表之间也可能略有差异。在实际应用静电序列表时,必须通过实验加以验证,不能简单地利用静电起电序列表确定静电起电的实际结果。

在静电起电中,决定一个物体带电量多少的因素有很多。例如,物质本身的电结构性质、表面情况及表面附近的环境因素,与之接触、分离的物体性质,在物体界面之间转移电荷的载体是电子还是离子,发生正、负电荷分离、转移的原因、条件等。各种因素之间相互联系、相互影响,正、负电荷不断分离的同时又不断中和,在不断产生静电的同时又不断发生静电消散现象。所以,物体的静电起电是正、负电荷的分离与中和、集聚与消散这两种过程处于动态平衡的结果。

当两种材料接触后分离时,物体所带电荷的符号和大小可由摩擦带电的静电序列确定。典型的摩擦序列表如表2-4所列。

表 2 – 4　国外有关标准和资料公布的静电序列

MIL – HDBK – 263A(1991 年)	IEEE Std. C62.47(1992 年)	美国 ESD 协会网站(2004 年)
人手	石棉	兔毛
兔毛	醋酸酯	玻璃
玻璃	玻璃	云母
云母	人发	人发
人发	尼龙	尼龙
尼龙	羊毛	羊毛
羊毛	毛皮	毛皮
毛皮	铅	铅
铅	丝绸	丝绸
丝绸	铝	铝
铝	纸	纸
纸	聚氨酯	棉花
棉花	棉花	钢
钢	木材	木材
木材	钢	琥珀
封蜡	封蜡	封蜡
硬橡胶	硬橡胶	硬橡胶
铜、镍	聚酯薄膜	铜、镍
银、黄铜	环氧玻璃	银、黄铜
硫黄	铜、镍、银	金、白金
醋酸酯纤维	黄铜、不锈钢	硫黄
聚酯	合成橡胶	醋酸酯纤维
赛璐珞	聚丙烯树脂	聚酯
奥纶	聚苯乙烯塑料	赛璐珞
聚氨酯	聚氨酯塑料	硅
聚乙烯	聚酯	聚四氟乙烯
聚丙烯	萨冉树脂	
聚氯乙烯	聚乙烯	
聚三氟氯乙烯	聚丙烯	
硅	聚氯乙烯	
聚四氟乙烯	聚四氟乙烯	
	硅橡胶	

　　摩擦带电的静电序列表显示了不同材料电荷产生的情况。此序列表中,排在前面的物体带正电,排在后面的物体带负电。两种材料在序列中的位置相距越远,接触 – 分离后所带的电量越大。

　　在静电防护工程设计、施工和有关静电敏感产品的设计、工艺加工、包装材料的选择和使用过程中,应尽量避免使紧密接触的材料在静电带电的序列中相差过远。应尽量使用同种材料和在静电带电序列中较近的材料。应当指出,表2-4只能作为一般的参考,因为还存在许多不可重复的因素。

由前面讨论可知,固体间发生接触－分离过程时会发生静电起电现象。最经常发生的静电起电现象是固体间的摩擦起电现象。固体物质除了摩擦可以产生静电外,还有多种其他起电方式,如剥离起电、破裂起电、电解起电、压电起电、热电起电,感应起电、吸附起电和喷电起电。

1)剥离起电

互相密切结合的物体剥离时引起电荷分离而产生静电的现象,称为剥离起电,如图2-6所示。

剥离起电实际上是一种接触－分离起电,通常条件下,由于被剥离的物体剥离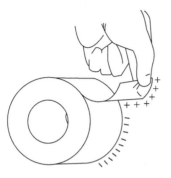前紧密接触,剥离起电过程中实际的接触面积比发生摩擦起电时的接触面大得多,所以,一般情况下剥离起电比摩擦起电产生的静电量要大。剥离起电会产生很高的静电电位。剥离起电的起电量与接触面积、接触面上的黏着力和剥离速度的大小有关。

防止剥离带电在静电安全工程上有重要的实际意义。例如,防静电包装中对于封条、产品标签材料及黏合剂的选用,均要考虑剥离起电小的材料。在高质量录像带、录音带的制造和工艺处理过程中,也要尽量避免产生剥离起电。

图2-6 剥离起电

2)破裂起电

当物体遭到破坏而破裂时,破裂后的物体会出现正、负电荷分布不均匀现象,由此产生的静电,称为破裂起电。破裂起电除了在破裂过程中因摩擦而产生外,有的则是在破裂之前就存在着电荷不均匀分布的情况。破裂起电电量的大小与裂块的数量多少、裂块的大小、破裂速度、破裂前电荷分布的不均匀程度等因素有关。因破裂引起的静电,一般是带正电荷的粒子与带负电荷的粒子双方同时发生。固体的粉碎及液体的分裂所产生的静电,就是由于这种原因造成的。

3)电解起电

当固体接触液体时,固体的离子会向液体中移动,这使得固－液分界面上出现电流。固体离子移入液体时,留下相反符号的电荷在其表面,于是在固－液界面处形成偶电层。偶电层中的电场阻碍固体离子继续向液体内移动。随着偶电层两边电荷量的不断增加,电场也越来越强,一定时间内固体向液体内移动的离子越来越少,直到完全停止。达到平衡时,固－液界面上形成一个稳定的偶电层。例如,金属浸在电解液内时,金属离子向电解液内移动,在金属和电解液的分界面上形成偶电层。若在一定条件下,将与固体相接触的液体移走,固体就留下一定量的某种电荷。这是固、液接触情况下的电解起电。

固体和固体接触也会产生电解起电。这是因为固体表面能吸附一层湿气,形成紧贴固体的一层水膜,当两个固体接触时,原来存在于固体表面上的水膜,使固体与固体界面上也有这样的水膜存在,从而产生电解现象并形成偶电层。如果这里的液体在某种条件下移走,则在界面两边的固体上分别留下一定量的电荷。这就是固体与固体接触的电解起电。

电解起电表现在当无水酸、碱与金属接触时,无水酸带负电,而无水碱带正电。强酸性物质容易带负电,而强碱性物质容易带正电。

电解偶电层液体厚度为 1～6nm,电位差为 0.01～0.1eV,面电荷密度约为 $0.2C/m^2$。

4）压电起电

在给石英等离子型晶体加压时,会在它们表面产生极化电荷。这种现象称为压电效应。产生压电效应的原因是这些晶体在电学上的各向异性。

在晶体性高分子材料中也发现有压电效应。木材是一种单轴取向晶体性高分子纤维素微晶的集合体,具有压电效应。麻特别是苎麻是高结晶度的天然纤维素,把苎麻的精制纤维整理成平行束,当它处于干燥状态时浸入虫胶的乙醇溶液中,取出干燥之后,再将其加热到100℃左右,并使虫胶溶化在纤维周围,同时将它压缩、成形。给这样制成的薄片加压力和去掉压力都能出现电荷。使天然纤维素溶解成再生的人造纤维,也有压电效应。羊毛在毛尖和毛根分别排齐后也发现有压电效应。

一般情况下,压电效应产生的电荷量是很小的。例如,石英晶体在 $10^5N/m^2$ 的压强时,在承受压强的两个表面间只产生 0.5V 的电位差,但是对于极化聚合物,如聚甲基丙烯酸甲酯、聚氯乙烯和非极化聚合物(如聚苯乙烯、聚丙烯和聚乙烯等)情况却不同。这些物质的压电效应比较明显。聚甲基丙烯酸甲酯粉末经过特定加工后制成的薄片状试件,压电效应产生的最大电荷密度为 $40\mu C/m^2$。薄片上、下两面均出现电荷和电位的不均匀分布。

压电效应可以解释合成纤维制品容易吸附粉尘的现象,也可以解释同种材料相互分离的起电等。自然界中还有很多能产生压电效应的物质,如丝蛋白、角蛋白等。此外,在骨、腱等为主要原料的胶原中也发现有压电效应。

5）热电起电

若对显示压电效应的某些晶体加热,则其一端带正电,另一端带负电。这种现象称为热电效应,如在给电石晶体加热时就会出现这种现象。有热电效应的晶体在冷却时,电荷的极性与加热时相反。热电效应的存在是因为这些晶体的对称性很差。在常态下,其中也有永久偶极子存在,其偶极矩的方向是无序的,所以对外不呈现带电现象。加热时偶极矩起了变化,便出现相应的表面电荷。例如,钛酸钡陶瓷在直流电压的作用下,热电效应产生的最大电荷密度为 $2.6 \times 10^5 \mu C/m^2$

左右。

6）感应起电

感应起电通常是对导体而言的。处于静电场中的物体,由于静电感应,使得导体上的电荷重新分布,从而使物体的电位发生变化。

对于绝缘材料,在静电场中由于极化也可使其带电,也把它称为感应起电。极化后的绝缘材料,其电场将周围介质中的某种自由电荷吸向自身,和绝缘材料上与之符号相反的束缚电荷中和。外电场撤走后,绝缘材料上的两种电荷已无法恢复电中性,因而带有一定量的电荷。这就是感应起电。

粉体工业的生产场所,也有与上述情况相类似的现象。外电场将粉体微粒吸引到生产场所的导体(如金属设备)上,当微粒向导体放掉一种电荷后,粉体微粒将离开导体,并带电。感应起电使粉体生产场所增加了一个起电的因素。这是静电防护中值得注意的一个问题。

有些绝缘材料,如天然蜡、树脂、松香、钛酸钙陶瓷、聚四氟乙烯、聚乙烯、聚丙烯等经强电场作用后能永久或在较长时间内保持其极化状态,即形成驻极体。实用的驻极体,其弛豫时间(表面电荷密度减少到其初始密度的 1/e 的时间)可达 3 ~ 10 年。有的驻极体的电荷不仅分布在表面,也分布在体内。若把驻极体去掉一层或一截,新的表面仍有电荷存在。若将驻极体切为两段,则成为两个小的驻极体。

7）吸附起电

多数物质的分子是极性分子,即具有偶极矩;偶极子在界面上是定向排列的。另外,空气中由于空间电场、各种放电现象、宇宙射线等因素的作用,总会漂浮着一些带正电荷或负电荷的粒子。当这些浮游的带电粒子被物体表面的偶极子吸引且附着在物体上时,整个物体就会有某种符号的过剩电荷而带电。如果物体表面定向排列的偶极子的负电荷位于空气一侧,则物体表面吸附空气中带正电荷的粒子,使整个物体带正电。反之,如果物体表面定向排列的偶极子的正电荷位于空气一侧,则物体表面吸附空气中带负电荷的粒子,使整个物体带负电。吸附起电电量的大小与物体分子偶极矩的大小、偶极子的排列状况、物体表面的整洁程度、空气中悬浮着的带电粒子的种类等因素有关。

8）喷电起电

当原来不带电的物体处在高电压带电体(或者高压电源)附近时,由于带电体周围特别是尖端附近的空气被击穿,发生电晕放电,结果使原来不带电的物体带上与该带电体或电源具有相同符号的电荷,这种起电方式叫作喷电起电,或称为电晕放电带电。在静电试验与静电测量中,经常使用高压电源喷电起电方式使物体带电。例如,英制 JCI - 155 型电荷衰减试验仪,就是采用高压电源电极尖端的电晕放电,首先使待测材料带上电荷,再观测材料上所带电荷的衰减规律,从而测得材料的电荷衰减时间常数或半衰期。

2.1.7　影响固体静电起电的因素

前面已经对固体静电起电机理进行了讨论,希望能有一个比较统一的解释。但是,由于摩擦起电问题本身的复杂性,致使在这方面还存在许多未能揭示的现象。出现这种复杂性的原因,一方面是物质自身结构是非常复杂的,难以用几种简单模型加以说明;另一方面是静电起电现象还直接受环境因素和条件的影响,复杂多变的环境因素和条件使问题更加复杂。下面将这些因素作一些分析研究。

1）物质的性质

物质的微观结构和性质是决定静电带电序列的主要因素,直接影响到固体静电起电的带电符号和带电量的大小。这些因素有以下几个。

（1）物质内部的化学组成。

（2）物质表面的化学组成(污染、氧化、吸附)。

（3）分子结构、取向性、结晶性。实验结果表明,由拉伸改变分子取向能够使带电状态发生变化。

（4）物质的应变状态。

（5）被实验物体的形状、大小和空间位置。例如,物体带电电量一定时,电位与物体的电容量成反比,如果物体附近电场强度过高,就会产生气体放电现象。所以,物体形状、大小和空间位置决定了物体带电电量的极限值。

2）环境因素

环境温度、湿度的变化都会引起物体表面及其周围介质电导率的变化,从而使物体上所带电荷通过物体表面和周围介质泄漏的快慢程度发生变化,影响物体静电起电的电量。所以,在进行静电测量时,必须注明测量时的环境温度和湿度,否则测量结果没有多大实际意义。实验表明,当空气中相对湿度达到80%以上时,任何物体所带的静电电量都很小,当空气中相对湿度低于30%且温度较低时,物体因静电起电的电量可以很大。

如果物体周围充满了气体介质,则气体介质的组分、气压、风速等因素也对物体静电起电量有明显的影响。例如,气压是决定气体分子平均自由程的重要因素,而平均自由程的大小决定气体击穿的起始电压。所以,物体带电的饱和带电量因气压的改变而改变。

另外,物体周围空间很可能存在变化的电磁场。很强的外加电磁场对相互接触的物体界面处的带电粒子定向移动可产生一定的影响。

3）物体带电历史

物体的带电历史或带电状态,直接影响物体的静电起电电量和物体带电的符号。在静电起电试验中,原来不带电的物体相互间第一次接触－分离起电的测量结果能反映物体的实际起电性质。当物体已经带电后,不经过认真的消电处理,重复进行第二次、第三次接触－分离起电试验,所得到的结果往往不能反映物体静电起电的实际情况。

2.2 液体的静电起电

工业液体的输送、喷射、混合、搅拌、过滤、混炼、液状物体喷涂等加工工序中,都会出现静电带电现象。温度、压力等环境条件不同,物质所表现出的凝聚状态也不相同。不同凝聚状态的物质将具有不同的介电性质和导电性能。液体的静电起电过程和静电泄放过程就有自己特有的不同于固体的规律,但在许多方面也同固体的静电起电和消散规律相类似,如液体在管内流动时的静电起电过程,实质上与固体的接触－分离起电并无根本上的差别。另外,液体的静电起电量与液体的电导率(或电阻率)密切相关,这一点也是和固体相同的。所以,下面在研究液体静电起电机理之前,首先讨论液体的导电机理,并定量分析液体电导率(或电阻率)的大小。

2.2.1 液体介质的电导率

液体介质的导电按载流子的不同,可分为离子导电、胶粒导电和电子导电3种。

根据液体介质中离子来源的不同,离子导电可分为本征离子导电和杂质离子导电两种。

本征离子是指由组成液体本身的基本分子热离解而产生的离子。在强极性液体介质中(如有机酸、醇、酯类等杂质分子),才明显地存在这种离子。杂质离子是指由外来杂质分子(如水、酸、碱、有机盐等)或液体的基本分子老化的产物(如有机酸、醇、酚、酯等)离解而成的离子,它是工程液体介质中离子的主要来源。

极性液体分子和杂质分子在液体中仅有极少一部分离解成为离子,参与导电。

设分子是由原子团或原子 A 和 B 结合而成。分子(AB)由于分子的热振动可离解成正、负离子 A^+、B^-;另一方面离解的正、负离子 A^+、B^- 相碰撞也能复合成 AB 分子。在液体中,离解过程和复合过程处于动态平衡,即

$$AB \Leftrightarrow A^+ + B^- \qquad (2-5)$$

A、B 原子团之间的间隔 r 与分子总体能量 u 的关系如图 2－7 所示。$r = r_0$ 时,分子能量最低,此时 AB 为一稳定的分子。AB 原子团离解成 A^+、B^- 正负离子,必须越过位垒 u_a。在 $r = r_1$ 处,u 再次达到稳定的最低能量状态,AB 分子完全

离解成离子。此位垒 u_a 也称为分子离解的活化能。

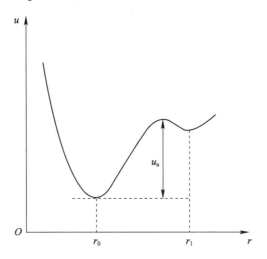

图 2-7　分子中两原子团 A、B 之间的距离 r 与分子总体能量 u 的关系

设 AB 原子团之间的相对热振动频率为 v_0，能引起分子（AB）离解的只是能量超过 u_a 的热振动。例如，认为分子热振动能量的分布服从玻耳兹曼分布，则每秒种内能发生离解的有效热振动数应为 $v_0 e^{-\frac{u_a}{kT}}$。设分子（AB）的浓度为 N_0，显然分子的离解速率，即在单位体积内，每秒钟离解的分子数 N 应为

$$N = N_0 v_0 e^{-\frac{u_a}{kT}} = K_0 N_0 \tag{2-6}$$

式中：$K_0 = v_0 e^{-\frac{u_a}{kT}}$。

式（2-6）说明分子的离解速率与分子浓度成正比，并随温度呈指数式增加。

设 A^+、B^- 离子复合为 AB 分子的复合速率为 z，它与 A^+ 及 B^- 离子的浓度 n_A、n_B 的乘积成正比，即

$$z = \xi n_A \cdot n_B \tag{2-7}$$

式中：ξ 为离子的复合系数。

在液体介质中 $\xi = 10^{-12}$ m³/s。单独一种分子（AB）离解的情况下，$n_A = n_B = n_0$，在动态平衡条件下，分子的离解速率 N 与复合速率 z 应相等，即有

$$N = z \tag{2-8}$$

$$K_0 N_0 = \xi n_0^2$$

$$n_0 = \sqrt{\frac{k_0 N_0}{\xi}} = \sqrt{\frac{N_0 v_0}{\xi}} e^{-\frac{u_a}{2kT}} \tag{2-9}$$

由此可得分子的离解度为

$$\theta = \frac{n_0}{N_0} = \sqrt{\frac{K_0}{\xi N_0}} = \sqrt{\frac{v_0}{\xi N_0}} e^{-\frac{u_a}{2kT}} \qquad (2-10)$$

液体介质中分子的离解度 θ 及离子浓度 n_0 均随温度的增高呈指数式增加。

在较高的外电场强度作用下,分子离解为离子所需克服的位垒,即分子离解活化能 u_a 将下降 Δu_a,于是分子的离解度及离子浓度增加。这一现象称为离子的普尔-弗兰凯尔效应。此时有

$$n_0 = \sqrt{\frac{N_0 v_0}{\xi}} e^{\frac{(u_a - \Delta u_a)}{2kT}} \qquad (2-11)$$

$$\theta = \sqrt{\frac{v_0}{N_0 \xi}} e^{-\frac{(u_a - \Delta u_a)}{2kT}} \qquad (2-12)$$

$$\Delta u_a = \sqrt{\frac{q^3 E}{\pi \varepsilon_r \varepsilon_0}} \qquad (2-13)$$

求出液体中离子导电迁移率,在弱电场下 $\frac{1}{2}\delta q E \ll kT$ 的液体中离子的迁移率为

$$\mu = \frac{q\delta^2 v}{6kT} \exp\left(-\frac{u_a}{kT}\right)$$

于是,弱电场下液体介质的离子电导率为

$$\gamma = n_0 q\mu = \frac{q^2 \delta^2 v}{6kT} \sqrt{\frac{N v_0}{\xi}} \exp\left(-\frac{2u_0 + u_a}{2kT}\right) \qquad (2-14)$$

从式(2-14)可以看出,当外加电场比较弱时,液体介质的离子电导率 γ 与电场强度无关,其导电规律遵从通常条件下的欧姆定律。由于当温度改变时,指数项的影响远大于 $1/T$ 的影响,所以离子电导率 γ 随温度的变化关系也可以近似地写成

$$\gamma = A e^{-\frac{B}{T}}$$

在 $\frac{1}{2}\delta q E > kT$ 的强电场下,离子的迁移率

$$\mu = \frac{\delta v}{6E} \exp\left(\frac{q\delta E}{2kT} - \frac{u_0}{kT}\right)$$

于是

$$\gamma = n_0 q\mu = \frac{\delta v q}{6E} \sqrt{\frac{N_0 v_0}{\xi}} \exp\left(-\frac{u_a - \Delta u_a}{2kT} + \frac{q\delta E - 2u_0}{2kT}\right) \qquad (2-15)$$

在此情况下,离子电导率是外加电场强度的函数,说明离子导电的规律不再遵从通常意义下的欧姆定律。离子电导率随温度的变化关系仍可以近似写成

26

$$\gamma = Ae^{-\frac{B}{T}}$$

2.2.2 液体静电起电机理

液体与液体相互接触以后,可能发生溶解、混合等现象。在此情况下无法从宏观上确定两种液体的分界面。即使有明显的分界面,如油和水相互接触时那样,也无法将它们完全分离开来。所以,用力学的(机械的)方法使液体产生静电的现象,主要包括固体与液体之间接触分离起电和气体与液体之间接触分离起电两种类型。例如,流动起电、冲流起电、沉降起电、喷射起电等静电起电方式都属于固体–液体间接触–分离起电类型;喷雾起电、溅泼起电、泡沫起电等都是气体–液体间接触–分离起电的例子。在这些场合下,固–液、气–液之间的边界面被认为是产生静电的原因,所以边界面的性质具有重要意义。

把液体静电起电现象统一起来的传统理论,是以在液体中的带电粒子所形成的边界层上的偶电层学说为依据,这种偶电层由于力学的(机械的)作用力而分离,从而导致静电起电。

液体和固体或气体接触时,由于边界层上电荷分布不均匀,在分界面处形成符号相反的两层电荷,称为偶电层。形成偶电层的直接原因是正、负离子的转移。在固体和液体接触的界面一般都包含离子化效应层,叫作亥姆霍兹层。当金属浸入水或高电容率的液体时,极性很大的水分子或极性溶剂分子与金属上的离子相吸引而发生水化或溶剂化作用,在界面处使某一种极性的金属离子进入液体,液体中相反极性游离状态的可溶性离子被固体吸收,一些极性分子有序地排列在界面处的金属离子周围。固–液界面处形成偶电层还有一个原因,就是固体表面吸附一些分子。例如,载荷金属表面吸附有极性分子,并使其定向排列;或吸附表面活性粒子、有机分子等形成偶电层。

偶电层的内层电荷,是紧贴在固体表面、厚度为一个分子直径的离子层;外层离子是可动的,它一方面受内层电荷的静电引力作用,另一方面受到热运动的"反作用"。因此,它的分布将延伸到离界面达几十乃至几百个分子直径的距离上,称为扩散层。正、负电荷层之间存在着电位差,带电粒子从一种物质移向另一种物质,在通过偶电层之间的电场时,要对带电粒子做功,所以可以把偶电层之间的电位差理解为两相物质之间存在电位差。

2.2.3 液体的冲流起电

当液体在介质管道中因压力差的作用而流动时,扩散层上的电荷被冲刷下来随液体做定向运动,形成电流,称为冲流电流。它等于单位时间内通过管路横截面上被冲刷下来的电量。若扩散层上是正电荷,则冲流电流的方向与液体流动方向一致。

冲流电流使管路一端有较多的正电荷,另一端有较多的负电荷。于是管路两端出现电位差,称为冲流电压,用 U 表示。在冲流电压 U 的作用下,会产生一个与冲流电流方向相反的欧姆电流 U/R。R 为管路两端间液体的总电阻。当冲流电流和反向欧姆电流相等时,管路的两端就形成一个稳定的冲流电压 U。

Bustin 等对飞行器煤油 JP - 4 用内径为 $(1/4)$ in $(1 in = 0.0254 m)$ 的光滑不锈钢管作了多次实验,得到以下计算冲流电流的半理论半经验公式,即

$$i(L) = [2.15v^{1.75} + I_0][1 - e^{-\frac{L}{3.4v}}] \qquad (2-16)$$

式中:I_0 为液体进管道时的初始电流(单位为 10^{-10}A);$i(L)$ 为管路中的冲流电流(单位为 10^{-10}A);v 为液体流速(单位为 ft/s,$1 ft = 0.3048 m$);L 为管路长度(单位为 ft)。用此公式计算的结果和实验所获的数据基本相符。

1)管路长度对液体流动起电的影响

管路长度对液体沿管路流动起电是有影响的。当完全不带电的液体送入管路后,液体的流动产生冲流电流。冲流电流使介质内的电荷密度逐渐增大。液体内部电荷密度增加的结果,使内部电动势具有一定的数值,从而产生与偶电层电荷分布的反向运动,形成向管壁的放电电流。这个放电电流是随液体内部电荷密度逐渐增加而增大的。当冲流电流和放电电流达到平衡时,介质内电荷密度有一个稳定值。对于电导率 γ 很大的液体,如电解质的水溶液,由于时间常数 τ 很小,因此流过很短一段管路后,i 和电荷密度 ρ 就达到饱和值,所以不必考虑 i 和 ρ 随 l 的变化。

2)液体内杂质对液体流动起电的影响

有一类液体(如石油轻油制品),其分子具有对称结构,内部正、负电荷中心重合,电偶极矩为零。因此,这类液体内部没有直接离解成的正、负离子,在管内流动时,难以测量到静电起电现象。这类液体中离子的来源主要依靠杂质。这些杂质可直接离解为正、负离子,所以含杂质的这类液体中存在着大量的正、负离子,在管道中流动时可以产生明显的静电。

杂质对液体介质带电的影响在生产中也有所发现。例如,曾发生某种油品的静电带电电量突然大幅度增加,并因此造成静电事故。经实际测量和分析表明,这种突然性静电事故的发生是因为在油品中偶然出现微量杂质所致。

应该注意,并非液体中杂质越多就越容易起电。相反,如杂质含量较多时,液体却不容易带上静电。这是因为杂质多的液体电导率较大而使电荷很容易泄漏。

杂质不仅影响液体介质的带电程度,还影响带电的符号。例如,向管道内流动带正电荷的油品中加入矽胶,经吸附将其杂质除掉,流动静电就测不出来了。若再加入微量碱性物质(如油酸),则油品带负电。

3)液体电导率对液体流动起电的影响

液体介质的静电起电情况与其电导率密切有关。实验表明,当液体中缺少正、

负带电粒子,电导率很低时,很难产生静电;当液体中存在较多杂质离子,电导率较高时,所产生的静电极易泄漏,也不会带上较多的静电。也就是说,液体介质的电导率过小和过大都不易产生静电起电现象,只有电导率居中者才既有可能产生较多的静电而又泄漏困难,因此具有积聚较多电荷的能力。

4）管道材质及管壁粗糙程度的影响

不同材料做成的管道,其电导率的差别很大。它们对静电的泄漏速度也很不一样。对不同材质的管道,如钯、金、银、硼酸玻璃、玻璃钢及经火焰氧化的不锈钢等管道分别进行静电起电试验,表明不同材质的管道起电性能稍有区别。由此可见,处于不同材质做成的管道中的液体,其带电程度与管道材料电导率的大小有关。在其他条件相同的情况下,电导率高的管道中液体的带电量小;反之液体的带电量大。

管道内壁的粗糙程度对液体的静电起电是有影响的。管道内壁越粗糙,接触面积越大,冲击和分离的机会越多,液体的冲流电流越大,带电程度越高。

5）液体流动状态的影响

把 10^{-5} kmol/m³ Zn–DiPs 的苯溶液在直径为 3.76mm 玻璃管中作改变流动状态的实验,使液体从层流到紊流状态改变,紊流的液体比层流的液体带电量大得多。这是因为,液体流动状态的改变,一方面由于本身热运动和碰撞可能产生新的空间电荷;另一方面,液体从层流到紊流,其内部的速度分布发生变化。层流时,液体流速沿管径的分布呈抛物线状;而在紊流时,液体流速在管道的中间是均匀的。在靠近管壁处紊流比层流有更大的速度梯度。速度梯度的变化使扩散层上更多的电荷趋向管道的中心,从而使整个管道的电荷密度比层流时提高了,并使液体带有较多的电量。

6）水分的影响

在高电阻率的油品中混入水分,会增加油品带电量。这种静电荷的增加不是水与油品直接作用的结果,而是通过对杂质的作用起间接影响。一般情况下,油品内混入的水分在1%～5%时,增加的带电量最大。表2–5反映燃料油加水后对起电的影响。表中列出的数据是在1kg油料中加5滴蒸馏水,搅混静置一夜晚后测得的。

表 2–5　水分对油品电导率和起电的影响

油料种类	电导率/(pS/m)		电荷密度/(μC/m³)	
	未加水	加水后	未加水	加水后
经黏土处理的航空煤油	0.060	0.070	140	3170
未经处理的航空煤油	0.313	0.126	390	2960
经矽胶处理的航空煤油	0.005	0.011	3	2

2.2.4 液体中微粒的沉降起电

悬浮在液体中的微粒沉降时,会使微粒和液体分别带上不同性质的电荷,在容器上、下部产生电位差,称为沉降起电。

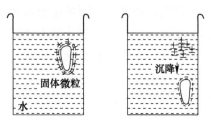

沉降起电现象也可以用偶电层理论解释。当液体(水)中存在固体微粒时,在固-液界面处形成偶电层,如图2-8所示。当固体粒子下沉时,带走吸附在表面的电荷,使水和固体粒子分别带上不同符号的电荷。液体的内部产生静电场,液体上、下部产生电位差。

图2-8 沉降起电

沉降电场作用于带电粒子的结果,在液体内部产生与沉降电流方向相反的欧姆电流。当沉降电流与欧姆电流达到平衡时,液体中形成稳定的电场 E 和沉降电位差 U。

2.2.5 液体喷射起电

液体喷射起电是指当液态微粒从喷嘴中高速喷出时,会使喷嘴和微粒分别带上符号不同的电荷。偶电层理论也可以解释这种起电方式的原因。由于喷嘴和液态微粒之间存在着迅速接触和分离,接触时在接触面处形成偶电层;分离时微粒把一种符号的电荷带走,另一种符号的电荷留在喷嘴上,结果使液态微粒和喷嘴分别带上不同符号的电荷。

另外,当高压力下的液体从喷嘴式管口喷出后呈束状,在与空气接触时分裂成很多小液滴,其中比较大的液滴很快沉降,其他微小的液滴停留在空气中形成雾状小液滴云。这个小液滴云是带有大量电荷的电荷云,如水或甲醇等在高压喷出后就是这样。易燃液体,如汽油、液化煤气等由喷嘴、容器裂缝等开口处高速喷出时产生的静电,无论是喷嘴还是带电云,接近金属导体产生放电时,放电火花很容易引起火灾事故。天津、西安等地的液化气站就曾经发生过这样的事故。

2.2.6 液体的冲击起电

液体从管道口喷出后碰到壁或板,会使液体向上飞溅成许多微小的液滴。这些液滴在破裂时会带电,并在其间形成电荷云。这种起电方式在石油产品的储运中经常遇到,如轻质油品经过顶部注入口给储油罐或槽车装油,油柱落下时对罐壁或油面发生冲击,引起飞沫、气泡和雾滴而带电。

2.2.7　液体溅泼起电

当液体溅泼在它的非浸润固体上时,液滴开始时滚动,使固体带上一种符号的电荷,液体带上另一种符号的电荷。这种现象称为溅泼起电。这是因为当液滴落在固体表面时,在接触界面处形成偶电层,液滴的惯性使液滴在碰到固体表面后继续滚动。这样,液滴带走了扩散层上的电荷而带电,固定层上电荷留在固体表面而带另一种符号的电荷。因此,液体和固体就分别带上了等量异号电荷。

2.2.8　气体 - 液体起电

前面用固体和液体间传统的接触边界面的偶电层理论,说明了几种液体静电起电现象。气体 - 液体静电起电主要是伴随着液滴的生成而发生的静电起电现象,这种带电现象的机理具有一定的特殊性。研究液滴带电的规律对于静电喷涂、静电除尘、静电喷雾等静电应用和防静电危害等方面都具有重要意义。

一般的液滴带电可以分为随液体的流动、液滴的分裂以及蒸发等现象而自然带电和用电源、离子源等能源由外部使其强制带电这两种类型。

因水滴分裂引起的带电现象,早在 1890 年就由埃尔斯特(Elster)、盖特(Geiter)等观察到澳大利亚的瀑布强烈带电,并产生静电火花的现象而开始引人注意。以后,勒纳(Lenard)仔细考察了这种瀑布带电,发现瀑布中产生的小粒径水雾带负电,大粒径水滴以及水面带正电。这被认为是由于水气界面处发生的水表面之内的偶电层负电荷被剥离而产生的电荷。

在水滴与空气的界面处,由于有极性分子取向排列,在水滴的液面附近将液体内部的许多负离子吸引过来,而正离子被吸引过来的不多,故可在液体中自由移动,形成液面之内的偶电层。因此,当用某种方法使小水滴分裂时,分成的粒径更小的水滴所带净电荷为负。查普曼(Chapman)用雾化器将几种纯净的液体进行雾化,并用与密立根油滴实验相类似的办法测量了各种粒径液滴的带电量,结果发现粒径相等的液滴带有同样数量的正、负电荷,除了辛烷外,液滴带电量近似与粒径成比例。

使液滴强制带电的方法很多。例如,在液体中浸入金属线电极,在电极上加直流电压,可使由容器底部滴下的液滴带电;用电晕放电或场致发射使液滴带电;利用紫外线、X 射线等高能电磁波辐照液体中的金属电极,使其释放电子,再注入液体而使液滴带电;感应电荷和使用放射性物质荷电等,都是静电应用中用到的强制液滴带电方法。

2.3 气体的静电起电

纯净的气体在通常条件下不会引起静电。气体的静电起电,通常是指高压气体喷出带电。很早以前人们就发现了潮湿的蒸气或湿的压缩空气喷出时,与从喷口流出的水滴相伴随的喷气射流带有大量静电荷,有时在射流的水滴与金属喷嘴之间发生放电。1954 年在德国埃菲尔的彼特伯格发现,从二氧化碳灭火装置中喷出二氧化碳时也产生大量静电。人们还发现从氢气瓶中放出氢气或从高压乙炔储气瓶中放出乙炔时,喷出射流本身也明显带电,并发生过射流与喷口之间的放电现象。随着科学技术的飞速发展、工业的现代化,气体静电起电 – 放电造成的恶性事故已屡见不鲜。20 世纪 80 年代以来,我国液化石油气行业发生的静电放电事故就有 10 多起。例如,1980 年 4 月 17 日 14:30,某石油化工厂液化石油气高压液泵站,在维修作业中,为检修高压液泵是否泄漏,先后把液泵站的主阀门、液泵的进口阀和出口阀关闭,然后转动放散阀柄,当阀柄打开至 3/4 时,泵内残存的液化石油气以 1.37MPa 的压力从阀口呈雾状高速喷出而带电,由静电火花放电引起爆炸,死亡 3 人、伤 2 人;1983 年 11 月 2 日,气温为 16℃、相对湿度为 29% ,某煤气公司灌装车间的大转盘生产线在灌瓶过程中,由于液化石油气液体在灌装枪内以 1.94m/s 的高速流动,并从灌装枪出口处高速喷出,产生大量静电,加之灌装枪接地不良,使静电在灌装枪上积累,对气瓶产生静电火花放电,引起着火和爆炸。致 3 名工人被烧伤;1988 年 4 月 15 日上午 9:30,某液化石油气灌装站,在灌装 4 个 170kg 的大瓶时,其中有一个瓶超量,操作者在慌忙中未关闭气瓶阀门就拔掉充气管,使液化石油气从气瓶中猛烈喷出,在气瓶角阀处积聚起与排放的液化气带电极性相反的静电荷,产生静电火花放电,引起重大的灾害性燃爆事故,造成直接经济损失达数百万元之多,有 7 人受伤。所有这些事例,都清楚地说明高压喷出的气体携带了大量静电,一旦发生静电放电,会给人民生命财产造成重大损失。

实验证明,高压气体喷出时之所以带静电,是因为在这些气体中悬浮着固体或液体微粒。单纯的气体,在通常条件下不会带电。气体中混有的固体或液体微粒,在它们与气体一起高速喷出时,与管壁发生相互作用而带电。所以,高压气体喷出时的带电,与粉体气力输送通过管道的带电属同一现象,本质上是固体和固体、固体和液体的接触起电。气体混杂粒子的由来,对带电与否完全没有关系。它可以是管道内壁的锈,也可以是管道途中积存的粉尘或水分,或由于其他原因产生的微粒。上述的氢从瓶中放出时,氢气瓶内部的铁锈、水、螺栓衬垫处使用的石墨或氧化铅等与氢同时喷出而产生静电。二氧化碳和液化石油气喷出时产生的干冰及雾是静电的携带者。而在乙炔储瓶中,溶解乙炔使用的丙酮,成了带电的主要原因。

气体高速喷出时使微粒和气体一起在管内流动。它们将与管内壁发生摩擦和碰撞,也就是微粒与管内壁频繁发生接触和分离过程,使微粒和管壁分别带上等量异号的电荷。若在高压气体喷出时管道中存在液体,伴随着高压气体喷出会产生液滴云带电。这是由于在高压气体喷出时,气体中的液体要与管路或喷嘴的内壁表面接触,而在管道或喷嘴的内表面上形成液膜,并在固－液界面上形成偶电层。当液体随气流运动而从壁面上剥离时,发生电荷分离,带电的液滴分散在气体中喷射出来而导致静电放电。

第3章　飞行器静电起电放电机理分析

　　飞行器在空中高速飞行时不可避免地与大气中各种带电因素发生作用而带电,不同类型飞行器的带电方式不同。当飞行器在空中高速飞行时,其蒙皮不断遭到云滴、尘埃、冰晶、沙粒等空间粒子的撞击,使飞行体带上静电;各种类型的发动机工作也会使喷气式飞行器或导弹带电。

　　1978 年,King 等通过研究发现,当飞机进入云层后会立即带负电。Carantl 和 Illingworth 等研究了冰晶对飞机带电的影响。根据大量研究,他们得出以下结论:当机身材料与冰晶尺寸一定时,平均转移电荷与碰撞速度成正比;当材料和碰撞速度一定时,平均转移电荷与冰晶尺寸成正比;当粒子大小与碰撞速度一定时,转移电荷的大小和极性主要受材料的功函数影响;当碰撞速度较大时,起电率几乎不受冰晶带电和机身带电的影响。正是由于碰撞起电机制,使飞机在进入云层后带大量静电荷,很容易诱发电晕放电。

　　Jones 等利用实验所测量的数据,分析了飞机起电的原因,总结出 4 个主要的起电放电机制:一是传导电流,即对流放电,机身电荷与大气作用,交换电荷,形成电流;二是引擎起电,燃烧产生的电子比正电荷快得多的弥散速度进入燃烧室的金属缸体中,使引擎带电,正电荷随高温燃气带到大气,当尾流流过机身时,电荷会附着于机身上;三是粒子作用起电,包括大气粒子与机身的碰撞起电、液态粒子与引擎叶片作用发生的电离起电、粒子与绝缘体的摩擦;四是电晕电流,由于机身局部场强过大导致放电,使机身电荷保持在一定范围内。Jones 发现,传导电流至少比引擎起电电流小一个数量级,可以忽略;而引擎起电与动力设置有关。引擎起电和粒子作用是飞机带电的主要机制。

　　飞机带电量巨大,难以消除。据测量,喷气飞机的带电量可达 10^{-3}C,直升机的带电量可达 $10^{-6} \sim 10^{-4}$C,其电位一般为几万伏,最大可达 500kV。通过对飞机起电机理的研究,一些文献认为,通常喷气飞机带负电,仅在极少数的情况下带正电,直升机一般带正电。图 3-1 所示为美国摄影师 Michael Yon 在阿富汗西南部赫尔曼德省拍摄的正在一个沙尘暴肆虐的山区基地降落的 CH-47 直升机,从图中可以看出,直升机旋翼与沙尘高速摩擦产生剧烈的静电放电火花。

　　国外曾经进行过高速运动物体的沉积静电实验,其中一个 1.5m 直径的物体,当其飞行速度为 700m/s,且遇到冰的质点密度为 1000 个/m³ 的卷云时,每个质点

图 3 - 1　直升机摩擦起电

在碰撞后可引起 10pC 的负电荷,物体在 0.5s 内即可充电到 100kV。

电容是表征飞机表面电荷量的重要参数,美国普林斯顿大学航空工程系仪器与控制实验室利用球形模型和椭圆模型计算飞机飞行中的电容,指出飞机飞行中对地电容可忽略不计,电容大小仅取决于飞机的尺寸,如 H37(长 l = 25m、直径 d = 6m)型飞机的电容约为 460pF。

美国陆军研究实验室在 2000 年"电场微传感器:军用磁场和电场概念和模型验证"一文中指出,在飞机沉积放电时测试的放电电流为几毫安,放电电压超过 200kV。

国内北京理工大学陈曦等分析了喷气式飞机燃烧室内的自由电子、正离子、负离子以及炭黑粒子对飞机电荷积累的作用,通过建立燃烧室内的荷电数学模型仿真计算得出炭黑粒子是影响燃烧室荷电特性的关键因素,其粒子直径及荷电量对燃烧室和电量、极性均有影响。

西安电子科技大学张珺等研究了碳纤维复合材料飞机上的静电放电,分析了复合材料飞机上静电放电的产生机理,并根据放电电流脉冲波形模拟复合材料飞机上的静电积累以及静电荷在飞机上静电放电产生的辐射电场,利用有限元算法计算出该型飞机的电容为 2.6488pF。

武汉理工大学易鸣等对固定翼飞机静电分布进行了研究,他认为飞机静电产生的机理主要是沉积静电充电、飞机发动机的燃烧充电、大气电场感应电荷以及飞机切割地球磁力线等。他推导出了飞机的自电容公式,利用矩量法得到某型飞机空中飞行时的电荷分布,并通过计算得到电容为 400pF。

3.1　飞行器静电起电方式

静电是飞行器高速运动过程中固有的一种物理现象。当飞行器在空中高速运动时,其表面会与尘埃、冰晶体、雨滴及其他物质粒子发生碰撞,飞行器与粒子的连续碰撞会引起电荷从粒子中分离出来转移到飞行器表面上。此外,还可以通过发动机喷流、大气感应、捕获粒子、Lenard 效应及切割磁力线等方式使飞行器表面携带大量静电荷。有电荷就会激发静电场,当飞行器上静电荷积累到一定程度后,会在表面曲率大的部位(如机翼末端、尾翼尖端、放电器等尖端部位)通过各种静电放电形式释放电荷。这种放电会在空气中产生雪崩电流,在机体上产生电流脉冲,并导致强烈的电磁辐射。飞行器的静电来源主要包括沉积颗粒的摩擦起电、发动机引擎燃烧产生的等离子气体起电、穿越带电云层时的感应起电、对流起电和雨滴等粒子的破裂起电等。

飞行器沉积大量某种极性的静电电荷,是各种不同静电起电机理同时作用下代数叠加的结果。不同类型飞行器因起电方式不同而带不同极性的电荷。环境因素和材料的理化特性也对起电过程产生一定的影响。一般而言,飞行器的静电起电机理有摩擦起电、发动机尾气喷射静电带电、感应起电、捕获吸附带电粒子及Lenard效应起电、切割磁力线起电等几种,示意图如图3-2所示。

图3-2 飞行器的静电起电机理示意图

1) 摩擦起电

金属材料与绝缘材料(非金属材料)接触时,电子在金属和绝缘材料之间的转移过程,不仅决定于金属的费米能级和绝缘材料中电子的能量状态,而且决定于绝缘材料表面缺陷和表面污染,甚至与接触时间、接触次数有关。

当两种绝缘材料接触时,也会发生电荷的转移。但绝缘材料的接触起电机理相当复杂,从发生电荷转移的载流子类型看,目前提出的理论可分为离子型和电子型。绝缘材料接触起电时,其产生的电荷不仅会分布在物体表面,有时也会进入物体内部,形成体电荷分布。另外,物体表面沾染其他物质,也会影响接触起电的结果。

飞行器表面材质主要有金属材料和非金属材料,飞行器蒙皮一般为金属,飞行器的座舱盖、天线罩由非金属材料构成。当飞行器在空中高速飞行时,空间粒子与飞行器表面的相互作用主要分为 3 个过程,即接触—摩擦—分离,从而使飞机带电。

飞行器主要的起电方式之一是摩擦起电,即运动中的飞行器表面材料与大气粒子(尘埃、冰晶体、雨以及其他物质粒子)之间的接触、摩擦、碰撞产生的正、负电荷分离,从而在摩擦位置沉积大量的电荷。

2)发动机喷流起电

飞行器起电的另一主要原因是发动机喷流起电,发动机喷流起电是指发动机工作时喷流产生等离子气体而使飞行器带电。飞行器发动机燃烧室内燃料燃烧后生成的自由电子、离子及炭黑粒子在燃烧室内的各种相互作用,生成了喷流中的带电粒子。燃烧产生的电子具有比正电荷快得多的弥散速度而进入燃烧室的金属缸体中,而正电荷随高温高速的喷气带到大气中,由于正、负电荷的分离,使得飞行器带负电。有学者认为这是飞行器起电的主要作用因素,并认为飞行器的电荷中心位于飞行器尾部。

发动机由于光电子发射也可能使飞行器带正电,光电子发射是发动机燃烧室内的高能量的光子轰击燃烧室内壁,由此撞出的电子与燃气中的一些粒子相结合而形成许多负离子。这些负离子被燃气气流带走,从而使飞行器带正电。实验研究表明,光电发射使飞行器带电的作用较小,因此引擎喷流起电一般使飞行器带负电。有研究认为,引擎喷流起电是飞行器起电的主要作用因素。运动目标,特别是喷气式飞机、火箭、导弹、运动车辆等目标都存在发动机喷流起电方式,因此研究这些目标的静电起电时,都应考虑发动机喷流起电过程。

发动机喷流起电是指发动机工作过程中,喷出的尾气不是电中性,而是带有某种极性的电荷,从而形成对发动机自身反极性的充电电流。这是由于燃料燃烧时产生大量带电粒子,一部分带电粒子随气流喷出,另一部分带电粒子被发动机吸收。燃料燃烧产生大量电荷总量相等的正、负带电粒子。带电粒子中电子的质量远小于其他粒子,因此带正电荷的粒子质量比较大。带电粒子随燃烧产生的气流从发动机进入大气的过程中,质量小的电子具有更强的发散性,被发动机吸收的概率较大。而带正电荷的粒子因质量大而具有更强的惯性,更多的随发动机喷射气流进入大气。

3)吸附起电

大气存在大量带电微粒,其直径从微米到毫米级不等,均存在不同程度的带电现象。飞行器在这些带电云雾中穿行,必然会捕获吸附这些带电微粒,即吸附起电。

由于土壤中放射性元素辐射的 α、β 及 γ 射线和宇宙射线的作用,会使大气中悬浮着带电粒子,也就是大气中始终存在带电分子和带电气溶胶粒子,并统称为大气离子。通常,位于海平面上空间的离子形成速率为每秒 $5 \sim 10$ 对/cm^3。随着海拔的升高,宇宙射线导致的电离开始增加。当飞机飞行时,在空中与这些带电离子碰撞,离子全部把电荷传给飞机。飞机表面俘获大气内的粒子而带的电荷在飞机的全部起电电流中占的比例约为1%。

4）大气感应起电

由静电学基本理论可知,带电体周围会产生静电场,当其邻近区域内存在孤立导体(与地绝缘)时,孤立导体在静电感应的作用下会发生电荷的重新分布,与带电体较近表面将带上与带电体符号相反的电荷,另一端则带上与带电体符号相同的电荷。当不考虑电荷泄漏时,孤立导体所带正、负电荷由于带电体电场的作用而维持平衡状态,即总电量为零。但实际上静电泄漏是同时存在的,当外电场撤走后,孤立导体会带上静电荷。电介质在静电场中会由于极化而带电,因此静电非导体也存在感应起电过程。

大气中会有各种电现象,如雷雨云通常都带有大量的电荷,雷电也是一种频发的静电放电现象。空中飞行的飞机即相当于一孤立导体,当飞机接近带电云团建立的静电场作用范围时,机身靠近云团的一端感应出与云团带电相反的电荷,而在机身另一端感应出等量异号电荷。在飞机的尖端部位和放电器上,感应电荷超出放电阈值时,电荷随放电火花进入大气中,而在飞机上留下过剩的极性相反电荷。感应起电是飞机带电的电荷量与带电体的静电场大小有关,带电极性与正、负电荷泄漏的快慢有关,即与飞机尖端和放电器的位置有关。

当物体带有一定的静电荷时,就会在其周围空间中激发静电场。若有其他介质进入静电场,则其就会在场的作用下发生极化,在两端形成极化电荷分布,但该介质仍然保持总体的电中性。若大气中的雷暴单体等形成的电场强度足够强,飞行器就会被强烈极化,在某一端形成极强的电场强度,发生气体放电,从而使飞行器不再保持电中性。

5）Lenard 效应起电

水滴破裂会引起带电雨雾,1892 年 Lenard 首次发现瀑布低部的水雾带有静电,研究表明粒径较大的水滴带正电,较小的带负电,人们称这种现象为 Lenard 效应。飞行器穿越降水区域时,碰撞降水水滴使其发生剧烈的破碎,产生带正电的大水滴和带负电的小水滴,并吸附其中部分电荷,使自身带电。1967 年在新加坡用直升机做的起电实验,测得在强度不同的雨中,直升机的起电电流可为正、负几微安至 $\pm 500\mu A$。

6）内部起电

飞行器运行时,机身内部的润滑、控温、动力和清洁等装置往往以液体(润滑油、煤油、水等)作为工质。液体在管道内流动时就会产生因液体与器壁间偶电层的分离而带电。如果这些带电的工质被部分或全部排放到飞行器外,那么该过程客观上就会给飞行器充以某一极性和数量的电荷。尤其在飞行器煤油静储存、输运、过滤、加压输送到燃烧室,从喷管喷出雾化的过程,会发生显著的静电起电。上

海海事大学孙可平等实测 JP8 飞行器煤油通过单个雾化喷嘴喷出时,可产生近
100pA 的电流,使煤油液滴上带负电荷。润滑油、废水等物质的排放也会类似地产
生静电起电,在此统称为内部起电。

3.1.1 飞行器摩擦起电

摩擦过程就是相互接触的两个物体接触面上无数个接触点不断进行接触和
分离的过程。摩擦起电原理是物体间的连续接触和分离而使物体带上电荷,飞
行器高速飞行时,空间粒子与飞行器蒙皮频繁发生接触和分离,使得飞行器带上
某种极性的静电荷,空间粒子则带上极性相反的等量静电荷,这种起电方式也称
为沉积起电。各种类型飞行器在飞行过程中都存在摩擦起电现象,由于其作用
时间长,是飞行器起电的重要原因。影响飞行器摩擦起电率的主要因素包括飞
行器蒙皮材料种类、接触面积、飞行速度、空气温湿度、大气压以及飞行器带电历
史等。

摩擦起电是飞行器在空气中运动时的主要起电方式之一,尤其对于在对流层
内运动的飞行器,摩擦起电往往成为最主要的起电方式。摩擦起电对飞行器的带
电极性、带电量、等效充电电流、静电放电频次等具有决定性的影响,因此分析飞
行器摩擦起电机理,研究飞行器结构性能参数、飞行状态参数、飞行环境参数等因素
对起电规律的影响,对探索飞行器静电起电规律有重大意义。

传统固定翼飞行器除座舱盖、天线罩等由非金属材料构成外,其余表面都由金
属材料或金属基复合材料构成,且非金属材料构成的部位往往涂覆专业涂层,以保
证自身的静电导通和与机身的低电阻搭接,因此该类飞行器在带有静电电荷后可
视为等势体。

影响飞行器和大气摩擦起电的因素很多且机理复杂,因此在进行详细的分析
研究之前,不妨先进行一些理想化的假定,突出基本物理问题和决定性影响因素,
以便使物理图景更为清晰,更迅速、准确地分析主要因素和机理,然后在此基础上
逐步引入各影响因素,不断对结果进行修正。

为简化分析,可假设所有的大气颗粒物自身的静电电荷量都为零。当飞行器
与冰晶等大气颗粒物发生碰撞摩擦时,按照伏特 – 亥姆霍兹假说,接触 – 分离过程
的载流子为电子,两者接触时由于等效功函数不同,接触面上会形成势垒。电子在
隧道效应的作用下,能够穿过势垒发生转移,并最终使两接触面产生稳定的电势
差。由于等效功函数不同,在接触面上形成的电势差为

$$U = \frac{\Phi_2 - \Phi_1}{e} \tag{3-1}$$

式中:Φ_1 为飞行器表面材料的等效功函数;Φ_2 为冰晶等大气颗粒物的等效功函
数;e 为电子电量。当飞行器表面材料等效功函数大于冰晶等效功函数时,飞行器

带负电;反之则带正电。接触面上的面电荷密度为

$$\sigma = \varepsilon E = \varepsilon \frac{U}{z_0} = \frac{\Phi_2 - \Phi_1}{ez_0} \varepsilon \qquad (3-2)$$

式中:z_0 为两个接触面间的距离,一般取 25×10^{-10} m;ε 为介质的介电常数。实际接触时,冰晶表面仅一小部分面积与飞行器发生接触,将该部分面积记为

$$S' = kS_0 = k \cdot 4\pi R^2 \qquad (3-3)$$

式中:k 为比例常数,此处可取为 1%。冰晶与飞行器发生碰撞时,碰撞双方接触面上的静电电荷量为

$$Q = S' \cdot \sigma = k \cdot 4\pi R^2 \sigma \qquad (3-4)$$

在两者分离过程中,Q_0 会因电荷传导泄漏、电荷逸散、场致发射、气体放电等原因而发生泄漏和中和。分离后,两者最终带电量 Q' 将小于原电荷量 Q_0,有

$$Q' = \kappa Q_0 = \kappa k S_0 \sigma = 4\pi \kappa k R^2 \sigma \qquad (3-5)$$

式中:κ 为泄漏系数,随接触双方的体电阻率、面电阻率和表面沾污状态不同而改变。

记云中单位体积内的平均冰晶数为 n,飞行器速度为 v,飞行器与云中冰晶碰撞的等效截面积为 S_a,并将单位时间内与飞行器表面发生碰撞的微粒数定义为 N_0,则摩擦起电形成的充电电流可表示为

$$I = N_0 Q' = nS_a v \cdot Q' \qquad (3-6)$$

将上述各式代入后,可得

$$I_p = N_0 \kappa S' \sigma = 4\pi nv\kappa k\varepsilon S_a R_p^2 \frac{\Phi_2 - \Phi_1}{ez_0} \qquad (3-7)$$

可知,飞行器穿云时的摩擦起电电流与接触双方的等效功函数之差、云中的冰晶浓度、飞行器等效截面积和飞行速度成线性关系。因此,可通过在飞行器表面涂覆与冰晶等效功函数相差较小的材料,来减小摩擦起电电流。此外,在飞行器表面涂覆不同等效功函数的材料,使两者与冰晶摩擦起电的电荷极性相反,通过低电阻搭接相互中和抵消,也可减小摩擦起电总的充电电流。

3.1.2　飞行器发动机喷流起电

飞行器发动机尾气喷流起电是除摩擦起电之外影响飞行器静电带电极性和带电量的最重要静电起电机理之一。发动机喷流起电是指发动机工作时喷气产生等离子体气体从而使飞行器带电,特别是对于远离对流层运动的飞行器,由于高空中的

40

大气气溶胶微粒、尘埃、降水微粒等含量很少，飞行器发动机的尾气静电带电往往非常突出，因此若要全面分析飞行器的静电带电问题，进一步研究飞行器放电规律，则必须对飞行器发动机的尾气静电带电进行研究。

飞行器发动机的喷流起电机理，与发动机燃烧室内燃烧产生的带电粒子和中性粒子的行为有直接的关系，因此对飞行器发动机的喷流起电进行研究时，首先需要对发动机燃烧室中各种带电粒子的生成演化情况进行分析研究。

1）正负离子的演化与充电效应

碳氢火焰中形成的正、负离子种类很多，并且随着燃油成分和燃烧条件的不同，形成的粒子种类也有很大差异。在碳氢化合物燃烧过程中由分子直接形成的离子种类较少，称这种离子为初级离子，然后这些离子发生离子 – 分子反应，形成大量的次级离子。根据形成的正离子质量数 M 的大小，通常把它们分为小离子（$19 < M < 100$）、中等离子（$100 < M < 105$）和大离子（$M > 105$）。随着正离子的形成，产生了大量自由电子。自由电子与中性分子反应，形成负离子，其反应过程较为复杂。

根据电荷守恒定律可知，燃烧区火焰中形成正离子的同时，必然也会形成大量的自由电子。由于 O_2 相对于其他分子具有很高的电子亲和力，所以在燃烧区中最丰富的负离子是 O_2^-。同时还存在少部分的 OH^-、O_3^-、CO_3^- 以及含氧碳氢化合物离子 $C_xH_yO_z^-$。在燃油中含有硫、氮等杂质的情况下，还会在燃烧产物中形成硫和氮的氧化物，吸附电子生成 NO_2^- 和 NO_3^-、SO_2^-、SO_3^- 和 HSO_4^- 等产物。这里硫氧化物（SO_2^-、SO_3^-、HSO_4^- 和 SO_5^-）和氮氧化物（NO_2^- 和 NO_3^-）都有可能与 O_2^- 发生电子转移，形成含硫和含氮的负离子。

在燃烧室火焰前锋的位置，燃料达到完全燃烧条件，释放大量的能量，使该区域温度达到燃烧室中的最高温度，燃烧产物的电离程度也达到最大，形成很高浓度的各类粒子。根据气体分子动理论，在相同的温度下，正离子质量较大，电子质量相对来说很小，因此电子的运动速度相对于正离子快得多。燃烧产生的电子具有比正离子快得多的弥散速度，导致相同时间内进入燃烧室金属缸体中的电子数远大于正离子数，使得金属缸体携带一定量的负电荷，在周围空间中产生指向金属缸体的电场。该电场一方面会对靠近的电子产生远离金属缸体方向的库仑力，抑制电子的进一步积累；另一方面会对空间的正离子产生指向金属缸体的库仑力，将正离子吸附到金属缸体上，中和已经积累的负电荷。同时金属缸体表面材料会在电子和正离子的碰撞下发射电子。当上述 3 种作用达到动态平衡时，金属缸体电位保持在某一负电位恒定不变。仅考虑正离子和电子作用下的金属缸体电位 U，可表示为

$$U = -\frac{kT_e}{e}\ln\frac{n_i(1+\delta)}{(1-\delta)n_e}\sqrt{\frac{m_eT_i}{m_iT_e}}$$

式中: k 为比例常数,取 1.38×10^{-23} J/K; e 为电子电量; m_e 为电子质量; T_e 为电子的热力学温度; n_e 为电子的浓度; m_i 为正离子的质量; T_i 为正离子的热力学温度; n_i 为正离子的浓度; δ 为金属缸体的二次电子系数。若认为电子和离子的温度近似相等,则电压可表示为

$$U = -\frac{kT}{e}\ln \frac{n_i(1+\delta)\sqrt{\dfrac{m_e}{m_i}}}{(1-\delta)n_e}$$

此时,在发动机结构材料给定的情况下,电压仅取决于燃烧室内的正、负离子浓度和燃烧室温度。而这两者又同时受进气量和燃油量影响,且与发动机燃烧室结构息息相关。

2) 碳烟颗粒的形成和带电

影响发动机喷流起电的另一个重要因素是碳烟颗粒的形成和带电。在燃气涡轮燃烧室中碳烟颗粒的形成和部分氧化是一个非常复杂的过程,其形成的本质细节还不太清楚。一般认为碳烟颗粒是在有未燃烧碳氢化合物存在的条件下,经历燃料高温分解、碳氢化合物与碳氢根合并、单环芳香族碳氢化合物生长、成核、碳烟颗粒凝聚、表面生长、聚合和氧化等复杂的物理、化学过程形成的。碳烟颗粒形成过程中的碳氢化合物的燃烧可用以下反应表示,即

$$C_nH_m + \kappa O_2 \rightarrow 2\kappa CO + \frac{m}{2}H_2 + (n-2\kappa)C$$

式中: C 为形成的碳烟原子核。形成的碳烟核心进一步与其他碳氢分子反应使粒子的尺寸增大,质量增加。参与反应的气相物质主要是乙炔(C_2H_2)及其聚合物。这个过程与离子 - 分子反应的过程类似,伴随着芳构化过程,脱去部分氢,可以看成碳烟生产的离子机理。

碳烟颗粒的荷电过程比较复杂,并没有形成一个系统的认识。碳烟颗粒在产生时可能就带有电荷,同时它也可以通过热发射电子或捕获电子,与带电粒子相接触捕获电荷。在 $2000 \sim 2500K$ 的高温区域,碳烟颗粒会因热离子化而带正电荷,在温度很高或自由电子浓度很高的区域,碳烟颗粒会带负电。碳烟颗粒的带电极性与颗粒的几何尺寸、环境温度、气流速度和油气比等有关。碳烟颗粒和随机热运动的离子发生碰撞,可以吸附电荷,该过程可表示为

$$q_p = \frac{d_p kT}{2e^2}\ln\left(1 + \frac{d_p c\pi e^2 Nt}{2kT}\right)$$

式中: q_p 为颗粒的带电量; d_p 为颗粒直径; k 为玻耳兹曼常数; T 为温度; e 为电子的电荷量; c 为颗粒的平均速度; N 为颗粒浓度; t 为时间。俄罗斯学者 Sorokin 等研究认为,在燃烧室出口和尾喷管出口处不同符号的最大化学离子浓度约为 $10^9 cm^{-3}$ 和 $10^8 cm^{-3}$,

化学离子的浓度受离子–离子的复合系数的影响较大。离子吸附到碳烟颗粒上，使碳烟颗粒大部分带上了电荷，中性的碳烟颗粒只占20%，80%的碳烟颗粒都带有电荷，其中部分颗粒有5~6个元电荷，碳烟颗粒平均荷电量是正的，使得发动机获得负充电电流。

综上所述，发动机工作时燃烧产生大量的正离子和电子，正离子质量大，而电子质量相对来说小得多，运动速度则快得多。燃烧产生的电子具有比正离子快得多的弥散速度而进入燃烧室的金属缸体中，而正离子随高温高速的喷气带到大气中，由于正、负电荷的分离，因此发动机喷流起电一般使飞行器带负电。

3）飞行器发动机喷流起电的影响因素

发动机在正常工作时，其燃烧产物产生的大量正、负离子以及带电的碳烟颗粒等，共同构成了气路的总体静电荷水平。影响其荷电量的因素很多，除了颗粒物自身的物理性质（能带结构、表面态、几何特性等）外，还有以下几个因素。

（1）燃油成分的影响。现在飞行器涡轮发动机使用的燃料多属于煤油型，通常称为航空煤油。航空煤油的硫含量对发动机燃烧室内的正、负离子的浓度、尺寸分布都有影响。硫化分子很容易接收电子形成稳定的含硫负离子，从而对燃烧产物的浓度、粒径和电量产生影响。燃油的物理、化学性质包括密度、黏性系数、表面张力、碳氢比等都会对燃烧性能产生影响。

（2）发动机运行状态的影响。在不同的工作状态下，燃油流量、排气温度和发动机转速都会不同。燃油流量直接影响燃烧室燃烧状态和燃烧产物的形成，对燃烧室温度也有影响，由前面的荷电机理可知，对颗粒浓度、尺寸和化学电离、热电离影响很大。发动机转速和其他工作状态参数的变化同样会引起燃烧室温度、喷气速度的变化，都将对颗粒的电量产生影响。

（3）工作环境的影响。在地面和高空环境下，气压、氧气含量和大气温度都不同。这些工作环境的差异对发动机的进气量、空燃比和气压比都有影响，从而对燃烧产物的形成和荷电情况产生影响。

3.1.3　飞行器吸附起电

当飞行器穿过带电云团时，会吸附云团中的带电粒子而带上静电荷，这种起电方式仅在极少的情况下发生，但此时飞行器的带电特性会在很大程度上受到带电云团的影响。

大气中始终存在带电分子和带电气溶胶粒子，并统称为大气离子，这些带电粒子的电离源主要由3部分组成：①土壤中镭、铀和钍等放射性元素辐射的α、β及γ射线；②由土壤逸入大气的氡和钍等放射性元素辐射的α、β及γ射线；③来自宇宙的宇宙射线。正分子（氧气或氮气）快速吸引极化的水分子（10~15），形成正的空气离子。电子吸附在氧气分子上（氮气不吸附电子），负分子吸引一定数量的水分子(8~10),形成负空气离子。在这个过程中,离子是成对形成的,正离子和负离子的数量相同。一般撞击初始电子的能量约为34eV(5.4×10^{-18} J),该能量可能来自于 X 射线或 γ 射线,也可能来自于空间粒子。在较低的大气环境中,电离是由空气中辐射物质(主要为氡)造成的。通常,位于海平面上空间的离子形成速率为每秒 5~10 对/cm³。随着海拔的升高,宇宙射线导致的电离开始增加。同时由于大气活动,云层中的各种颗粒(冰晶、沙子、干冰、液滴等)往往也带有大量的电荷。表 3-1 和表 3-2 所列为各种形态的云的电学特征。

表 3-1　各种形态的云的电荷密度

云的形态	混杂带内的电荷密度/(C/m³)	
	平均	极值
层云、层积云	3×10^{-12}	2×10^{-11}
卷层云、雨层云	4×10^{-12},10^{-11}	3×10^{-11},2×10^{-10}
积云、浓积云	10^{-10}	3×10^{-9}
雷暴云砧	3×10^{-8}	10^{-7}

表 3-2　各种形态的云的带电量　　　　　　　　单位:10^{-19}C

云的形态	半径为2μm 的云滴	半径为5μm 的云滴	半径为8μm 的云滴	半径为10μm 的云滴	雨滴
层云、层积云	48	116	140	176	
卷层云、雨层云		340	1350	2050	$10^4 \sim 10^6$
雷暴云砧		400	500		$10^6 \sim 10^7$

多数物质的分子是极性分子,即具有偶极矩;偶极子在界面上是定向排列的。当这些浮游的带电粒子被物体表面的偶极子吸引且附着在物体上时,整个物体就会有某种符号的过剩电荷而带电。如果物体表面定向排列的偶极子的负电荷位于空气一侧,则物体表面吸附空气中带正电荷的粒子,使整个物体带正电;反之亦然。吸附起电电量的大小与物体分子偶极矩的大小、偶极子的排列状况、物体表面的整洁程度、空气中悬浮着的带电粒子的种类等因素有关。

飞行器高速飞行时捕获大气带电粒子的电荷使得飞行器带有静电荷称为吸附起电。当飞行器飞行时,在空中与这些带电离子碰撞,离子全部把电荷传给飞行器。如果飞行器迎头面积为 $S(\mathrm{m}^2)$,飞行速度为 $v(\mathrm{m/s})$,大气每立方米所含带电粒子的电量为 q,假设飞行器表面与这些带电粒子碰撞时,粒子把全部电荷都传给飞行器,则飞行器的起电电流 I 和电流密度 J 可表示为

$$\begin{cases} I = Svq \\ J = vq \end{cases} \qquad (3-8)$$

以典型情况为例。假设积云和浓积云的最大电量密度为 $q = 3 \times 10^{-9} \mathrm{C/m^3}$，某飞行器飞行速度为 $v = 200 \mathrm{m/s}$，则实测表明电流密度 J 最大可达 $10^{-7} \mathrm{A/m^2}$。

然而在实际情况下，云团内电荷分布并不均匀，不同的区域电荷体密度和极性都不尽相同。飞行器在空中飞行，可以认为是空中的孤立导体，机身电荷量只能通过静电放电或者与异号电荷中和来泄放。飞行器由远及近靠近云团时，就会因为云团的复杂电荷分布在空间激发的电场而感应出电荷。当飞行器足够靠近时，就会使机身尖端等部位电场强度足够大，以致发生空气击穿放电。当飞行器穿越这些带有不同极性电荷的云团区域时，不但同时发生吸附起电，而且还会同云团微粒摩擦产生摩擦起电。当飞行器从正极性云团飞入负极性云团时，由于机身仍然携带大量的正电荷，还来不及泄放和中和，而周围云团微粒均带负电，因此机身和周围负极性云团间就会形成强烈的静电场，以致发生气体放电。场强较弱时表现为微弱的电晕放电，场强较强时则发展成剧烈的火花放电，辐射强烈的电磁场信号。由于飞行速度较快，火花放电会在空中形成很长的放电通道，加剧静电放电的辐射场。严重时，火花放电通道可能诱发云间闪电，使飞行器遭受雷击。此时强大的雷击浪涌脉冲电流通过机身，会给飞行安全带来多方面极大的威胁。

3.2　飞行器静电放电机理

3.2.1　静电放电机理分析

静电放电（ESD）是指带电体周围的场强超过周围介质的绝缘击穿场强时，介质发生电离而使带电体上的电荷部分或全部消失的过程。ESD 是一个极其复杂的气体击穿过程，根据带电体 ESD 电位的高低及发生放电条件的不同，可分为多种放电类型，主要有以下几种。

（1）电晕放电。带电体尖端周围的气体介质发生局部电离而形成放电通道，放电过程伴有微弱的辉光和声响。电晕放电一般发生在极不均匀的电场中，带电体的电位较低，单次放电能量较小。

（2）火花放电。当静电电位较高的带电体靠近其他导体，尤其是接地导体时，两者之间的空气突然发生电离击穿，形成火花通道，放电过程迅速而强烈。与此同时还伴有爆裂声，爆裂声是由火花通道内空气温度的急剧上升形成的气压冲击波造成。火花放电释放能量比较集中，放电电流大。

（3）刷形放电。通常发生在导体和带电的静电非导体之间。放电通道在导体一端集中在某一点上，而在静电非导体一端形成许多分叉，放电过程伴有声光效应，释放能量和分布的面积都较大，所需放电电位较高。

不同类型 ESD 都具有共同的特点和效应，归纳起来主要有以下几点。

（1）ESD 是高电位、强电场，有时会有瞬时大电流释放的过程，并发出特有的放电晕光。

（2）放电通道内因空气温度的急剧上升形成气压冲击波。

（3）ESD 会产生强烈的电磁辐射形成电磁脉冲（EMP）。

静电放电的物理机制可以用气体放电理论进行解释。气体放电的基本过程包括气体分子的激发和电离、带电粒子的复合以及气体的击穿。处于电场区域中的介质（如空气），它的中性原子或分子在外部因素（如紫外线、宇宙射线及来自地球内部的辐射）的作用下发生电离，即从中性原子或分子中释放出自由电子。其中，光电离在气体放电中有着很重要的作用，它是气体击穿过程中的一个基本环节。当原子中的电子从高能级返迁到低能级时，多余的能量以光子的形式释放出来；相反的过程是，原子也可以吸收光子的能量来提高它的位能。当空气中大量原子、分子都被电离时，气体就变成了电离气体。气体电离所形成的电子和正离子在电场作用下进行迁移运动，结果形成了电流，气体由绝缘体变成了导电体。

气体放电时，除了不断形成带电粒子的电离过程外，还存在相反的过程，即带电粒子的消失过程。复合即为带电粒子消失的一种方式。它同带电粒子的产生过程一样，也对气体放电起着重要的作用。复合是两种异号带电粒子相互作用而形成中性粒子的过程。按照带电粒子极性的不同，复合分为两种形式，即电子与正离子的复合和正、负离子的复合。在带电粒子的复合过程中会形成光辐射，而光辐射在一定条件下又可能成为导致电离的因素。气体放电总是伴随着光辐射，光辐射除了由激励态恢复到稳定态时形成外，还由复合过程形成。异号带电粒子的浓度越大，复合就越强烈，因此强烈的电离区通常也是强烈的复合区。

放电时气体的击穿，可以用帕邢击（Paschen）穿定律、汤逊（Townsend）理论和流注理论来解释。早在 1889 年，帕邢就提出击穿电压 U 与气压 p 及极间距离 d 的关系式，即 $U = f(p, d)$。随着研究的深入，汤逊（J. S. B. Townsend）于 20 世纪初提出了气体击穿的碰撞电离理论，首次从微观角度对气体放电进行了解释，并在随后的研究中得出了气体击穿的判据。汤逊理论是在气压较低，pd 值较小的条件下进行放电实验的基础上建立起来的。然而，在气压不小于一个大气压时，汤逊理论所描述的放电形成时延及击穿电压等均与实验现象差异较大。为了解释较高气压条件下的气体击穿，J. B. Meek、L. B. Loeb 和 H. Reather 分别建立了放电发展的流注理论。该理论认为，电子碰撞电离及空间光电离是维持自持放电的主要因素，随着电子雪崩的发展，当空间电荷造成的电场和外电场为同一数量级时，电子雪崩将演变为流注，形成放电通道，使气体击穿。汤逊理论和流注理论是气体放电的两个重要理论，这两个理论互相补充，很好地解释了气体放电现象。

电场中气体的体积电离系数为

$$\alpha = Ape^{-Bp/E} \qquad (3-9)$$

式中:A、B 为两个与气体类型有关的常数。式(3 - 9)表明击穿电压与气体状态等因素的关系。击穿电压公式为

$$U_0 = \frac{B(pd)}{\ln\left[\dfrac{A(pd)}{\ln(1 + 1/\gamma)}\right]} = f(pd) \qquad (3-10)$$

式(3 - 10)就是帕邢定律。式中:U_0 为气温不变的条件下,均匀电场中气体的自持放电的起始电压,它等于气隙的击穿电压 U_b;γ 为二次电离系数。这个公式可用来检验汤逊理论与试验结果的吻合情况,图 3 - 3 所示为帕邢定律计算得出的曲线。

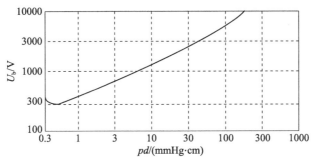

图 3 - 3　帕邢曲线

由帕邢定律可知,静电放电的击穿电压与气压有关,当飞行高度增加时,气压逐渐降低,在高度为 30km 附近,有一最低击穿电压,如图 3 - 4 所示。

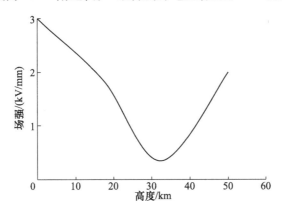

图 3 - 4　击穿场强随高度的关系

3.2.2　气体放电基础理论

气体放电研究中最著名的是帕邢击穿定律、汤逊理论和流注理论,这是分析气体放电现象的最基本理论。帕邢击穿定律是帕邢(F. Paschen)于 1889 年提出的,他发现了击穿电压 U 对气压 p 与极间距离 d 的乘积 pd 的依赖关系 $U = f(p, d)$,并

认为气体击穿存在一个最小击穿电压 $U_{\min}$。气体击穿的碰撞电离理论是汤逊于 1903 年提出的,并于 1910 年提出气体击穿的判据,他第一次从微观角度对气体放电进行了解释。1939 年,雷特(Raether)通过对威尔逊云室中气体放电现象的研究,提出了气体放电的流注理论:随着电子雪崩的发展,当空间电荷造成的电场和外电场为同一数量级时,电子雪崩将演变为流柱,形成放电通道,使气隙发生击穿。流注理论考虑了电子雪崩对气体放电和击穿产生的空间电荷效应,对汤逊放电理论进行了补充和完善。Meek 和 Loeb 对 20 世纪 50—80 年代气体放电的研究成果进行了总结,建立了气体放电过程中电子雪崩发展的数学描述,为研究气体放电现象提供了数学分析方法。气体放电的物理机制可以归结为汤逊理论和流注理论,利用汤逊理论和流注理论可以解释气体放电的形成过程和发展情况。

3.2.2.1 汤逊理论

汤逊理论认为,电子向阳极方向运动,与气体粒子频繁碰撞,电离产生大量电子和正离子;正离子向阴极方向运动,与气体粒子频繁碰撞,也产生一定数量的电子和正离子;正离子等粒子撞击阴极,使其产生二次电子。电子碰撞电离作用是气体放电时电流倍增的主要过程,维持自持放电的必要条件是电极表面电子发射。每一个电子在向阳极运动的路程上使气体粒子碰撞电离,新产生的电子向阳极运动同样也能使气体粒子电离,电子数目倍增,称这种电子流迅速增长的过程为电子雪崩。

汤逊理论定义了 3 个系数来定量地表征气体的电离过程,这 3 个系数分别是电子对气体的体积电离系数 α、正离子电离系数 β 和二次电子发射系数 γ。电子对气体的体积电离系数 α 是指一个电子在电场方向行进单位距离(通常为 1cm)所产生的电离次数,即产生新电子的个数;正离子电离系数 β 是指一个正离子在从阳极向阴极运动的过程中在单位距离(1cm)上所产生的碰撞电离次数;二次电子发射系数 γ 是指平均每一个撞击阴极表面的正离子(或其他粒子)使阴极发射的电子数目。

电离系数是一个重要的表征气体放电基本条件的物理量。在均匀场中,假设阴极发射出 n_0 个电子,在距离阴极 x 处的电子数为 n。电子在电场方向行进距离 $\mathrm{d}x$ 将产生 $\mathrm{d}n$ 个新电子,则 $\mathrm{d}n = \alpha n \cdot \mathrm{d}x$,$\alpha$ 是电场强度的函数,在均匀电场中,α 与位置无关,因此有

$$n = n_0 \mathrm{e}^{\alpha x} \tag{3-11}$$

在不均匀电场中,电场强度与空间位置有关,则 α 是电场强度和位置的函数,而且研究表明,α 还与放电空间的气体粒子密度有关,也就是和气压 p 有关,利用气体放电理论可以得出以下函数关系:

$$\frac{\alpha}{p} = A\exp\left(-\frac{B}{E/p}\right) \tag{3-12}$$

式中:A、B 为常数;$B = AU_i$,U_i 为气体的电离电位常数。

正离子电离系数 β 是指一个正离子在从阳极向阴极运动的过程中在单位距离（1cm）上所产生的碰撞电离次数。离子的平均自由行程比电子小得多，质量大，其速度也比电子慢得多，而且离子在和分子发生弹性碰撞时容易损失从电场获得的动能，因此由正离子产生的电极空间碰撞电离远不及由电子产生的电极空间碰撞电离。理论分析和试验结论证明，β 过程在气体电离中的作用很小，可以忽略不计。

α 描述了空间电子的碰撞电离过程，实际上正离子及光子在阴极表面均可激发出电子。由于阴极材料的表面逸出功比气体分子的电离能小很多，因而正离子碰撞阴极较容易使阴极释放出电子，这一过程为正离子引起的二次电子系数，表示为 γ_i。另外，激发粒子发出的光和亚稳态粒子的撞击也可引起二次电子发射，分别用 γ_p 和 γ_m 表示，三者之和统称为 γ 过程。γ 过程是自持放电的条件，均匀电场中自持放电的条件为

$$\gamma(e^{\alpha d}) = 1 \tag{3-13}$$

非均匀电场中，α 与电场强度和空间位置有关，因此，式（3-13）变为

$$\gamma(e^{\int \alpha dx}) = 1 \tag{3-14}$$

3.2.2.2　流注理论

电子雪崩是汤逊机制的重要特征，但汤逊机制没有考虑电子雪崩引起的空间电荷效应。电子产生后，在气体中运动消失有两个途径：一是电子附着于中性粒子上变成负离子；二是与正离子复合成中性粒子。这两个过程的强弱分别正比于电子密度和中性粒子密度、电子密度和正离子密度。一般来说，负离子是通过电子与分子附着存在的，存在时间很短，其总体密度也很小，所以通常将雪崩电子云简单地考虑成电子和正离子共存的形式。由于电子的漂移速度远大于正离子的漂移速度，通常可高出两个数量级，所以在极短的时间内，电子雪崩中产生的电子很快地跑到前面，而正离子相对于电子来说是固定不动的，这样形成了不均匀的空间电荷分布。雪崩的前面集中了电子云，而后面是分布不均匀的离子空间电荷。电子雪崩的电荷分布如图 3-5 所示。

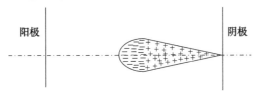

图 3-5　电子雪崩的电荷分布

电子雪崩的轮廓线大致为零指数而不是抛物线形状，雪崩的特征半径 $r_D \propto \sqrt{x}$，$r_D(x) = \sqrt{4D_e x}$（D_e 为电子的扩散系数），雪崩的轮廓呈 V 形，在其前端 V 形变成圆形。雪崩内的电子继续碰撞激发产生倍增的电子和离子，使电子雪崩绕着中心

轴迅速扩展并朝着阳极运动。空间电荷形成一种电偶极子:所有的电子在雪崩的头部,大多数正离子在雪崩的后部。电子与离子的主要部分分开一定的距离,这个距离在其产生离子对之前由电子引起的平均电离长度 α^{-1} 决定。

当电子雪崩倍增足够大,正离子浓度达到很高的值,使得原来的电场发生了很大畸变,引起局部电子能量的增加,加剧了电离。电子雪崩头部前后,电场明显增强,这有利于产生分子和离子的激励现象,当分子和离子从激励态恢复到正常状态时,放射出光子。电子雪崩内部正、负电荷区域之间的电场大大削弱,这有助于发生复合过程,同样也将放射出光子。当在强外电场的作用下,达到击穿场强时,电子雪崩头部形成流注。流柱是在足够强的电场中由初级雪崩形成的稳定的弱电离细通道;流柱朝一个或两个电极方向增长。流注分为正流柱(面向阴极的流柱)和负流柱(面向阳极的流柱)。

流注理论对汤逊放电理论给予了发展和补充,以汤逊电离概念为基础,考虑了放电过程中的光现象,认为空间电荷电场对电离的发展起重要作用。当电子雪崩中等离子区的电子与正离子浓度达到很高时,电子与正离子就会复合,复合时产生的光发射,使空间光致电离作用大大加强,产生二次电子雪崩;二次电子雪崩汇入初崩,使等离子区迅速扩大,向电极伸展,形成流注放电。Raether 和 Meek 分别给出了流柱放电的判据,即

$$\alpha x = \ln \frac{8\pi\varepsilon_0 U_{\text{b}}}{e} + \ln x + \ln \frac{E'}{E_0} \tag{3-15}$$

$$\alpha x + \ln \frac{\alpha}{p} = 14.46 + \ln \frac{KU_{\text{b}}}{pd} - 0.5\ln px + \ln x \tag{3-16}$$

式中:x 为雪崩前进的距离;U_{b} 为击穿电压;E' 为雪崩头部电子球体的电场;E_0 为外部电场;p 为气压;d 为间隙距离;K 为常数。

从前面的分析可知,飞行中的飞行器会因为各种原因而带上电荷,但可以肯定的是,飞行器所带电荷量不会无限制地增加,当电荷超过物体的放电条件时,会发生许多放电过程,而且放电过程中存在剧烈的电磁辐射,因此静电放电过程也是飞行器静电信息研究的重要内容。本节在介绍物体静电放电类型和特点的基础上,研究飞行器静电放电的形式,分析各种静电放电形式的机理、发生条件和特征。

3.2.3 飞行器静电放电方式

飞行器在不同飞行阶段、不同飞行环境、不同飞行工况下,存在多种静电起电方式。由于不同起电方式使飞行器不同表面材料的带电起电量及带电极性不同,导致飞行器不同位置之间存在电势差,造成静电放电。飞行器在高速飞行的过程中,机身会积累大量的电荷。这些电荷广泛分布在机体表面,由于飞行器的结构比较复杂,通常在尖端部位会积聚较多的电荷,并产生很强的局部电场。当静电荷积

聚到一定程度时,飞行器尖端处的场强就会超过周围介质的绝缘击穿场强,介质发生电离,形成静电放电。飞行器静电放电形式主要有表面流光放电(Streamering)、跳火花和电弧(Spark – over and arc)及电晕放电(Corona discharge)3 种,如图 3 – 6 所示,下面对这几种放电方式进行比较分析。

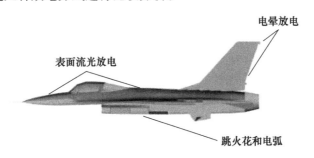

图 3 – 6　飞行器静电放电形式

3.2.3.1　表面流光放电

飞行器金属表面贴附高绝缘性的隔热材料,当静电荷沉积在这些高绝缘性材料上时,电荷运动受到限制,当飞行器的隔热材料表面上的电荷与飞行器金属部分相比足够多时,就会在隔热材料表面发生流光放电。这是一种刷形放电,在静电非导体一端形成许多分叉,放电过程伴有声光效应,释放能量和分布的面积都较大,所需放电电位较高。另外,天线表面材料与天线金属部分之间也可以发生流光放电,当天线表面材料由于某种静电起电方式使其带上足够多的静电荷时,其与天线之间也会出现击穿而放电。流光放电产生高电平脉冲噪声,脉冲最大宽度可达200ns。流光放电效应能够穿过蒙皮与飞行器内部的飞行器电子设备发生耦合。由于放电电流的上升时间较长,因此,它们产生的射频干扰频谱在 100MHz 以内。为控制这种辐射干扰,现代飞行器在其机身上的绝缘材料表面一般要涂以导电漆和导电涂层,以便及时转移静电荷。

3.2.3.2　跳火花和电弧

跳火花和电弧的产生是由于飞行器不同导电组件间的电势梯度差。根据静电理论可知,当被介质隔开的两个充以相反电荷的物体间的电压达到一定值时,介质完全被击穿,此时出现火花或电弧。当不同起电方式使隔热材料表面和飞行器金属壳体以相反电荷达到一定程度时,在两者之间的介质会被击穿,出现跳火现象。这种放电释放能量比较集中,放电电流很大。其电磁频谱较宽,成为干扰天线的甚高频和超高频干扰源。为抑制机身不同表面间因电位差导致的电弧放电,要求在各部分间采用低阻抗搭接,使飞行器表面保持了电气上的连通性。

3.2.3.3　尖端电晕放电

当飞行器在空中高速飞行时,飞行器表面会由于各种起电机理积累大量的静电荷。与此同时,飞行器表面电位不断升高,特别是在飞行器尖端处会形成极不均匀的电场,导致周围空气被局部电离,形成电晕放电,也叫作尖端放电。这是一种飞行器最常见的静电放电方式。其一般是发生在金属部件尖端,如翼尖、金属部件尖端等部位。

以尖端和平板电极为例,如图 3 – 7 所示(虚线为场线,实线为等位线),当在两电极间施加一定的电压时,在两极之间会产生一定的非均匀静电场分布,其中尖端附近的场强要比其他地方的场强大得多。当两极之间的电压小于某一特定值 U_0 时,极间任何部分的场强均未超过空气的击穿场强,两极间的任何地方都不会产生显著的空气电离现象。但是两极间却有一定的电流流过,该电流随外加电压的升高而增加,最终达到饱和状态,饱和电流的量级为 10^{-14} A。这一电流是由宇宙射线和自然界中其他放射性射线在空气中产生的电子、离子对形成的。当两极间电压升高到某一特定值 U_0 时,尖端附近的场强开始超过空气的击穿场强,进入这一区域的电子被电场加速可获得足够的能量。当它们与中性气体分子和原子碰撞时会引起电离,产生正离子和新的电子,并在尖端附近形成电子雪崩,这就是电晕放电。当加载的电压超过一定值时,电晕放电会过渡到电火花。引发电晕放电的机制、阈值电压及放电产生的电晕的形态与放电尖端的极性密切相关。

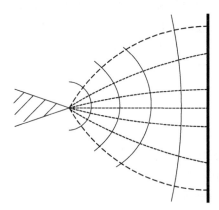

图 3 – 7 尖端和平板电极结构

电晕放电是发生在极不均匀电场下的空气局部电离现象,属于气体放电的一种。气体放电的基础理论主要有汤逊理论、流注理论和帕邢定律。

根据典型的气体放电伏 – 安特性,气体放电将经过以下几个阶段:在极间电压较低时,电子的产生主要依靠外界电离源,如紫外线、射线等,此时电流极微弱,为 $10^{-20} \sim 10^{-12}$ A 量级,放电处于非自持放电阶段;增大电压,电子在电场的作用下定向移动,并碰撞电离,电流呈指数形式上升,此阶段内电流可增大 10^8 倍,放电进入自持阶段,此刻所施加的电压即为放电阈值;继续增大电压,放电电流将以超指数形式上升,而极间电压却降低至一定的稳定值,该过程是汤逊放电经过电晕放电、亚辉光放电向辉光放电的过渡;再继续增大电压,放电电流继续增大,经过反常辉光放电后,将直接跃变到持续的火花即弧光放电阶段。

按照放电的极性可划分为正电晕和负电晕,由于放电物理机制不同,正、负电晕放电过程具有一定的差异,如图3-8所示。其中正极性电晕主要经过爆发式脉冲电晕、流注电晕、辉光电晕和火花阶段;负极性电晕主要经过特里切尔脉冲电晕、无脉冲电晕和火花阶段。根据本书的研究目的,将主要针对气体放电由非自持转为自持阶段即电晕放电进行研究。

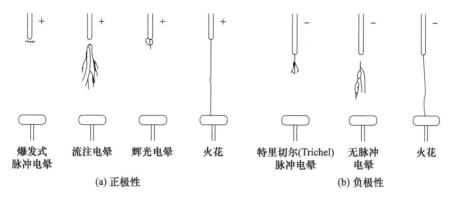

图3-8 正、负电晕放电过程示意图

对于大型飞机,通常在飞机蒙皮的尖端部位(如机翼、尾翼、垂直尾翼等部位)安装静电放电器,像A320系列飞机有41个放电器,波音747-400型飞机的大翼有21个放电器,水平安定面有9个放电器,垂直安定面有8个放电器。它们的作用是将机体表面积累的大量静电荷以尖端电晕的形式向大气中释放掉,从而使飞机电位控制在较安全的值内,以避免静电对通信和导航系统的干扰。如果放电器失效过多,在某些情况下,通信系统将受到很大的干扰。

通过对3种飞机静电放电方式进行比较分析,可以得出以下几点。

(1)静电放电过程是高电位、强电场,有时会有瞬态大电流释放的过程,并伴随强烈的电磁辐射。

(2)流光放电与跳火花及电弧主要发生在飞机表面不同电势的组件之间,其能量较小,主要导致飞机内部耦合干扰。

(3)电晕放电发生在飞机尖端部位,通常这些部位电荷密度大、局部电场强,是飞机放电的主要方式。

本书将通过理论分析和试验研究,对这些静电方式的静电放电频谱、幅值进行分析,为飞行器的静电放电干扰分析提供基础数据。

第4章 飞行器摩擦起电

4.1 飞行器摩擦起电的影响因素

摩擦起电是飞行器在空气中运动时的主要起电方式之一,尤其对于在对流层内运动的飞行器,摩擦起电往往成为最主要的起电方式。摩擦起电对飞行器的带电极性、带电量、等效充电电流、静电放电频次等具有决定性的影响。本章将在前文飞行器摩擦起电分析的基础上,研究飞行器飞行时与大气微粒的摩擦起电机理,建立包含飞行器结构性能参数、飞行状态参数、飞行环境参数等因素的摩擦起电模型;在理论模型的指导下,研究飞行器摩擦起电地面模拟及测试方法,搭建飞行器摩擦起电地面模拟实验测试平台,并采用某型飞行器蒙皮材料,对影响飞行器摩擦起电的主要因素进行试验研究。

4.1.1 材料力学性能的影响

为准确描述碰撞摩擦中关键参数之一的接触面积,必须对尘埃等颗粒与机身的碰撞过程进行详细分析。为简化分析,假设两者发生正面碰撞,即相对速度与两球心连线重合,碰撞过程中各参数的示意图如图4-1所示。

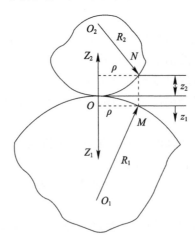

图4-1 接触中的变形示意图

在碰撞伊始,尘埃等颗粒和飞行器表面刚刚发生接触,两者间不存在弹性作用力,记发生接触的点为 O,并以 O 为原点,两者接触面的公共法线为图 4 - 1 所示的坐标系的坐标轴。当颗粒在惯性作用下继续向前运动时,两者开始发生接触,并因弹性模量和泊松比的不同而发生不同程度的形变,产生相互作用力。记机体接触面附近的等效曲率半径为 R_1,尘埃颗粒接触面附近的等效曲率半径为 R_2。记机体和颗粒物球面上距离公共法线同一距离 ρ 的球体外表面上的点为 M 和 N,在接触后重合于 O 点切平面位置。记该过程中机体发生形变的距离为 z_1,颗粒物发生形变的距离为 z_2。

根据三角形相似定理,显然存在

$$z_1 = \frac{\rho^2}{2R_1} \tag{4-1}$$

$$z_2 = \frac{\rho^2}{2R_2} \tag{4-2}$$

接触之前机体外表面点 M 和颗粒物外表面点 N 之间的距离为

$$z_1 + z_2 = \frac{\rho^2}{2R_1} + \frac{\rho^2}{2R_2} = \frac{R_1 + R^2}{2R_1R_2}\rho^2 \tag{4-3}$$

显然,在接触过程中,O 点最早发生接触,在接触面积逐步扩大过程中,O 点在整个接触面内,压力最大,记此时 O 点的应力为 F。由于碰撞产生的接触面的半径总是远远小于机身的等效半径 R_1 和颗粒物的等效半径 R_2,因此该问题可以理想化为半无限大物体在中心处受垂直于表面的集中压力载荷力的情况。此时若以受力点为坐标原点,分别记垂直于表面并指向半无限大物体内的方向为 ω 轴,平行于表面方向分别为 υ 轴和 ϖ 轴,则在该种理想情况下介质内某一点在表面受到法向集中载荷力后,在 υ、ϖ、ω 这 3 个方向发生的弹性形变可分别表示为

$$\begin{cases} \upsilon = \left[\frac{(1+v)F}{2E\pi}\right]\left[-\frac{(1-2v)x}{r(r+z)} + \frac{xz}{r^3}\right] \\ \varpi = \left[\frac{(1+v)F}{2E\pi}\right]\left[-\frac{(1-2v)x}{r(r+z)} + \frac{yz}{r^3}\right] \\ \omega = \left[\frac{(1+v)F}{2E\pi r}\right]\left[\frac{z^2}{r^3} + 2(1-v)\right] \end{cases} \tag{4-4}$$

式中:x、y、z 为在 $\upsilon - \varpi - \omega$ 直角坐标系下介质内某一点在发生变形前的空间坐标值;r 为该点到力施加点的距离。对于颗粒物与机身碰撞过程中,无疑感兴趣的为表面点处的形变,即对应于式(4 - 4)中 ω 在 $z = 0$ 处的值,为

$$\omega\big|_{z=0} = \frac{1-v^2}{\pi E\rho}F \tag{4-5}$$

为讨论方便,定义距离 O 点相当远位置处的颗粒物和机体上的点因碰撞而在公共法线方向相互接近的距离值为 α,下面称为总变形距离。

对于恰好接触后成为接触面边界圆上一点的机体上的点 M 和颗粒物上的点 N,显然存在以下定量关系,即

$$\alpha = z_1 + z_2 \qquad\qquad (4-6)$$

而对于颗粒物和机体接触面内的非边界点来说,$\alpha \neq z_1 + z_2$,而应该重新表示为

$$\alpha = z_1 + w_1 + z_2 + w_2 \qquad\qquad (4-7)$$

进一步整理可得到颗粒物和机体的变形量表达式为

$$w_1 + w_2 = \alpha - \frac{R_1 + R_2}{2R_1R_2}\rho^2 \qquad\qquad (4-8)$$

记接触面内不同位置处的单位面积上的压力为 q,显然 q 呈轴对称分布,根据弹性变形理论和式(4-5),机身和颗粒物的变形可分别表示为

$$w_1 = \frac{1 - \nu_1^2}{\pi E_1}\int_A q\mathrm{d}A \qquad\qquad (4-9)$$

式中:E_1 为机体的弹性模量;ν_1 为机身的泊松比。同理,对于颗粒物来说,其变形量可表示为

$$w_2 = \frac{1 - \nu_2^2}{\pi E_2}\int_A q\mathrm{d}A \qquad\qquad (4-10)$$

则式(4-8)可表示为

$$w_1 + w_2 = \frac{1 - \nu_1^2}{\pi E_1}\int_A q\mathrm{d}A + \frac{1 - \nu_2^2}{\pi E_2}\int_A q\mathrm{d}A = (k_1 + k_2)\int_A q\mathrm{d}A \qquad (4-11)$$

式中:k_1 和 k_2 分别为

$$\begin{cases} k_1 = \dfrac{1 - \nu_1^2}{\pi E_1} \\[3mm] k_2 = \dfrac{1 - \nu_2^2}{\pi E_2} \end{cases} \qquad\qquad (4-12)$$

则式(4-8)最终可表示为

$$(k_1 + k_2)\int_A q\mathrm{d}A = \alpha - \frac{R_1 + R_2}{2R_1R_2}\rho^2 \qquad\qquad (4-13)$$

此时问题转化为寻找合适的函数表达式 q,使其满足式(4-13)。采用半逆解法可得 q 应与机身与颗粒物形成的接触面上做出的半球面的纵坐标成正比。对于

56

O 点的压强 q 可表示为

$$q_0 = Ka \qquad (4-14)$$

式中:a 为机身和颗粒物接触面圆的半径;K 为待求的比例常数。则式(4 – 13)可表示为

$$2(k_1 + k_2) \int_0^{\pi/2} \frac{q_0}{a} \cdot \frac{\pi}{2} (a^2 - \rho^2 \sin^2\psi) \mathrm{d}\psi = \alpha - \frac{R_1 + R_2}{2R_1 R_2}\rho^2 \qquad (4-15)$$

积分整理后可得

$$(k_1 + k_2)\frac{\pi^2 q_0}{4a}(2a^2 - \rho^2) = \alpha - \frac{R_1 + R_2}{2R_1 R_2}\rho^2 \qquad (4-16)$$

由于式(4 – 16)需要在接触面内的所有点均成立,因此左、右两边对应的含参数项的系数必然始终相等,即存在

$$\begin{cases} (k_1 + k_2)\dfrac{\pi^2 a q_0}{2} = \alpha \\[3mm] (k_1 + k_2)\dfrac{\pi^2 q_0}{4a} = \dfrac{R_1 + R_2}{2R_1 R_2} \end{cases} \qquad (4-17)$$

同时接触面上的压强分布必须满足力平衡的条件,即与 F 相平衡,有

$$F = \int_A q \mathrm{d}A \qquad (4-18)$$

联立以上各式,可解得

$$\begin{cases} a = \left[\dfrac{3\pi F(k_1 + k_2) R_1 R_2}{4(R_1 + R_2)}\right]^{1/3} \\[4mm] \alpha = \left[\dfrac{9\pi^2 F^2 (k_1 + k_2)^2 (R_1 + R_2)}{16 R_1 R_2}\right]^{1/3} \end{cases} \qquad (4-19)$$

根据式(4 – 19),计算接触面圆的半径和接触总变形量随飞行器等效半径的变化,并归一化结果,如图 4 – 2 和图 4 – 3 所示。可知,当材料的弹性模量、泊松比等其他参数不变时,仅仅改变机身的等效半径 R_1,总变形距离和接触面积会发生较大的变化。必须注意的是,图 4 – 2 和图 4 – 3 中横坐标为对数坐标。其中总变形距离随机身等效半径 R_1 的增大而迅速减小,但当 R_1 持续增大若干数量级后,总变形距离的变化越来越小,并最终趋于某一非零极限值。这就说明,当机身等效半径远远大于颗粒物的半径时,可以忽略机身等效半径变化对总变形量的影响。

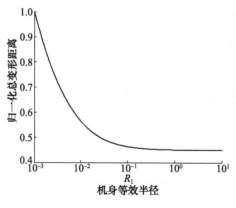

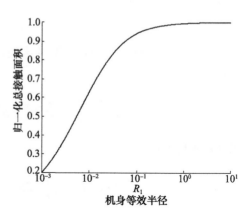

图 4 - 2　归一化总变形距离　　　　图 4 - 3　归一化接触面积
随机身等效半径的变化　　　　随机身等效半径的变化

当材料的弹性模量、泊松比等其他参数不变时，仅仅改变机身的等效半径 R_1，接触面积随机身等效半径 R_1 逐渐增加，但当 R_1 远大于 R_2 时，接触面积亦趋近于某一非零极限值。这就说明，当机身等效半径远远大于颗粒物的半径时，可以忽略机身等效半径变化对接触面积的影响。基于上述分析，式(4 - 19)可简化为

$$a = \left[\frac{3\pi F(k_1 + k_2)R_2}{4} \right]^{1/3} \tag{4 - 20}$$

$$\alpha = \left[\frac{9\pi^2 F^2 (k_1 + k_2)^2}{16R_2} \right]^{1/3} \tag{4 - 21}$$

当其他参数取值如表 4 - 1 所列，而 E_1 分别取值为 $2 \times 10^6 Pa$、$2 \times 10^9 Pa$、$2 \times 10^{11} Pa$ 时，得到总变形距离随 E_2 的变化情况如图 4 - 4 所示。

表 4 - 1　碰撞过程中机身与颗粒物的物理参数

参数符号	量值	参数符号	量值
R_1	1m	R_2	10^{-5}m
E_1	$2 \times 10^6 Pa, 2 \times 10^9 Pa, 2 \times 10^{11} Pa$	gama$_2$	0.3
gama$_1$	0.3	rol$_2$	0.9×10^3

由图 4 - 4 可见，在 E_1 保持不变的情况下，当 E_2 逐渐增大时，总变形距离逐渐减小，并且减幅同步逐渐减小。当 E_2 远大于 E_1 时，总变形距离达到某一恒定值并保持不变。在 E_2 保持不变的情况下，E_1 的增大同样会导致总变形距离的减小，但减小的幅度取决于 E_2 和 E_1 的相对大小。当 E_1 很大时，总变形距离将趋近于某一恒定值保持不变，而不再与 E_1 保持函数关系。

当颗粒物以相对速度 u_p 与机身碰撞时，在弹性恢复力的作用下逐渐减速至 0，

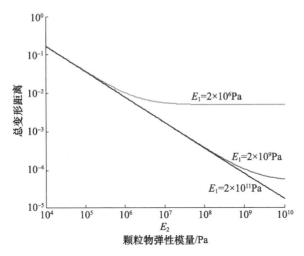

图 4 - 4   总变形距离随颗粒物弹性模量的变化

此时接触面积最大,弹性恢复力也达到最大。在弹性恢复力的作用下,颗粒物又开始重新向反向加速运动,并逐步加速并按照原路径反射回去。如果不考虑碰撞过程中的能量损失,则碰撞前后的速度相等。应用动力学关系可得碰撞过程中位移和弹性恢复力的关系为

$$F(\alpha) = m\frac{\mathrm{d}^2\alpha}{\mathrm{d}t^2} = \frac{4}{3}\pi R_2^3\rho_\mathrm{p}\frac{\mathrm{d}^2\alpha}{\mathrm{d}t^2} \qquad (4-22)$$

式(4 - 22)的初始条件和约束条件分别为

$$\begin{cases} \dfrac{\mathrm{d}\alpha}{\mathrm{d}t}\Big|_{t=0} = u_\mathrm{p} \\[2mm] \alpha\big|_{t=0} = 0 \\[2mm] \alpha \geqslant 0 \end{cases} \qquad (4-23)$$

由式(4 - 21)可知

$$\alpha^3 = \frac{9\pi^2 F^2 (k_1 + k_2)^2}{16R_2} \qquad (4-24)$$

进一步整理后,可得

$$F = -\sqrt{\frac{16R_2\alpha^3}{9\pi^2 (k_1 + k_2)^2}} = -\frac{4\sqrt{R_2}}{3\pi(k_1 + k_2)}\alpha^{3/2} \qquad (4-25)$$

负号表示力的方向与位移正方向相反。将此处 $\alpha^{3/2}$ 前的表达式称为广义弹性系数。由式(4 - 25)可以得出,该情况下力的增大略快于遵循胡克定律的弹簧类问题,因此在停止运动前运动的距离也必然小于相同大小弹性系数情况下的运动距离。

59

与式(4－22)联立后,可得

$$\frac{\mathrm{d}^2\alpha}{\mathrm{d}t^2} + \frac{1}{\pi^2 R_2^{5/2}\rho_\mathrm{p}(k_1+k_2)}\alpha^{3/2} = 0 \qquad (4－26)$$

为方便后续计算,记 $\alpha^{3/2}$ 之前的系数为 k,并做以下代换,即

$$\frac{\mathrm{d}\alpha}{\mathrm{d}t} = p \qquad (4－27)$$

则存在

$$\begin{cases} \dfrac{\mathrm{d}^2\alpha}{\mathrm{d}t^2} = p\,\dfrac{\mathrm{d}p}{\mathrm{d}\alpha} \\[3mm] \dfrac{\mathrm{d}\alpha}{\mathrm{d}t}\Big|_{t=0} = p\big|_{t=0} = u_\mathrm{p} > 0 \end{cases} \qquad (4－28)$$

式(4－26)可记为

$$p\,\frac{\mathrm{d}p}{\mathrm{d}\alpha} + k\alpha^{3/2} = 0 \qquad (4－29)$$

进一步整理,可得

$$p\mathrm{d}p = -k\alpha^{3/2}\mathrm{d}\alpha \qquad (4－30)$$

为简化计算分析,此处仅分析整个碰撞过程中速度为正的一半,即两者相互接近的过程。由于碰撞过程中的能量损失忽略不计,因此整个碰撞过程中速度为负值的一半,即两者相远离的过程与两者相接近的过程完成对称。求解式(4－30),并忽略小于 0 的增根后,可得

$$\begin{cases} p = \sqrt{-\dfrac{4}{5}k\alpha^{5/2} + A_\mathrm{c}} \\[3mm] k = \dfrac{1}{\pi^2 R_2^{5/2}\rho_\mathrm{p}(k_1+k_2)} \end{cases} \qquad (4－31)$$

A_c 为由初始条件决定的常数,对于本例,显然存在 $A_\mathrm{c} = u_\mathrm{p}^2$。将 p 的定义代入式(4－31),可得

$$\frac{\mathrm{d}\alpha}{\mathrm{d}t} = \sqrt{u_\mathrm{p}^2 - \frac{4}{5}k\alpha^{5/2}} \qquad (4－32)$$

至此,得到在颗粒物与机身碰撞过程中,两者间的总变形距离随时间变化的微分方程。该方程包含相对运动速度、颗粒物与飞行器弹性模量和泊松比、颗粒物的半径和密度的影响。由式(4－32)可知,当颗粒物和飞行器的材料物理参数一定时,决定碰撞时间的唯一变量就是碰撞时的相对运动速度。相对速度越大,接触面的最大面积越大。

虽然式(4-32)具有简洁优美的形式,但可惜的是人们目前还没有找到该式简洁的解析表达式,只能通过数值方法求解。考虑到接触面积

$$S = \pi a^2 \tag{4-33}$$

同时注意到式(4-20)和式(4-21)可消去外力 F,而得到总变形量和接触面半径的关系,即

$$\frac{\alpha^3}{a^6} = \frac{\dfrac{9\pi^2 F^2 k_{12}^2}{16 R_{\mathrm{p}}}}{\left(\dfrac{3\pi F k_{12} R_{\mathrm{p}}}{4}\right)^2} = \frac{1}{R_{\mathrm{p}}^3} \tag{4-34}$$

可得

$$\begin{cases} a = \sqrt{\alpha \cdot R_{\mathrm{p}}} \\ \alpha = \dfrac{a^2}{R_{\mathrm{p}}} \end{cases} \tag{4-35}$$

因此,接触面积可直接表示为总变形距离的函数,即

$$S = \pi a^2 = \pi \alpha R_{\mathrm{p}} \tag{4-36}$$

而式(4-32)则可直接变换为接触半径的函数,即

$$\frac{\mathrm{d}\left(\dfrac{a^2}{R_{\mathrm{p}}}\right)}{\mathrm{d}t} = \sqrt{u_{\mathrm{p}}^2 - \frac{4}{5}k \left(\frac{a^2}{R_{\mathrm{p}}}\right)^{5/2}} \tag{4-37}$$

进一步整理,可得最终表达式为

$$a\,\dot{a} = \frac{R_{\mathrm{p}}}{2}\sqrt{u_{\mathrm{p}}^2 - \frac{4}{5}k \frac{a^5}{R_{\mathrm{p}}^{5/2}}} \tag{4-38}$$

另外,式(4-32)可直接表示为接触面积的形式,即

$$\frac{\mathrm{d}\left(\dfrac{S}{\pi R_{\mathrm{p}}}\right)}{\mathrm{d}t} = \sqrt{u_{\mathrm{p}}^2 - \frac{4}{5}k \left(\frac{S}{\pi R_{\mathrm{p}}}\right)^{5/2}} \tag{4-39}$$

数值求解以上各式,可得碰撞过程中实际接触面积和各参数的关系为

$$S_{\max} = 5.44 k_{12}^{2/5} \rho_{\mathrm{p}}^{2/5} R_{\mathrm{p}}^2 u_{\mathrm{p}}^{4/5} \tag{4-40}$$

碰撞伊始至碰撞结束,总的接触时间为

$$\Delta t = 5.08 k_{12}^2 \rho_{\mathrm{p}}^{2/5} R_{\mathrm{p}} u_{\mathrm{p}}^{-1/5} \tag{4-41}$$

式中

$$k_{12} = \pi(k_1 + k_2) = \frac{1 - \nu_1^2}{E_1} + \frac{1 - \nu_2^2}{E_2} \tag{4-42}$$

详细分析式(4-42)可知,虽然相对运动速度的增大能够使颗粒物与飞行器碰撞时的最大接触面积增大,但是接触分离所消耗的总时间却并没有随之增大,反而随相对运动速度的增大而减小。

在不考虑电荷泄漏的情况下,接触分离过程所产生的电荷量与接触面积成正比。如果此时计入电荷泄漏的影响,则速度的增大不但同时增大了接触面积,而且同时减小了电荷泄漏持续的时间,即减小了分离过程中的电荷泄漏量,提高了摩擦起电的效率。

对于金属间的相互碰撞,在两者物理性能相差不大的情况下,为便于计算,可认为泊松比为0.3。对于相互碰撞的机身和颗粒物,由于一般情况下即便两者的弹性模量能够相差几个数量级,但是泊松比的数值却相差不会很大,而此时如果一方的弹性模量远远大于另一方的弹性模量,即 $E_1 \gg E_2$,则 k_{12} 可简化为

$$k_{12} = \frac{1 - \nu_2^2}{E_2} \tag{4-43}$$

如图4-5所示,接触面积和碰撞速度呈正相关,且颗粒物相对速度 u_p 变化范围较大时,整个变化区间内近乎为线性。因此,如果在精度要求不高的情况下,为简化工程计算的复杂度,可以近似认为碰撞中的接触面积与碰撞速度成正比。当其他参数不变时,颗粒物的直径能够强烈地影响碰撞过程中的接触面积。

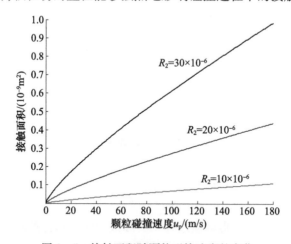

图4-5 接触面积随颗粒碰撞速度的变化

如图4-6所示,碰撞接触时间和碰撞速度呈负相关,即随着碰撞速度的增大,接触时间逐渐下降。在其他参数不变的情况下,颗粒物半径的增大,会同时导致颗粒物质量的增大和颗粒物与机身等效半径之比的增大,这两方面的效果将导致接触时间显著增大。

必须进一步说明的是,上述计算都是在认为碰撞过程中仅仅发生弹性形变的

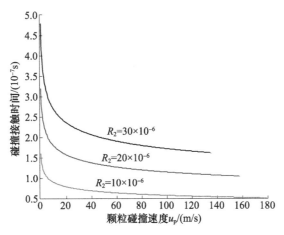

图 4-6 碰撞接触时间随碰撞速度的变化

前提下得出的。如果碰撞速度过大,以至于碰撞双方的形变超过了弹性形变的范围,这时碰撞过程就会演化为弹性-塑性形变相结合的过程,导致接触面积和接触时间的变化,在此不再赘述。

得到接触面积随各参数的变化规律后,上述总摩擦起电电流 I_p 就可重新表示为

$$
\begin{aligned}
I_p &= N_0 \kappa S' \sigma = N_0 \kappa \sigma S_{\max} = n_p S_a v_a \kappa \cdot 5.44 k_{12}^{2/5} \rho_p^{2/5} R_2^2 u_p^{4/5} \\
&= 5.44 \frac{\varepsilon S_a v_a \kappa \cdot k_{12}^{2/5} n_p \rho_p^{2/5} R_p^2 u_p^{4/5} (\Phi_p - \Phi_a)}{e z_0}
\end{aligned} \tag{4-44}
$$

式中:Φ_a 为飞行器表面与颗粒物发生碰撞的蒙皮材料的等效功函数;v_a 为飞行器的运动速度;S_a 为飞行器在其运动方向上的投影面积;n_p 为空气中颗粒物的数密度;Φ_p 为颗粒物的等效功函数;R_p 为颗粒物的半径;ρ_p 为颗粒物的质量密度;u_p 为颗粒物与飞行器发生碰撞时相对运动速度在接触面法向上的速度分量;e 为电子的电量;z_0 为接触时发生电子隧道效应的临界距离;ε 为空气介质的介电常数;κ 为泄漏系数。若近似认为颗粒物与飞行器发生碰撞时相对运动速度在接触面法向上的速度分量与飞行器的运动速度相等,则式(4-44)可进一步简化为

$$
I_p = \frac{5.44 \varepsilon \kappa (\Phi_p - \Phi_a)}{e z_0} S_a \cdot k_{12}^{2/5} n_p \rho_p^{2/5} v_a^{9/5} R_p^2 \tag{4-45}
$$

由式(4-45)可知,当飞行器在颗粒物中运动时,总的起电电流与其运动速度的 1.8 次方成正比。即当飞行器运动速度增加 1 倍时,起电电流会增加至原起电电流的 3.5 倍;而若飞行器运动速度增加为原运动速度的 10 倍,则起电电流会增加至原起电电流的 63 倍。这就表明,在高速运动的飞行器上,摩擦起电问题会比低速运动的飞行器严重得多。

以上分析均假定碰撞过程中两者发生的都是弹性变形。而实际上当两者相对速度不断升高,碰撞接触面上的应力会随之逐渐增大,直至超过材料的屈服强度Y,此后将同时发生塑性变形和弹性变形。根据屈服强度Y,可以计算出发生弹性变形的最大应力所对应的最大相对运动速度,即

$$v_{emax} = 1.56 \sqrt{\frac{k_{12}^4 Y^5}{\rho_p}} \qquad (4-46)$$

当相对运动速度大于v_{emax}时,就会同时发生不可恢复的塑性变形,此时最大接触面积可表示为

$$S' = 0.41\pi D_p^2 \sqrt{\frac{\rho_p}{Y}} \left[v_a - 0.048\sqrt{\frac{k_{12}^4 Y^5}{\rho_p}} \right] \qquad (4-47)$$

综合式(4-40)和式(4-47),可得到颗粒物与飞行器单次碰撞中的接触面积为

$$S' = \begin{cases} 5.44 k_{12}^{2/5} \rho_p^{2/5} R_p^2 v_a^{4/5}, & v_a \leqslant v_{emax} \\ 1.64\pi R_p^2 \sqrt{\dfrac{\rho_p}{Y}} \left[v_a - 0.048\sqrt{\dfrac{k_{12}^4 Y^5}{\rho_p}} \right], & v_a > v_{emax} \end{cases} \qquad (4-48)$$

根据上述I_p的表达式(4-44),可得该情况下摩擦起电电流的表达式,即

$$I_p = \begin{cases} 5.44 n_p \kappa S_a \varepsilon k_{12}^{2/5} \rho_p^{2/5} R_p^2 v_a^{4/5} \left(\dfrac{\Phi_p - \Phi_a}{ez_0} \right), & v_a \leqslant v_{emax} \\ 1.64\pi n_p v_a \kappa S_a \varepsilon R_p^2 \sqrt{\dfrac{\rho_p}{Y}} \left[v_a - 0.048\sqrt{\dfrac{k_{12}^4 Y^5}{\rho_p}} \right] \left(\dfrac{\Phi_p - \Phi_a}{ez_0} \right), & v_a > v_{emax} \end{cases}$$

$$(4-49)$$

考虑到弹性变形和塑性变形的影响后,根据上述公式可知,当飞行器的运动速度较低时,飞行器的起电电流与相对运动速度的9/5次方成正比;当飞行器速度继续增大以致超过弹性变形所允许的最大速度阈值后,飞行器的起电电流将近似与速度的平方成正比,即考虑塑性变形后,摩擦起电电流变得更大了。

4.1.2　颗粒物尺寸分布的影响

不论是在工业生产中还是在自然环境中,颗粒物均非简单的单径分布,而是往往呈现复杂的概率分布,即便经过一定的过滤,仍然难以达到理想的单径分布。由上述碰撞过程分析及式(4-45)可知,颗粒物半径作为关键参数之一,会显著影响碰撞过程中的起电电流、接触面积和碰撞时间。因此,实际飞行环境中飞行器的摩擦起电,必须考虑颗粒物尺寸分布对起电电流的影响。

记颗粒物的尺寸分布概率密度函数为 $f_p(R_p)$，并记 R_p 的概率分布函数为 $F_p(x)$，显然 $f_p(R_p)$ 必须满足以下关系，即

$$\begin{cases} 0 < R_p < +\infty \\ \int_0^{+\infty} f_p(R_p)\,\mathrm{d}R_p = 1 \end{cases} \tag{4-50}$$

当仅考虑颗粒物与飞行器碰撞发生弹性变形时，存在

$$I_p = g(R_p) = \frac{5.44\varepsilon\kappa(\Phi_p - \Phi_a)}{ez_0}S_a \cdot k_{12}^{2/5}n_p\rho_p^{2/5}v_a^{9/5}R_p^2$$

则可得 I_p 对 R_p 的导数为

$$\frac{\mathrm{d}}{\mathrm{d}R_p}I_p = \frac{5.44\varepsilon\kappa(\Phi_p - \Phi_a)}{ez_0}S_a k_{12}^{2/5}n_p\rho_p^{2/5}v_a^{9/5} \cdot 2R_p \tag{4-51}$$

显然，在 R_p 的定义域内，I_p 随 R_p 单调递增且处处连续可导，并且 I_p 对 R_p 的导数恒大于 0，则可知 I_p 相对于 R_p 的反函数存在且唯一，即

$$R_p = h(I_p) = \sqrt{\frac{ez_0 I_p}{5.44\varepsilon\kappa(\Phi_p - \Phi_a)S_a \cdot k_{12}^{2/5}n_p\rho_p^{2/5}v_a^{9/5}}} \tag{4-52}$$

摩擦起电电流作为随机变量 R_p 的函数，I_p 的概率密度函数存在且连续可导，将其记为 $f_I(I_p)$，并记 I_p 的概率分布函数为 $F_I(y)$，则

$$F_I(y) = P\{I_p \leq y\} = P\left\{\frac{5.44\varepsilon\kappa(\Phi_p - \Phi_a)}{ez_0}S_a \cdot k_{12}^{2/5}n_p\rho_p^{2/5}v_a^{9/5}R_p^2 \leq y\right\}$$

$$= P\{R_p \leq h(y)\} = F_p(h(y)) \tag{4-53}$$

I_p 的概率密度函数 $f_I(I_p)$ 可通过对 $F_I(y)$ 求导数得到，即

$$f_I(I_p) = f_p[h(I_p)] \cdot h'(I_p) \tag{4-54}$$

至此，就得出了普遍情况下摩擦起电电流 I_p 的一般表达式。针对上述的 $R_p = h(I_p)$，可将 R_p 对 I_p 的导数表示为

$$h'(I_p) = \frac{\mathrm{d}}{\mathrm{d}I_p}R_p = \frac{\mathrm{d}}{\mathrm{d}I_p}\sqrt{\frac{ez_0 I_p}{5.44\varepsilon\kappa(\Phi_p - \Phi_a)S_a \cdot k_{12}^{2/5}n_p\rho_p^{2/5}v_a^{9/5}}}$$

$$= \left(\frac{ez_0}{5.44\varepsilon\kappa(\Phi_p - \Phi_a)S_a \cdot k_{12}^{2/5}n_p\rho_p^{2/5}v_a^{9/5}}\right)^{1/2} \cdot \frac{\mathrm{d}}{\mathrm{d}I_p}\sqrt{I_p}$$

$$= \left(\frac{ez_0}{5.44\varepsilon\kappa(\Phi_p - \Phi_a)S_a \cdot k_{12}^{2/5}n_p\rho_p^{2/5}v_a^{9/5}}\right)^{1/2}\frac{1}{2\sqrt{I_p}} \tag{4-55}$$

进一步考虑到 $f_p(R_p)$ 和 $f_I(I_p)$ 的定义域和值域，则 $f_I(I_p)$ 可最终表示为

$$f_I(I_p) = \begin{cases} \left[\dfrac{ez_0}{5.44\varepsilon\kappa(\Phi_p - \Phi_a)S_a \cdot k_{12}^{2/5}n_p\rho_p^{2/5}v_a^{9/5}I_p} \right]^{1/2} \cdot \dfrac{f_p[h(I_p)]}{2} & I_p > 0 \\ 0 & I_p \leq 0 \end{cases}$$

(4-56)

根据 $f_I(I_p)$，就可以得到摩擦起电电流在一定颗粒物尺寸分布的概率的平均值 $\overline{I_p}$，即

$$\begin{aligned} \overline{I_p} &= \int_{-\infty}^{+\infty} I_p f_I(I_p)\,\mathrm{d}I_p \\ &= \int_{-\infty}^{+\infty} \left[\frac{ez_0 I_p}{5.44\varepsilon\kappa(\Phi_p - \Phi_a)S_a \cdot k_{12}^{2/5}n_p\rho_p^{2/5}v_a^{9/5}} \right]^{1/2} \cdot \frac{f_p[h(I_p)]}{2}\mathrm{d}I_p \end{aligned}$$

(4-57)

大气中微粒的尺度分布较宽，从大到厘米级的冰雹、毫米级别的雨滴，小到微米级别的大气气溶胶粒子，均存在不同浓度的分布。一般大气中的微粒浓度随半径的变化规律为，随半径迅速增加，到达某个极大值后又随微粒半径较缓慢地减小。这种分布可近似地用修正的伽马函数表示，即

$$f_p(R_p) = \frac{1}{\Gamma(\delta)R_{p0}} \left(\frac{R_p}{R_{p0}} \right)^{\delta-1} \exp\left(-\frac{R_p}{R_{p0}} \right)$$

(4-58)

式中：Γ 为伽马函数；R_{p0} 为表征分布特征的一种等效半径；δ 为微粒尺寸分布的方差。对于不同结构的云，可以查表得到上述两参数的值。此时，根据微粒的尺度谱函数，可以得出其他几个重要的参数。单个颗粒物的平均总表面积为

$$\overline{A_p} = \int_0^{+\infty} 4\pi R_p^2 f_p(R_p)\,\mathrm{d}R_p = 4\pi R_{p0}^2 F(2)$$

(4-59)

式中：$F(2) = \Gamma(\delta+2)/\Gamma(\delta)$。单个颗粒物的平均总体积则可表示为

$$\overline{V_p} = \int_0^{+\infty} \frac{4}{3}\pi R_p^3 f_p(R_p)\,\mathrm{d}R_p = \frac{4}{3}\pi R_p^3 F(3)$$

(4-60)

据此可计算颗粒物的平均质量

$$\overline{m_p} = \rho_p \overline{V_p}$$

(4-61)

将式(4-58)代入式(4-57)中就可得到飞行器在空中摩擦起电电流的解析表达式。当飞行器所处的环境中，微粒的尺寸分布函数不能用修正的伽马函数表示时，仅需将式(4-57)中的 $f_p(\cdot)$ 改为此时微粒的尺寸分布概率密度函数即可。

4.1.3　空气流场畸变的影响

针对飞行器运动时，单位时间内空气中的尘埃等微粒与飞行器表面发生碰撞

的微粒数目的估计,在前面近似认为所有横截面积内的微粒,都会直接与飞行器表面发生碰撞。这在微粒物悬浮于真空中,飞行器在其中穿行的情况下,是比较准确的近似。而在实际情况下,由于微粒弥散在空气中,空气在飞行器附近流动时受飞行器气动外形的影响,流线发生畸变弯曲,部分微粒在畸变流场的作用下会被吹离飞行器,造成实际碰撞微粒数目的降低。

根据流体力学原理,由于微粒相对于连续介质空气来说,具有较大的密度和弹性模量,因此并不能完全像流体微元一样发生变形和加速,而更倾向于在惯性的作用下仍然按照原方向运动。可以想象,如果微粒的密度足够小以至于和空气的密度近似,那么它将几乎完全按照流线运动。当微粒的密度不断增高时,它偏离流线的程度必然不断加剧。如果微粒物的密度足够大,那么它几乎不受流场中流线的约束,以近似直线的方式直接与飞行器发生碰撞。对于处在飞行器正面中间位置处的微粒,该种惯性碰撞机理起主要作用。

对于处在飞行器正面中间位置处更靠外的微粒来说,它在流场的作用下虽然偏离了原流线,但是偏移程度相对于处在中间位置处的微粒来说并不剧烈。在度越飞行器区域时,这些微粒不会直接和飞行器发生正面碰撞,而是外侧恰好与飞行器发生了接触,称这种碰撞机理为拦截碰撞。由于飞行器相对于微粒尺寸很大,因此拦截碰撞在总碰撞微粒数目中占比很少。

对于处在飞行器正面中间位置更加靠外的微粒来说,它受流场畸变的影响比较小。但是由于布朗运动的作用,这些微粒在度越飞行器区域时,会发生随机的扩散运动。部分颗粒就会随机地从远离飞行器的位置处,逐渐扩散至飞行器表面并与之发生碰撞。即便空气和飞行器均没有发生宏观运动,这种碰撞也会不断发生,称这种碰撞机理为扩散碰撞。该种扩散碰撞主要发生在微粒直径小于 $1\mu m$ 的情况下。

上述 3 种碰撞机理的示意图如图 4 - 7 所示。由前面分析可知,针对不同尺寸、不同外形的飞行器,必须综合考虑流场畸变程度和微粒运动的相互作用,对单位时间内实际与飞行器发生碰撞的微粒数目进行修正。

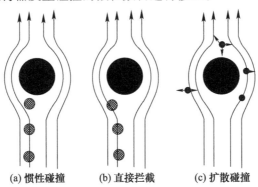

(a) 惯性碰撞   (b) 直接拦截   (c) 扩散碰撞

图 4 - 7　微粒与飞行器发生碰撞的示意图

对于惯性碰撞的强弱,可以利用无量纲的斯托克斯数作为判断标准。其物理意义是在不考虑重力等作用时,微粒以一定的初速度入射到黏性流体中,微粒的停止距离与飞行器特征尺寸的比值。该值可以表征在畸变流场中,微粒偏离原流线的剧烈程度,斯托克斯数越大,说明惯性碰撞越强烈。

$$S_{tk} = \frac{\rho_p D_p^2 C_c v}{18 \mu D_G} \tag{4-62}$$

式中:ρ_p 为微粒的质量密度;D_p 为微粒的直径;C_c 为 Cuningham 滑动修正系数;v 为微粒与飞行器的相对运动速度;μ 为空气的黏度;D_G 为飞行器横截面的特征尺寸。

当飞行器在高空中运动时,空气较为稀薄,以致空气分子热运动的平均自由程与飞行器的特征尺寸相当,不再满足流体可视为连续介质所要求的平均自由程远小于飞行器特征尺寸的条件,此时必须考虑 Cuningham 滑动修正系数,其计算方法为

$$C_c = 1 + 1.246 \times \frac{2\lambda}{D_p} + 0.42 \times \frac{2\lambda}{D_p} \exp\left(-0.87 \frac{D_p}{\lambda}\right) \tag{4-63}$$

特定的环境温度和大气压下,气体分子的平均自由程可估算为

$$\lambda = \frac{K_B}{\sqrt{2\pi}} \cdot \frac{T}{d_a^2 p} \tag{4-64}$$

式中:K_B 为玻耳兹曼常数;T 为飞行器所在环境的绝对温度;p 为环境的大气压力;d_a 为气体分子的有效直径,对于不同的气体分子,查表可知其有效直径。

若定义发生碰撞的微粒数占总微粒数的比例为 η_p,则其可依据经验公式将 η_p 表示为斯托克斯数的函数,即

$$\eta_p = \left(\frac{S_{tk}}{S_{tk} + 0.7}\right)^2 \tag{4-65}$$

因此,单位时间内,实际与飞行器发生碰撞的微粒数目将不再是 $S_a v_a n_p$,而应该重新表示为

$$N_0 = \eta_p S_a v_a n_p = S_a v_a n_p \left(\frac{S_{tk}}{S_{tk} + 0.7}\right)^2 \tag{4-66}$$

那么在考虑空气流场畸变的影响后,摩擦起电电流式(4-49)应该进一步修正为

$$I_p = \begin{cases} 5.44 n_p \kappa S_a \varepsilon k_{12}^{2/5} \rho_p^{2/5} R_p^2 v_a^{9/5} \left(\dfrac{\Phi_p - \Phi_a}{e z_0}\right) \left(\dfrac{S_{tk}}{S_{tk} + 0.7}\right)^2 & v_a \leqslant v_{emax} \\[3mm] 1.64 \pi n_p v_a \kappa S_a \varepsilon R_p^2 \sqrt{\dfrac{\rho_p}{Y}} \left[v_a - 0.048 \sqrt{\dfrac{k_{12}^4 Y^5}{\rho_p}} \right] \left(\dfrac{\Phi_p - \Phi_a}{e z_0}\right) \left(\dfrac{S_{tk}}{S_{tk} + 0.7}\right)^2 & v_a > v_{emax} \end{cases}$$

$$\tag{4-67}$$

4.2　飞行器摩擦起电模拟测试方法与技术

通过前面对飞行器摩擦起电的理论分析与建模可知,飞行器与颗粒物材料力学性能、颗粒物尺寸分布和流场畸变等因素都会影响飞行器摩擦起电电流的大小。为进一步研究飞行器摩擦起电电流与各影响因素的定性和定量关系,必须进一步开展试验研究。

对飞行器的摩擦起电进行试验研究,首选的测试方法是在飞行器上安装必要的测试测量设备,进行实时测量。可以想象,这样的试验研究必然需要多种类型的飞行器和大量的地面人力、物力支持,需要耗费大量的时间、资金、人员,单独开展该研究并不现实。因此,比较可行的办法是对飞行器的摩擦起电进行地面模拟试验研究。而此时需要解决的首要问题就是如何对飞行器空中运动时的摩擦起电情况进行模拟和再现,并对其进行科学的测量,这也是下面将着力解决和阐述的问题。

4.2.1　地面模拟的基本问题

对飞行器的摩擦起电进行科学的地面模拟,就必须再现飞行器摩擦起电的物理机理。由4.1节分析可知,飞行器在空中运动时,其机身可视为等势体,而其机身和大地之间相互绝缘,据此可将飞行器等效为具有复杂几何外形的与大地绝缘的导体。飞行器的摩擦起电主要是由于飞行器机身表面与大气颗粒物的碰撞摩擦起电。因此,地面模拟试验必须反映这一基本物理图景。测试整个飞行器的摩擦起电性能目前尚难以实现,因此应分别测试不同材料的摩擦起电特性,即地面模拟飞行器摩擦起电还需要能够方便、准确地测试蒙皮材料与空间粒子摩擦时产生的摩擦起电电流和飞行器的静电电位变化,且应该能够方便地更换被测材料。

其中主要的技术难点有以下几个。

(1) 高速相对运动。摩擦起电源于飞行器与大气颗粒物相对运动导致的碰撞和接触分离。飞行器自地面滑跑到空中运动,速度变化范围很大。因此,模拟试验平台必须能在一定范围内模拟高速相对运动。

(2) 被测材料对地静电绝缘。上面指出飞行器在空中飞行时,周围为高电阻率的空气,可视为对地静电绝缘的导体,因此模拟试验平台必须达到该要求。

(3) 静电电位动态测试方法。该测试方法,要能够测试飞行器蒙皮材料与空间粒子在高速相对运动下的摩擦电位的动态变化情况,要能够对运动中物体的电位或电量情况进行准确测试,还要能够反映动态电位的实时变化并存储测试数据。

上述 3 个基本问题相互联系、相互制约,不同的相对运动模拟方法,必然要求不同的对地静电绝缘措施和相应的静电测试方法。为有效解决上述问题,飞行器摩擦起电试验装置首先必须充分考虑如何能够在局部空间范围内实现空气与飞行器模型的持续高速相对运动,并且该测试环境内的大气环境因素能够在一定范围内进行调控以模拟不同大气环境下飞行器的带电状况。

4.2.2　高速相对运动的模拟方法

当空气中的粒子与飞行器表面频繁发生接触和分离时,就会使材料表面带上某种极性的电荷。如何模拟高速飞行的飞行器表面与空间粒子的剧烈摩擦过程,实现蒙皮材料与空气中粒子的相对高速运动是试验平台设计过程中首先要解决的问题。

要模拟飞行器蒙皮材料与空间粒子的高速相对运动,最好的方式就是以真实飞行器为测试对象,在完全真实的条件下进行试验。但以真实飞行器为试验对象,需要很大的测试空间,很难对试验条件进行控制,而且以真实飞行器作为测试对象耗费大,测试中还要考虑飞行器自身的性能,并不能取得很好的效果。因此,需要选择其他方式模拟飞行器蒙皮材料与空间粒子的高速相对运动。

为了有效地模拟飞行器蒙皮材料与空间粒子的高速相对运动,又可以减少环境因素对测试结果的影响,我们设计了一种新的试验方案:以高速转动来模拟高速相对运动。采用蒙皮材料绕某固定轴高速旋转,这样可在固定的空间内实现蒙皮材料与空间粒子的高速相对运动,可以对测试环境进行控制,测试蒙皮材料在不同环境下的摩擦起电电位。

4.2.3　系统的对地静电绝缘

飞行器在空中飞行时可视为一个孤立的对地绝缘导体,其唯一的静电泄漏通道就是周围的空气。模拟试验平台需要模拟这一基本电学特征,实现被测试样对地电阻达到静电绝缘要求;否则摩擦起电产生的少量电荷会迅速沿泄漏通道进入大地,导致测量电压很低或根本测不到电压值。

前面所述拟采用高速电动机(简称"电机")带动被测试样高速旋转的方式来模拟实际飞行时的高速相对运动,由于电机对地的静电泄漏电阻通常都小于 $10^6\,\Omega$,因此高速电机的驱动轴是对地静电导通的。若利用该驱动轴带动被测试样高速旋转,则必须在试样与驱动轴之间设置达到静电绝缘的传动机构。常用绝缘材料的主要性能如表 4-2 所列。

可见聚四氟乙烯尽管具有很好的电阻率,但其抗拉和抗压强度较差;尼龙具有很高的抗拉和抗压强度,但其吸水率较高,当湿度较大时会降低其电阻率;云母不具备抗压和抗拉能力,且耐冲击能力极差,不便于加工。因此,3 种材料都无法单独胜任静电绝缘的传动机构性能要求。可采用多层复合结构解决该问题,从中心向外,依次为不锈钢、尼龙、聚四氟乙烯材料,均匀传递载荷,使材料的受力都在力学性能边界内。实测表明,采用多层复合结构后,被测试样对地泄漏电阻大于 $10^{14}\,\Omega$,满足静电电位动态测试要求。

表 4 - 2　典型静电绝缘材料的性能参数

材料	白云母	尼龙 6/6 型	聚四氟乙烯
相对密度	2.7 ~ 3.1	1.09 ~ 1.14	2.13 ~ 2.22
电阻率/(Ω/m)	$10^{14} \sim 10^{17}$	$(10 \sim 15) \times 10^{10}$	$> 10^{18}$
抗拉强度/(lb/in²)	—	7000 ~ 10900	2000 ~ 4500
抗压强度/(lb/in²)	—	7200 ~ 13000	1700
吸水率/% (24h)	—	0.4 ~ 1.5	0
注:1lb≈0.45kg			

4.2.4　测试方法与技术

在设计模拟试验测试平台时,采用以下具体措施解决旋转物体静电电位接触式动态测量的关键问题。

（1）中心定位。蒙皮材料摩擦起电地面模拟测试平台将被测材料围绕一固定轴高速旋转,这一轴的中心在理论上是静止的,实际中,旋转轴的中心在水平方向上没有移动,试验过程中始终在同一位置。因此,在设计时,将被测材料与旋转轴良好连接,并制作一个一端细小、另一端较粗大的锥形探头,将细小端顶在旋转轴的中心,另一端粗大是为了增加探头的重量,在试验过程中探头依靠自身的重量保持与旋转轴中心的搭接,使测试探头始终位于试验平台的中心,并与被测材料保持电位相等。

（2）等电位传导。摩擦起电电位采用接触式测试法,等电位原理进行测试,有效地减小了环境因素对电位测试的影响。通过锥形探头用导线将被测材料和测试仪器相连,使测试仪器始终与被测材料保持电位相等,对摩擦起电电位进行实时监测,以便得到被测材料的摩擦起电规律。

（3）电荷放大。感应电荷的电荷量很小,信号比较微弱,无法直接测试,需要进行电荷放大之后再测试电荷电量。测试系统用电荷放大器直接放大感应电荷,经标准计量设备校准之后得到被测体上电位的准确测试值。因阻容分压器不受环境因素以及相对位置的影响,测试仪器经校准之后可以准确测试出被测材料上摩擦起电电位的变化情况,以便总结出静电起电规律。

（4）高速存储。测试系统具备数据的实时存储功能,可将测试过程中得到的所有数据全部存储下来,便于试验数据的处理,以得到材料的摩擦起电规律。

采用"旋转模拟",能较好地模拟飞行器蒙皮材料与空间粒子高速摩擦,并使测试环境可方便控制;通过设计"复合绝缘层",有效地解决了测试材料的对地绝缘问题,为电位测试提供保证;通过"中心定位,等电位传导"技术将被测材料的摩擦起电电位传导出来用于测试,对被测材料的静电电位变化进行实时监测,保证了测试结果的准确性。

4.2.5 飞行器摩擦起电地面模拟试验平台

根据前面研究得到模拟测试方法及关键技术,设计模拟试验测试平台。以"旋转模拟"为基础,确定设计方案采用三相可调步进电机作为驱动装置,加装霍尔转速器测量实际转速。测试时,通过调整电机的转速改变被测材料与空间粒子的摩擦速度;用"复合绝缘层"将测试材料与驱动装置隔开,减小电荷泄漏通道;采用研制的静电电位动态测试系统应用"中心定位,等电位传导"的方式对摩擦起电电位进行测试。在测试过程中,测试材料选择和测试环境的影响成为平台设计的关键因素。

为保证高速旋转试验平台的力学稳定性,将被测材料加工成上下对称的 U 形旋叶。当其在水平面内绕竖直轴高速转动时,气流分为等量的两股分别从其上、下通过。上、下面压强差形成的竖直方向上的力互相抵消,仅剩下阻碍被测材料水平旋转的阻力,使旋转平台受力始终比较稳定。

显然,若只有一块试样旋叶绕竖直轴旋转,则转轴将始终受到水平方向上的离心力,造成旋转平台负载波动。因此,必须绕竖直旋转轴均匀布置若干试样旋叶,使它们对旋转轴水平方向上的离心力互相抵消,以此来减小转轴的负载波动和受力不平衡。试样越多,各试样的离心力相互抵消越充分,形成的合力越小,方向越稳定;但同时试样越多,则转轴中心的复合绝缘结构受力越大,系统所需要的驱动力就要越大,绝缘传动结构就越复杂,越不利于对地静电绝缘。综合考虑各因素后,本试验平台采用三试样的设计方案,相邻试样间径向夹角为120°。改变旋叶的尺寸,可以调整被测材料的面积。

材料因带电历史不同而有不同的静电起电性能。为减小材料的带电历史对试验的影响,配备了静电消除器。在每次试验之后,对材料表面及周围环境进行消电,以获得真实的摩擦起电变化曲线。

温、湿度会对摩擦起电产生显著的影响,为研究温、湿度对摩擦起电的影响,将地面模拟试验平台置于密闭控温控湿间内,配备专用的温湿度控制设备,对室内环境进行控制。

对墙壁和地面进行专业防潮隔热处理,防止在试验过程中温湿度变化影响材料的摩擦起电规律。人员在测试空间的长时间逗留,无疑会改变密闭空间的温、湿度,因此整个试验的控制和数据采集,都在密闭空间内进行;另外,人体的运动会导致衣物和人体上带有大量静电荷,在试验过程中操作人员就相当于移动的静电源,其产生的电磁场会对试验结果产生影响;测试设备也会对静电产生积累,影响试验结果。为减小人员及设备对试验结果的影响,试验时操作人员着防静电工作服和防静电鞋,采用远距离操控方法,尽量减少移动;在实验室地面铺设防静电地毯,所有设备连接地线或与防静电地毯接触良好,减少静电积累,如图 4 - 8 所示。

图 4 - 8　蒙皮材料摩擦起电地面模拟测试平台

经以上设计分析,研制出蒙皮材料摩擦起电地面模拟测试平台,如图 4 - 8 所示。采用该模拟试验平台,可以通过调整驱动电机的转速改变被测材料与空间粒子的摩擦速度;更换不同尺寸的旋叶来调整被测材料的面积;因试验在密闭的实验室中进行,便于调整温度、湿度等环境因素,以便研究蒙皮材料在不同环境条件下的摩擦起电规律。

4.3　模拟试验平台摩擦起电的理论建模

前面理论分析了多个因素对摩擦起电电流的影响,并在其指导下解决了飞行器摩擦起电地面模拟试验的一系列关键问题,并成功构建了地面模拟试验平台。而该试验平台的摩擦起电电流,同时受多种因素的影响,各因素分立情况下的理论分析并不能直接应用于本模拟试验平台,因此必须针对本飞行器摩擦起电地面模拟试验平台进行理论分析和建模。

飞行器地面模拟试验平台的原理示意图如图 4 - 9 所示,为便于分析,图中仅示出了 3 个旋翼中的一个,并将其等效为圆柱体,该圆柱体绕竖直轴线高速旋转,圆柱体等效半径为 R。若每个旋翼上因摩擦起电产生的电流为 I_0,则此时 3 个旋翼可等效为 3 个电流源,而这 3 个电流源为并联关系,因此模拟试验平台的总摩擦起

电电流应表示为

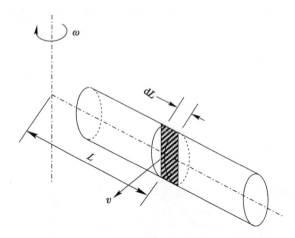

图 4 - 9　地面模拟试验平台摩擦起电示意图

$$I_z = N_w I_0 \qquad (4-68)$$

式中：N_w 为总旋翼数目，对于本模拟试验平台，$N_w = 3$。对于每个旋翼，由于其上各点角速度相同，但各点距离旋转轴线的远近并不相同，因此各点的线速度也不同，这就导致摩擦起电电流大小随距离旋转轴线远近的不同而不同，因此不能简单地以某处的线速度代表总体的线速度来进行计算。

记距离转轴 L 处的一小段圆柱体 dL 上因摩擦起电而产生的电流为 dI，则单个旋翼的摩擦起电电流可表示为

$$I_0 = \int_{L_a}^{L_b} dI \qquad (4-69)$$

式中：L_b 和 L_a 分别为单个旋翼远端距离旋转轴线的距离和近端距离旋转轴线的距离，即积分的上下限。

该小段圆柱体 dL 的速度可表示为

$$v = \omega L \qquad (4-70)$$

小段圆柱体 dL 对应迎风面的截面积 dS_a，即图 4 - 9 中的阴影部分面积为

$$dS_a = 2R dL \qquad (4-71)$$

与该小段圆柱体 dL 单位时间内碰撞的颗粒物数目可表示为

$$dN_0 = 2 n_p R \omega L dL \qquad (4-72)$$

考虑空气流场畸变对碰撞颗粒数目的影响，则 dN_0 应修正为

74

$$dN_0 = n_p 2R\omega L dL \eta_p = 2n_p R\omega L \left(\frac{S_{tk}}{S_{tk}+0.7}\right)^2 dL \qquad (4-73)$$

其中斯托克斯数为

$$S_{tk} = \frac{\rho_p D_p^2 C_c v}{18\mu D_G} = \frac{\rho_p R_p^2 \omega L}{9\mu R} C_c \qquad (4-74)$$

由于本地面模拟试验系统在常温常压下进行,空气可视为连续介质,即可认为Cuninghama 滑动修正系数值为1。

对比式(4-72)与式(4-73)可以发现,空气流场的畸变可以等效视为使得空气中的颗粒数密度发生了减小,即

$$\begin{cases} n_p' = n_p \cdot \left(\frac{S_{tk}}{S_{tk}+0.7}\right)^2 \\ S_{tk} = \frac{\rho_p R_p^2 \omega L}{9\mu R} \end{cases} \qquad (4-75)$$

因此,单位时间内与小段圆柱体发生碰撞的颗粒总数可重新表示为

$$\begin{cases} dN_0 = 2n_p' R\omega L dL \\ n_p' = n_p \cdot \left(\frac{\rho_p R_p^2 \omega L}{\rho_p R_p^2 \omega L + 6.3\mu R}\right)^2 \end{cases} \qquad (4-76)$$

当颗粒物与圆柱体发生碰撞时,根据相对运动原理,在分析碰撞过程时,可以将圆柱体视为静止,而将颗粒视为等速反向运动,即如图4-10所示。由于碰撞过程以圆柱体所在轴线的旋转面呈上下对称分布,因此仅需分析上半部分的碰撞情况,并将最终结果乘以2即可得到整个圆柱体的摩擦起电情况,即

$$dI = 2\int_0^{\pi/2} dI_\theta \qquad (4-77)$$

式中:dI_θ 为角度 $d\theta$ 所对应的小段圆柱面与颗粒物发生碰撞而产生的摩擦起电电流,如图4-10所示。

$d\theta$ 所对应的小段圆柱面内,可认为所有的颗粒物均以同样的速度与小段圆柱面碰撞,且碰撞角度均为速度与圆心和碰撞点之间连线的夹角 θ。

则 dI_θ 可表示为

$$dI_\theta = dN_\theta \cdot S_{max} \cdot \sigma \qquad (4-78)$$

式中:S_{max} 为单个颗粒物与圆柱面碰撞时的最大接触面积;dN_θ 为单位时间内与小段圆柱面发生碰撞的颗粒物数目,因此 dN_θ 可表示为

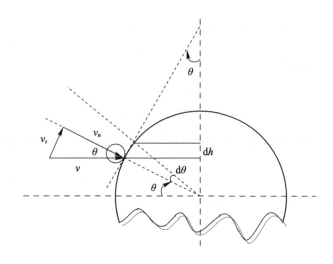

图 4 – 10   颗粒物与旋翼碰撞摩擦示意图

$$dN_\theta = dV \cdot n'_p \tag{4-79}$$

式中:dV 为小段圆柱面单位时间内所扫过的体积,显然,可表示为

$$dV = dS_\theta \cdot \omega L \tag{4-80}$$

式中:dS_θ 为小段圆柱面在速度方向上扫掠的面积,即 dh 所对应的小段圆弧面的面积。因此,dS_θ 可表示为

$$dS_\theta = dh \cdot dL = R \cdot d\theta \cdot \cos\theta \cdot dL \tag{4-81}$$

将以上各式代入后,可得 dN_θ 的最终表达式为

$$dN_\theta = R \cdot d\theta \cdot \cos\theta \cdot dL \cdot \omega L \cdot n'_p = R \cdot \cos\theta \cdot \omega L \cdot n'_p \cdot dL \cdot d\theta \tag{4-82}$$

为得到碰撞过程中最大接触面积 S_{max} 的表达式,可将颗粒物的速度分解为垂直于碰撞接触面的 v_n 和与碰撞接触面相切的 v_τ,因此,实际影响最大碰撞接触面积的是速度 v 的 v_n 分量,显然存在

$$\begin{cases} v_n = v \cdot \cos\theta \\ v_\tau = v \cdot \sin\theta \end{cases} \tag{4-83}$$

则碰撞过程中的最大接触面积仅与 v_n 相关,即

$$S_{max} = 5.44 k_{12}^{2/5} \rho_p^{2/5} R_p^2 v_n^{4/5} = 5.44 k_{12}^{2/5} \rho_p^{2/5} R_p^2 v^{4/5} \cos^{4/5}\theta \tag{4-84}$$

因此,dI_θ 最终可表示为

76

$$dI_\theta = dN_\theta \cdot S_{max} \cdot \sigma$$

$$= \sigma 5.44 k_{12}^{2/5} \rho_p^{2/5} R_p^2 (\omega L)^{4/5} \cos^{4/5}\theta R \cdot \cos\theta \cdot \omega L \cdot n_p' \cdot dL \cdot d\theta$$

$$= 5.44 k_{12}^{2/5} \rho_p^{2/5} R_p^2 \sigma R (\omega L)^{9/5} n_p' dL (\cos\theta)^{9/5} d\theta$$

$$= 5.44 n_p k_{12}^{2/5} \rho_p^{2/5} R_p^2 \sigma R (\omega L)^{9/5} \left(\frac{\rho_p R_p^2 \omega L}{\rho_p R_p^2 \omega L + 6.3\mu R} \right)^2 \cdot dL \cdot (\cos\theta)^{9/5} d\theta \quad (4-85)$$

因此,对于整个圆柱体的一段 dL 来说,其上的总摩擦起电电流 dI 应表示为

$$dI = 2\int_0^{\pi/2} dI_\theta$$

$$= 2\int_0^{\pi/2} 5.44 n_p k_{12}^{2/5} \rho_p^{2/5} R_p^2 \sigma R (\omega L)^{9/5} \left(\frac{\rho_p R_p^2 \omega L}{\rho_p R_p^2 \omega L + 6.3\mu R} \right)^2 \cdot dL \cdot (\cos\theta)^{9/5} d\theta$$

$$= 10.88 n_p k_{12}^{2/5} \rho_p^{2/5} R_p^2 \sigma R (\omega L)^{9/5} \left(\frac{\rho_p R_p^2 \omega L}{\rho_p R_p^2 \omega L + 6.3\mu R} \right)^2 \cdot dL \cdot \int_0^{\pi/2} (\cos\theta)^{9/5} d\theta$$

$$(4-86)$$

对于式(4 - 86)一般情况下的不定积分,存在

$$\int \cos^{9/5}(\theta) d\theta = \frac{5}{9} \cos^{4/5}(\theta) \sin(\theta) -$$

$$\frac{5 \cos^{4/5}(\theta) \sin(\theta)\, _2HPG_1\left(\frac{2}{5}, \frac{1}{2}, \frac{7}{5}, \cos^2\theta \right)}{9\sqrt{\sin^2\theta}} \quad (4-87)$$

由图 4 - 11 可知式(4 - 87)为周期函数。式(4 - 87)中 HPG 代表超几何函数,其一般形式为

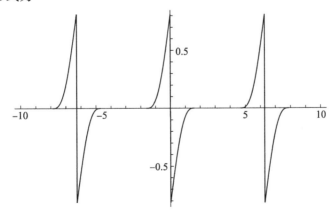

图 4 - 11 式(4 - 87)的曲线示意图

$$\begin{cases} {}_j\mathrm{HPG}_q(\alpha_1,\cdots,\alpha_p;\beta_1,\cdots,\beta_q;z) = \sum_{n=0}^{\infty}\frac{(\alpha_1)_n\cdots(\alpha_p)_n z^n}{(\beta_1)_n\cdots(\beta_q)_n n!} \\[4mm] (\alpha_i)_n = \dfrac{\Gamma(\alpha_i+n)}{\Gamma(\alpha_i)} \\[4mm] (\beta_j)_n = \dfrac{\Gamma(\beta_j+n)}{\Gamma(\beta_j)} \end{cases} \tag{4-88}$$

对于式(4-87)中的${}_2\mathrm{HPG}_1$,可简化表示为

$$_2\mathrm{HPG}_1(\alpha,\beta,\chi,z) = \frac{\Gamma(\chi)}{\Gamma(\alpha)\Gamma(\beta)}\sum_{n=0}^{\infty}\frac{\Gamma(n+\alpha)\Gamma(n+\beta)}{\Gamma(n+\chi)}\cdot\frac{z^n}{n!} \tag{4-89}$$

对式(4-87)进行定积分,可得

$$\int_0^{\pi/2}(\cos\theta)^{9/5}\mathrm{d}\theta = \frac{2^{4/5}\left[\Gamma(2/5)\right]^2}{9\Gamma(4/5)} = \frac{5\sqrt{\pi}\,\Gamma(7/5)}{9\Gamma(9/10)} \tag{4-90}$$

以上各式中$\Gamma(x)$代表伽马函数,其定义为

$$\Gamma(x) = \int_0^{+\infty}t^{x-1}\mathrm{e}^{-t}\mathrm{d}t \tag{4-91}$$

当精度要求不高时,可以使用值 0.81757644 代替式(4-90)的积分值。

则对于整个圆柱体的一小段 dL 来说,其上的总摩擦起电电流 dI 可表示为

$$\mathrm{d}I = 8.9 n_\mathrm{p} k_{12}^{2/5}\rho_\mathrm{p}^{2/5}R_\mathrm{p}^2\sigma R\omega^{9/5}L^{9/5}\left(\frac{\rho_\mathrm{p}R_\mathrm{p}^2\omega L}{\rho_\mathrm{p}R_\mathrm{p}^2\omega L+6.3\mu R}\right)^2\mathrm{d}L \tag{4-92}$$

基于上述结果可知,单个旋翼的总摩擦起电电流可表示为

$$\begin{aligned} I_0 &= \int_{L_\mathrm{a}}^{L_\mathrm{b}}\mathrm{d}I \\ &= \int_{L_\mathrm{a}}^{L_\mathrm{b}}8.9 n_\mathrm{p}k_{12}^{2/5}\rho_\mathrm{p}^{2/5}R_\mathrm{p}^2\sigma R\omega^{9/5}L^{9/5}\left(\frac{\rho_\mathrm{p}R_\mathrm{p}^2\omega L}{\rho_\mathrm{p}R_\mathrm{p}^2\omega L+6.3\mu R}\right)^2\mathrm{d}L \\ &= 8.9 n_\mathrm{p}k_{12}^{2/5}\omega^{19/5}\rho_\mathrm{p}^{12/5}R_\mathrm{p}^6\sigma R\int_{L_\mathrm{a}}^{L_\mathrm{b}}\frac{L^{19/5}}{(\rho_\mathrm{p}R_\mathrm{p}^2\omega L+6.3\mu R)^2}\mathrm{d}L \end{aligned} \tag{4-93}$$

式(4-93)中右侧的积分可记为

$$\int_{L_\mathrm{a}}^{L_\mathrm{b}}\frac{L^{19/5}}{(\rho_\mathrm{p}R_\mathrm{p}^2\omega L+6.3\mu R)^2}\mathrm{d}L = \int_{L_\mathrm{a}}^{L_\mathrm{b}}\frac{L^{19/5}}{(B_1 L+B_2)^2}\mathrm{d}L \tag{4-94}$$

式中

$$\begin{cases} B_1 = \rho_\mathrm{p}R_\mathrm{p}^2\omega \\ B_2 = 6.3\mu R \end{cases} \tag{4-95}$$

则式(4-94)的解析解可表示为

$$\int_{L_a}^{L_b} \frac{L^{19/5}}{(B_1 L + B_2)^2} dL = G \Big|_{L_a}^{L_b} \qquad (4-96)$$

式中:G 的解析表达式为

$$G = \frac{5L^{14/5}}{14B_1^2} + \frac{19B_2^{14/5}}{5B_1^{24/5}} \cdot \log\left(\frac{34295B_2^{11}}{B_1^{10}} + \frac{34295B_2^{54/5}L^{1/5}}{B_1^{49/5}}\right) -$$

$$\frac{10B_2 L^{9/5}}{9B_1^3} + \frac{15B_2^2 L^{4/5}}{4B_1^4} + \frac{B_2^3 L^{4/5}}{LB_1^5 + B_2 B_1^4} -$$

$$\frac{B_2^{14/5}}{B_1^{24/5}} \log\left[H_2 - \frac{9025B_2^{54/5}L^{1/5}}{B_1^{49/5}}\left(H_1 - H_6 + \frac{19}{20}\right)\right]\left(H_1 - H_4 + \frac{19}{20}\right) -$$

$$\frac{B_2^{14/5}}{B_1^{24/5}} \log\left[H_2 - \frac{9025B_2^{54/5}L^{1/5}}{B_1^{49/5}}\left(H_1 + H_6 + \frac{19}{20}\right)\right]\left(H_1 + H_4 + \frac{19}{20}\right) -$$

$$\frac{B_2^{14/5}}{B_1^{24/5}} \log\left[H_2 - \frac{9025B_2^{54/5}L^{1/5}}{B_1^{49/5}}\left(H_5 - H_1 + \frac{19}{20}\right)\right]\left(H_3 - H_1 + \frac{19}{20}\right) +$$

$$\frac{B_2^{14/5}}{B_1^{24/5}} \log\left[H_2 + \frac{9025B_2^{54/5}L^{1/5}}{B_1^{49/5}}\left(H_5 + H_1 - \frac{19}{20}\right)\right]\left(H_3 + H_1 - \frac{19}{20}\right)$$

$$(4-97)$$

式中:常系数 $H_1 \sim H_6$ 分别为

$$\begin{cases} H_1 = \dfrac{19\sqrt{5}}{20} \\[3mm] H_2 = \dfrac{34295B_2^{11}}{B_1^{10}} \\[3mm] H_3 = \dfrac{19\sqrt{-2\sqrt{5}-10}}{20} \\[3mm] H_4 = \dfrac{19\sqrt{2\sqrt{5}-10}}{20} \\[3mm] H_5 = \dfrac{19\sqrt{2}\sqrt{-\sqrt{5}-5}}{20} \\[3mm] H_6 = \dfrac{19\sqrt{2}\sqrt{\sqrt{5}-5}}{20} \end{cases} \qquad (4-98)$$

在近似计算中,若忽略空气流场畸变的影响,即认为 $\eta_p = 1$,则式(4-93)可简化为

$$I_0 = \int_{L_a}^{L_b} \mathrm{d}L = \frac{44.5}{14} n_p k_{12}^{2/5} \omega^{19/5} \rho_p^{12/5} R_p^6 \sigma R (L_b^{14/5} - L_a^{14/5}) \qquad (4-99)$$

本节在 4.1 节理论建模的基础上对飞行器摩擦起电地面模拟试验平台进行了理论分析,得到了旋叶旋转角速度、旋叶长度、颗粒物浓度等参数对摩擦起电电流的影响,为试验研究摩擦起电的规律奠定了理论基础。

4.4　飞行器摩擦起电试验

采用蒙皮材料摩擦起电地面模拟测试平台,以某型飞行器蒙皮材料为研究对象进行测试试验,对前面得到的影响飞行器摩擦起电电位的主要因素,如机身蒙皮材料、接触面积、摩擦速度和周围介质情况等进行试验验证和补充。若近似认为摩擦起电对试验平台形成恒定的充电电流 I_t,则高速旋转的旋叶可等效为一电容 C_t,其将不断获得电荷,直至摩擦起电电流与泄漏电流相等,从而旋叶的对地电位达到最大值。本试验中,由于采用了复合绝缘结构,通过试验平台对地的直接泄漏电阻 $R_t > 10^{14}\ \Omega$;同时,由于摩擦后旋叶带大量正电荷,碰撞分离后带负电荷的大气颗粒弥漫在周围空间中,并与接地的墙体等发生接触,将电荷泄放到大地,重新恢复为电中性,并继续与高速运动的旋叶碰撞,将旋叶上的电荷转移至自身上一部分,并最终通过与墙体等的接触泄放到大地中,即通过颗粒物的输运,形成另一等效泄漏电阻 R_a,等效电路如图 4-12 所示。

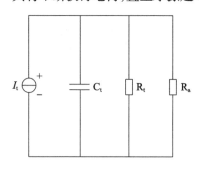

图 4-12　飞行器摩擦起电
模式试验平台等效电路

显然 R_a 和 R_t 并联形成等效电阻值 $R_{ta} = (R_a R_t)/(R_a + R_t)$,则可知旋叶的最大对地电位值将等于 $U_t = I_t \cdot (R_a R_t)/(R_a + R_t)$,从而可得摩擦起电的等效充电电流的表达式为 $I_t = U_t (R_a + R_t)/(R_a R_t)$,即旋叶的最大对地电位值可成正比地反映摩擦起电等效充电电流的变化规律,因此下面直接将"最大对地电位"的变化规律等价为摩擦起电等效充电电流的变化规律。

每次试验开始前,均需要事先将被测飞行器蒙皮材料和测试仪表置于密闭的控温控湿环境中,保持温、湿度不变 48h,使被测材料和测试仪表与环境完全同化至平衡状态,以真实反映环境因素对摩擦起电的影响。每次试验完毕,均须使用离子风消电器对试验区域的所有表面进行消电处理至表面电位为零,并充分静置同化。每次更换被测蒙皮材料,也需按此步骤进行操作。

4.4.1 起电电位随时间的变化规律

为研究带电历史的影响,连续进行 3 次试验,每次试验 30min,每次试验相隔 30min。环境温度保持 19℃ ±1℃;相对湿度保持 14% ±1%。经 48h 充分同化后,再次进行该试验。多次重复获得的典型试验数据如表 4-3 所列,静电电位动态测试仪测得的旋叶上的对地电位随时间的变化如图 4-13 所示。被测材料为铝板,转速保持 650r/min,旋翼外径长度 0.5m,内径长度 0.1m,等效圆柱半径 0.05m。

表 4-3 材料沉积静电起电试验数据

次数	电位最大值/V	带电量/nC	对地电容/pF
第一次	660	62.7	95
第二次	462	43.9	95
第三次	385	36.6	95

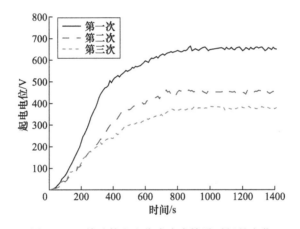

图 4-13 旋叶静电电位多次摩擦随时间的变化

由图 4-13 可知,金属被测材料在与空气摩擦后带正电荷,且带电量随时间的增加而增加,与摩擦起电试验结果相吻合,证明了模拟试验平台的合理性。

由图 4-13 可知,在最开始的 300s 内,旋叶的对地电位增长较快,当达到 400s 以后,旋叶对地电位的增长逐渐变慢,并最终维持在某一恒定值,总体呈现负指数增长的规律,与上面理论分析结果较为符合,验证了本小节伊始等效电路及其分析的合理性。

由图 4-13 可知,紧邻的 3 次摩擦起电试验中,摩擦起电充电电流随摩擦次数的增加而减小。这就证明,带电历史对摩擦起电会产生较大的影响,因此为保证结果的独立性,每次试验后必须经过足够长的时间使测试系统恢复至原始状态,方能进行下次试验研究。试验研究发现,经过 48h 的同化后,第二次的试验结果可恢复至第一次试验的水平。

4.4.2 起电电位随转速的变化规律

由式(4-99)可知,摩擦起电电流与试验平台的角速度的 19/5 次方成正比,是除颗粒物半径 R_p 之外对其影响最大的因素。本书中通过大功率高速电机使飞行器被测蒙皮材料迅速达到所要求的转速,并使用霍尔传感器监控其转速值,对该问题进行了研究。环境温、湿度保持与上面不变,测量旋叶最大对地电位的变化实测值 U_t 与理论拟合值如图 4-14 所示。

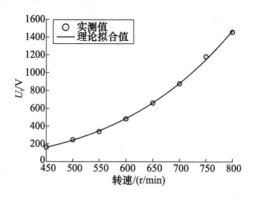

图 4-14　不同转速下旋叶最大对地电位的变化曲线

由图 4-14 可知,随着转速的增加,旋叶最大对地电位(摩擦起电电流)迅速增加,近似成幂函数关系。针对试验数据进行拟合,可得

$$U_t = 1.00 \times 10^{-8} \cdot \omega^{3.85} \tag{4-100}$$

摩擦起电电流应与角速度的幂值为 3.85,与式(4-99)中 19/5 = 3.8 次方成正比相同,证明了上节理论分析的正确性。

4.4.3 起电电位随材料起电率的变化规律

由式(4-99)可知,摩擦起电电流与相互摩擦的物质接触面上的面电荷密度 σ 成正比,而该值与接触双方的功函数差值成正比。上面对摩擦起电的试验研究,获得了各材料与沙粒的摩擦起电情况,再次不妨将 $|Q/Q_{Al}|$ 视为起电率的直观数值表征,即锈铁板、镀锌板、铝板、喷漆钢板的起电率分别为 0.585、0.549、1.00 和 0.537。将上述各材料制作的旋叶安装到试验平台上,研究不同材料起电率对旋叶最大对地电位(摩擦起电电流)的影响。其他参数保持不变,仅改变材料类型,测得旋叶最大对地电位的变化实测值与理论拟合值如图 4-15 所示。显然,曲线应该通过坐标平面上的(0,0)点。

由图 4 – 15 可知,旋叶最大对地电位(摩擦起电电流)随 $\left|Q/Q_{Al}\right|$ 的增大而增大,且近似成正比,对实测值进行拟合,可得

$$U_t = 659.6 \cdot \left|\frac{Q}{Q_{Al}}\right| - 0.3511 \tag{4 – 101}$$

显然,拟合直线并没有严格通过坐标原点,但是其在纵轴的截距很小,因此并不影响理论分析的正确性。

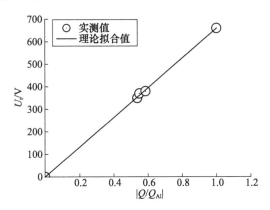

图 4 – 15　不同材料摩擦起电电量的变化曲线

4.4.4　试验结果与分析

通过对某型飞行器蒙皮材料静电起电的影响因素试验,进行摩擦起电电流随时间、转动速度、旋叶长度和材料起电率的变化规律研究,验证了模拟试验测试平台的适用性和理论分析的正确性,得到以下结论。

(1)被测典型飞行器金属材料与空气中的灰尘等颗粒物相互摩擦后,材料本身带正电荷,灰尘等颗粒物带负电荷。

(2)被测材料的静电电荷量与材料的带电历史有关。被测材料摩擦起电电流随着试验的重复次数逐渐下降。

(3)材料摩擦起电电流约与转速的 3.8 次幂成正比。

(4)材料摩擦起电电流约与旋翼长度的 2.8 次幂成正比。

(5)材料摩擦起电电流约与材料的起电率 $\left|Q/Q_{Al}\right|$ 成正比。

第5章 飞行器发动机喷射起电

飞行器发动机尾气喷射起电是除摩擦起电外影响飞行器静电带电极性和带电量的最重要静电起电机理之一。特别是对于远离对流层运动的飞行器,由于高空中的大气气溶胶微粒、尘埃、降水微粒等含量很少,飞行器发动机的尾气静电带电往往非常突出,因此若要全面分析飞行器的静电带电问题,为进一步研究飞行器放电规律提供理论支持,必须对飞行器发动机的尾气静电带电进行研究。

5.1 飞行器发动机简述

飞行器发动机的尾气静电带电是由于尾气中包含的大量正、负离子和带电颗粒的行为而产生的,因此研究飞行器发动机尾气喷射起电就必须关注发动机工作过程中各种正、负离子和带电颗粒的产生、演化和运动,而这些无疑直接受飞行器发动机结构和工作状态的影响。因此,在详细开展尾气静电带电研究之前,必须对飞行器发动机进行简介与分析。

现代飞行器发动机一般分为扩散区、主燃区和稀释区。涡喷发动机工作时,空气经过多级空气压缩机压缩至高压后分成两股,将近20%的一股空气从锥形进口(即进气段)注入燃烧室的扩散区,与燃油喷嘴喷出的燃料迅速混合形成由大量燃料微小液滴和空气形成的混合气体,如图5-1所示。

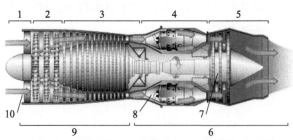

1—吸入;2—低压压缩;3—高压压缩;4—燃烧区;5—排气;
6—高温区;7—涡轮机;8—燃烧室;9—常温区;10—进气口。

图5-1 典型轴流式涡轮喷气式发动机结构示意图(见彩图)

燃烧区附近的火焰筒壁面上有特定数量的两股气流孔,有大约20%的第二股空气穿过这些孔进入主燃区,与从旋流旋叶进来的一股空气相互作用,形成一个回流区,使火焰稳定在该区域,促使燃烧更为稳定和充分。

混合气在主燃区燃烧,在这一区域温度最高,燃气温度可达 1800~2000℃ ,燃料经化学反应和热电离产生大量正、负离子和自由电子。此温度较高,不适于进入涡轮导向旋叶。因此,还有约60%的第二股空气未用于燃烧,它们逐渐进入火焰筒。这些空气的 1/3 用来在稀释区降低燃气的温度;其余 2/3 的空气沿火焰筒内表面流动,将火焰筒壁面与热燃气隔开,起到冷却火焰筒壁面的作用。

气流经过多级可控压气机的压缩,以很大的速度流经燃烧室,使得燃料在发动机中燃烧的时间很短,一般在 10^{-2} s 左右。燃料燃烧产生的粒子在 10^{-8} s 左右离开扩散段进入燃烧段, 10^{-4} s 时到达稀释段, 10^{-2} s 左右离开发动机进入大气。

5.2 飞行器发动机尾气带电粒子的产生与演化

飞行器发动机尾气中所包含的大量正负离子和带电颗粒的产生、演化和运动对飞行器发动机的尾气静电带电具有决定性的影响,而飞行器发动机燃烧产生的带电粒子的种类和数量无疑与参与燃烧反应的物质有直接的联系。由于大气中对流层内空气的成分相对比较固定,因此飞行器发动机所采用燃料的化学成分就成为影响燃烧中的化学反应和产生的各种带电粒子的决定性因素。

目前大部分飞行器涡轮发动机使用的燃料是飞行器煤油,由烷、烃混合而成,碳氢比约为6.26。因此,飞行器煤油燃烧的主要产物是碳、氢、硫的氧化物以及一些杂质。

国际上对碳氢燃料燃烧离子构成及浓度的研究表明,化学电离产生的离子对飞行器发动机带电贡献不多,带电量更大的是燃料燃烧室未燃烧尽的碳烟微粒吸附电荷产生的带电碳烟微粒。在 2000~2500K 的高温区域,碳烟微粒会因热离子化而带正电荷,在温度很高或自由电子浓度很高的区域,碳烟微粒会带负电。碳烟微粒和随机热运动的带电粒子发生碰撞,可以吸附电荷,该过程可表示为

$$q_{\mathrm{p}} = \frac{d_{\mathrm{p}}kT}{2e^2}\ln\left(1 + \frac{d_{\mathrm{p}}c\pi e^2 Nt}{2kT}\right) \tag{5-1}$$

式中: t 为时间; q_{p} 为颗粒的带电量; T 为燃烧室内的温度; d_{p} 为颗粒的直径; e 为元电荷的电量; N 为颗粒物的数密度; c 为颗粒物的平均运动速度; k 为玻耳兹曼常数。

当 $-1 < \dfrac{d_{\mathrm{p}}c\pi e^2 Nt}{2kT} \leqslant 1$ 时,式(5-1)可记为

$$q_{p} = \frac{d_{p}kT}{2e^{2}} \sum_{n=1}^{\infty} \frac{(-1)^{n-1}}{n} \left(\frac{d_{p}c\pi e^{2}Nt}{2kT} \right)^{n} \qquad (5-2)$$

取一阶近似,则由式(5-2)可得

$$q_{p} = \frac{d_{p}^{2}c\pi Nt}{4} + \frac{d_{p}kT}{2e^{2}} \left[\frac{d_{p}c\pi e^{2}Nt}{2kT} \right] \qquad (5-3)$$

事实上,$d_{p}c\pi e^{2}Nt/(2kT)$ 约为 10^{-12} 量级,远远小于1,则式(5-3)中的高阶项可以忽略,即

$$q_{p} \approx \frac{d_{p}^{2}c\pi Nt}{4} \qquad (5-4)$$

当飞行器发动机转速升高时,耗油量迅速加大,燃烧不完全产物碳烟微粒增多,颗粒浓度 N 增大,颗粒直径 d_{p} 也趋于增大,使得碳烟微粒带电量增大。这些带电碳烟微粒随发动机尾气一起喷射出去,使得尾气体电荷密度增大。这些碳烟微粒和燃料燃烧化学电离出的正负离子、从大气吸入颗粒物等,都对发动机尾气的总净电荷体密度产生贡献,它们均受燃料添加剂、燃料化学、发动机功率百分比、吸入大气参数的影响。

5.3 尾气带电粒子产生与演化的理论模型

根据碳氢燃料的燃烧反应特点,可以对碳氢燃料燃烧产物中带电粒子随时间的变化规律进行仿真计算。国内一些学者对获得广泛认同的 A. B. Vatazhin 和 A. M. Strick 动态方程进行了改进,考虑了碳烟微粒的产生、增长、碰撞及氧化与吸附电荷等过程,但是由于其没有考虑燃烧室器壁对带电粒子运动的影响和碳烟微粒的热电子发射,导致其仿真所得的发动机尾气体电荷密度恒为零。本节在前面研究的基础上,引入了化学反应初期燃烧氧化产生的大量正、负离子的影响和碳烟微粒的热电子发射的影响。

5.3.1 不产生碳烟微粒时的数学模型

在不产生碳烟微粒条件下,分别以 n_{0}、n_{e}、n_{-} 和 n_{+} 代表中性粒子的数密度、电子的数密度和、负离子的数密度和正离子的数密度,由燃烧区的离子生成率 $Q(t)$ 决定初期电子和正离子的数密度,k_{ei} 代表阳离子与电子因库仑力和热运动而相互中和的结合率,k_{ii} 代表阴离子和阳离子因库仑力和热运动而相互中和的结合率,r_{-} 代表负离子自身发射电子而生存中性粒子的系数,r_{0} 代表中性粒子发射电子而成为正离子的系数。若认为发生的化学反应主要式(5-5)所表示的3种形式,则各粒子的浓度变化率可表示为式(5-6),即

$$\begin{cases} A^+ + e^- = A \\ A + e^- = A^- \\ A^+ + A^- = 2A \end{cases} \quad (5-5)$$

$$\frac{\mathrm{d}}{\mathrm{d}t} \boldsymbol{N}_{4\times1} = \boldsymbol{Q}_{4\times1} + \boldsymbol{R}_{4\times4} \boldsymbol{N}_{4\times1} - \boldsymbol{N}_{\Lambda} \boldsymbol{K}_{4\times4} \boldsymbol{N}_{4\times1} + \boldsymbol{C}_{4\times1} \quad (5-6)$$

式中:$\boldsymbol{N}_{4\times1}$和$\boldsymbol{N}_{\Lambda}$为各粒子的数密度矩阵,其具体表达式为

$$\boldsymbol{N}_{4\times1} = \begin{pmatrix} n_e \\ n_+ \\ n_- \\ n_0 \end{pmatrix}_{4\times1}, \quad \boldsymbol{N}_{\Lambda} = \begin{pmatrix} n_e & & & \\ & n_+ & & \\ & & n_- & \\ & & & n_0 \end{pmatrix}_{4\times4} \quad (5-7)$$

式(5-6)中:等号左侧为各种粒子的数密度随时间的变化率,它由等号右侧的四部分组成。第一部分为由初始化学反应导致的粒子数密度生成率$\boldsymbol{Q}_{4\times1}$,由于某些部分粒子并不能由初始化学反应直接生成,因此$\boldsymbol{Q}_{4\times1}$中部分项可为0。在本书情况下,$\boldsymbol{Q}_{4\times1}$应表示为

$$\boldsymbol{Q}_{4\times1} = \begin{pmatrix} Q(t) \\ Q(t) \\ 0 \\ 0 \end{pmatrix} \quad (5-8)$$

第二项$\boldsymbol{R}_{4\times4}$为各粒子由于自身电子发射而导致的粒子数密度的变化。由于电子和正离子本身不存在继续发射电子的情况,因此其所对应的项恒为0,对于本书来说,由于电子和正离子为第一和第二项,因此$\boldsymbol{R}_{4\times4}$所对应的第一和第二列的元素恒为0;粒子发射电子会导致电子密度的增加和产物浓度的增加,也会导致自身数密度的减少;当粒子种类较多时,$\boldsymbol{R}_{4\times4}$的结构就会较为复杂。结合式(5-6),则$\boldsymbol{R}_{4\times4}$可表示为

$$\boldsymbol{R}_{4\times4} = \begin{pmatrix} 0 & 0 & r_- & r_0 \\ 0 & 0 & 0 & r_0 \\ 0 & 0 & -r_- & 0 \\ 0 & 0 & -r_0 & r_- \end{pmatrix} \quad (5-9)$$

第三项$\boldsymbol{K}_{4\times4}$为由粒子自身与其他粒子发生物理、化学反应而导致自身数密度的减少矩阵。由其物理意义可知,$\boldsymbol{K}_{4\times4}$对角线的元素,即表示自身与自身发生化学反应的元素的值应该恒为0。对关于对角线对称位置处的两个元素,由于其均表

示相同的两种粒子相互作用的系数,因此该两个元素的值应相等,因此可知 $K_{4\times4}$ 矩阵的一个重要性质,即

$$k_{ij} = k_{ji} \qquad i \neq j \qquad (5-10)$$

又有矩阵 $K_{4\times4}$ 对角线的元素值均为 0,则可知 $K_{4\times4}$ 为

$$K_{4\times4} = \begin{pmatrix} 0 & k_{ei} & 0 & k_{ea} \\ k_{ei} & 0 & k_{ii} & 0 \\ 0 & k_{ii} & 0 & 0 \\ k_{ea} & 0 & 0 & 0 \end{pmatrix} \qquad (5-11)$$

第四项 $C_{4\times1}$ 代表某粒子由其他粒子反应而生成的速率。显然,每种粒子的生成率所对应的行中,必然不包含该种粒子的数密度的函数。结合原公式(5-6),则 $C_{4\times1}$ 可表示为

$$C_{4\times1} = \begin{pmatrix} 0 \\ 0 \\ k_{ea}n_{e}n_{0} \\ 2k_{ii}n_{+}n_{-} + k_{ei}n_{e}n_{+} \end{pmatrix} \qquad (5-12)$$

当燃烧室温度较低以至可以忽略负离子和中性粒子的电子发射时,可以认为式(5-6)的第二项为 **0** 矩阵。方程组(5-6)有以下初始条件,在 $t=0$ 时,有

$$\begin{cases} n_{e} = n_{-} = n_{+} = 0 \\ n_{e} + n_{-} = n_{+} \end{cases} \qquad (5-13)$$

燃烧后气体中电子依附分子系数(k_{ea}),取决于温度和被依附分子的性质。根据 1990 年 P. Gerhardt 和 K. H. Homann 的研究得到

$$k_{ea} \approx 1.4 \times 10^{-29} \left(\frac{300}{T} \right)^{\frac{600}{T}} \qquad (5-14)$$

目前,研究所采用的电子与离子结合系数(k_{ei})是 2000 年由 J. Guo 和 J. M. Goodings 在测试 H_3O^+/e^- 在 $H_2 - O_2 - N_2$ 的火焰中得到的,其值为

$$k_{ei} = (0.0132 \pm 0.0004) \times T^{-1.37 \pm 0.05} \qquad (5-15)$$

由式(5-15)可知,k_{ei} 随温度的升高而迅速减小。阴离子和阳离子的相互中和是影响尾气中各粒子浓度的重要因素,根据贝特和马丁的研究结果,k_{ii} 可根据三元化学反应式(5-16)表示为式(5-17),即

$$A^+ + B^+ + M \rightarrow AB + M \qquad (5-16)$$

$$k_{ii}(T) = 3 \times 10^{-25} [M] \frac{p}{p_0} \left(\frac{300}{T}\right)^{3.5} + 4 \times 10^{-7} \left(\frac{300}{T}\right)^{1/2} \qquad (5-17)$$

式中:p 为计算位置处气体的静压力;p_0 为发动机外部工作环境的标准大气压力;M 为参与反应的第三方分子或离子;$[M]$ 为计算位置处其的数密度,在 300K 常压下 $[M]$ 约为 $2.4 \times 10^{19} \text{cm}^3$。根据 1991 年 H. Mätzing 的研究,发动机中温度和压力随时间的变化曲线如图 5-2 所示。

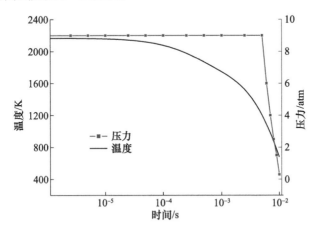

图 5-2 燃烧室内温度与压力随时间的变化曲线

由图 5-2 可以看出,燃烧室内的温度在火焰前端最高,达到 2200K 以上,随着冷气流的进入,温度呈指数式衰减,在稀释区末段时已降至 700K 左右;燃烧室中的压力比较高,保持在 9atm,稀释区末段之后与外界相通,压力迅速降低至常压。根据图 5-2 中温度和压力的变化,得到各结合系数如图 5-3 所示。

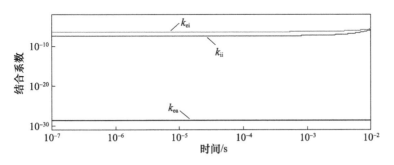

图 5-3 电子与离子间结合率的变化情况

由图 5-3 可见,电子对中性分子的吸附系数相对于带电离子的要小得多,离子间的结合系数和离子与电子的吸附系数在温度降低时有所增加,在尾喷口处达到最大。

俄罗斯中央发动机研究所的 Andrew Sorokin 等在 2002 年研究了初始粒子浓

度对出口各带电粒子浓度的影响,得到了在初始离子浓度在 $10^{15} \sim 10^{19}\,cm^{-3}$ 时,发动机出口处各带电粒子的浓度基本相同。因此,在发动机油门变化时,对发动机出口处各带电粒子的浓度影响不大。

根据图 5-3 中各离子间的吸附系数可以得到式(5-6)的数值解,如图 5-4 所示。

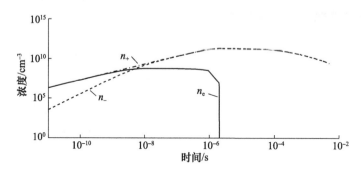

图 5-4　无碳烟微粒时燃烧室内带电粒子的变化情况

可知,在没有碳烟微粒产生的情况下,带电粒子没有碳烟微粒粒子可依附,使得带电粒子的浓度达到最高。带电粒子(包括电子和正离子)浓度的最大值出现在火焰前端,也就是燃烧区末端。两种离子浓度的最大值都可以达到 $10^{12}\,cm^{-3}$。在达到这一最大值之前,大部分电子会依附电中性的氧分子,形成带负电的氧分子。电子浓度迅速下降的同时,O_2^- 的浓度随之增加。电子的依附时间大概为 $10^{-9}\,s$,远小于离子的滞留时间,为 $\tau_{res} = 5\,ms$。随着燃烧的进行,正离子和负离子的浓度基本相等,而电子的浓度迅速减小,在 $10^{-6}\,s$ 之后降到最低值;在燃烧室末端,随着冷却气流的流入,燃烧减缓,正、负离子不断中和,离子浓度迅速降低,在稀释区时,正、负离子浓度已经降至 $10^{8}\,cm^{-3}$。

5.3.2　生成碳烟微粒时的数学模型

在有碳烟微粒生成时计算燃烧室中带电粒子的生成情况,需要假设以下条件。

(1)碳烟微粒主要由燃料在主燃区不充分燃烧而产生,过渡区和稀释区产生的量很少,因此本模型中,假设碳烟微粒仅产生于主燃区,且半径为恒定值 a,其起始浓度为 N_s^0。

(2)带电离子主要产生于过渡区的外火焰区,设离子生成率为 $Q(t)$,主要带负电的粒子为电子,在模型中正离子的类型并不固定,主要带正电的粒子为 CHO^+(也可能是 $C_3H_3^+$ 和 $C_2H_3O^+$)。

(3)在稀释区,带电粒子间相互作用包括电子依附碳烟微粒,电子依附中型分子,电子与离子、离子间相互作用,碳烟微粒氧化、凝结等。

当碳烟微粒粒子所带最大电荷数为1时,其可能有3种状态,即带一个单位的元电荷、不带电保持电中性或带一个单位的负电荷,分别以N_{1+}、N和N_{1-}代表3种状态碳烟微粒的数密度;由燃烧区的离子生成率$Q(t)$决定主要电子和正离子的浓度;碳烟微粒会因为电子热发射、电子或离子的依附带电,电子热发射率用$J_{e,p}$表示;粒子间相互结合系数:电子和离子依附碳烟微粒($k_{is,p}$),电子与离子(k_{ei})、离子间(k_{ii})电荷重组,电子依附中性分子(k_{ea})。忽略碳烟微粒在燃烧区、稀释区的氧化、凝结,动态方程可表示为

$$\begin{cases} \dfrac{dn_e}{dt} = Q(t) + J_0 N + J_{-1} N_- - k_{e1} n_e N_{1+} - k_{e0} n_e N - k_{ea} n_e n_+ + k_{ea} n_e \alpha_a A^2 \\[2mm] \dfrac{dn_+}{dt} = Q(t) - k_{i1} n_+ N_{1-} - k_{i0} n_+ N - k_{ei} n_e n_+ - k_{ii} n_+ n_- \\[2mm] \dfrac{dn_-}{dt} = k_{ea} n_e \alpha_a A^2 - k_{ii} n_+ n_- - k_{i0} n_- N - k_{i1} n_- N_{1+} \\[2mm] \dfrac{dN}{dt} = J_{-1} N_- - J_0 N + k_{i1} n_- N_{1+} + k_{i1} n_+ N_{1-} + k_{e1} n_e N_{1+} - k_{i0} n_- N - k_{i0} n_+ N - k_{e0} n_e N \\[2mm] \dfrac{dN_{1+}}{dt} = J_0 N + k_{i0} n_+ N - k_{i1} n_- N_{1+} - k_{e1} n_e N_{1+} \\[2mm] \dfrac{dN_{1-}}{dt} = -J_{-1} N_- + k_{i0} n_- N + k_{e0} n_e N - k_{i1} n_+ N_{1-} \end{cases}$$

$$(5-18)$$

该方程有以下初始条件,在$t=0$时,有

$$\begin{cases} n_e = n_- = n_+ = 0 \\ N_{1+} = N_{1-} = 0 \end{cases}$$

$$(5-19)$$

式(5-18)中电子热发射率$J_{e,p}$受多种因素影响,其可表示为

$$J_{e,p} = 4\pi a^2 C T^2 \exp\left(\frac{W_I}{kT}\right)$$

$$(5-20)$$

式中:W_I为半径为a带电量为p的碳烟微粒的功函数,可表示为

$$W_I = W + e^2 \frac{p + 0.375}{a}$$

$$(5-21)$$

式中:W为碳烟微粒的整体功函数,可近似其等于石墨的功函数,取为$4.35\mathrm{eV}$;式(5-20)中的C为特定常数,可表示为

$$C = 4\pi m_e \frac{k^2}{h^3} = 7.494 \times 10^{20} \mathrm{cm}^{-2} \cdot \mathrm{s}^{-1} \cdot \mathrm{K}^{-2}$$

$$(5-22)$$

式中:m_e为电子质量;k为玻耳兹曼常量;h为普朗克常数。碳烟微粒和正、负离子的电子热发射率如图5-5所示。

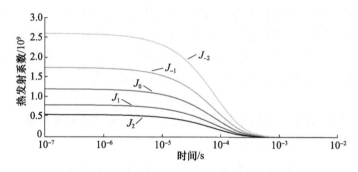

图 5 - 5　碳烟微粒热发射率变化情况

碳烟微粒在库仑力和热运动的作用下吸附带电粒子或中性粒子,是导致碳烟微粒生长变化并最终带电的决定性因素,其对中性粒子的吸附率 $k_{is,0}$、对带 p 个相反极性电荷粒子的吸附率 $k_{is,p}$ 以及对带 p 个同极性电荷粒子的吸附率 $k_{is,p}$ 可分别表示为

$$\begin{cases} k_{is,0} = \pi a^2 \, \overline{c}_i \left(1 + \sqrt{\dfrac{\pi e^2}{2kTa}} \right) \\[3mm] k_{is,0} = \pi a^2 \, \overline{c}_i \left[1 + \dfrac{|p|e^2}{kTa} + \dfrac{16\,|p|e^2}{81kT\lambda_i} \left(\dfrac{pe^2}{kTa} \right) \right] \\[3mm] k_{is,p} = \pi a^2 \, \overline{c}_i g^2 \exp \left[- \dfrac{|p|e^2}{gkTa} \left(1 - \dfrac{1}{2g(g^2-1)|p|} \right) \right] \end{cases} \tag{5-23}$$

计算式(5-23)可得到碳烟微粒对电子和阴、阳粒子吸附率的变化曲线,如图 5-6所示。

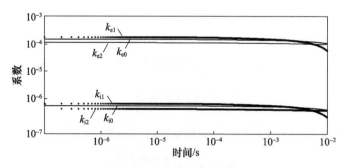

图 5 - 6　碳烟微粒对离子的吸附系数变化情况

氧化使碳烟微粒的尺寸减小或使碳烟微粒被完全燃烧。碳烟微粒的平均尺寸和浓度可通过测试尾喷口出碳烟微粒来估计。1999 年联合国气候变化政府专家委员会发布报告称碳烟微粒粒子的直径 $d_s \approx 20 \sim 60\text{nm}$,粒径在 $20 \sim 30\text{nm}$ 间的碳烟微粒粒子浓度最高,粒径小于 40nm 的碳烟微粒带电量不超过 2 个基本电荷,在尾喷口处碳烟微粒浓度 $N_s^{exp} = 10^6 \sim 10^7 \text{cm}^{-3}$。将以上参数代入动态方程式(5-18),可以得到数值解,如图 5-7 所示。

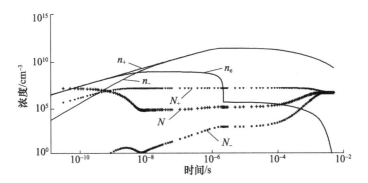

图 5-7　碳烟微粒电荷量小于 1 个电荷时带电粒子的变化情况

由图 5-7 可见,燃料燃烧的最初时间内,阴离子和带负电的碳烟微粒很少;随着反应的进行,粒子间的吸附作用越来越占主要作用,逐渐形成带正电的碳烟微粒粒子和带负电的碳烟微粒粒子;正离子和负离子的密度在增长之后就迅速降低,在主燃区之后已基本相等,在尾喷口处降至 $10^8 cm^{-3}$。电子的浓度因碳烟微粒粒子的热辐射作用下降速度减缓,在碳烟微粒的热辐射下降之后,电子浓度迅速降低;电中性的碳烟微粒粒子和带负电的碳烟微粒粒子发生热辐射,使得电中性的碳烟微粒粒子浓度降低;在没有其他因素时,燃烧室呈电中性。

当碳烟微粒所带最大电荷数为 2 时,碳烟微粒可以有 5 种状态,即带两个正电荷、带一个正电荷、保持电中性、带一个负电荷和带两个负电荷,分别用 N_{2+}、N_{1+}、N、N_{1-} 和 N_{2-} 表示上述 5 种碳烟微粒的数密度,则可得方程式为

$$
\begin{cases}
\dfrac{dn_e}{dt} = Q(t) + J_0 N + J_1 N_{1-} + J_2 N_{2-} + J_1 N_{1+} - k_{e1} n_e N_{1+} - k_{e1} n_e N_{2+} - \\
\qquad\quad k_{e2} n_e N_{1-} - k_{e0} n_e N - k_{ea} n_e n_+ - k_{ea} n_e \alpha_a A^2 \\[6pt]
\dfrac{dn_+}{dt} = Q(t) + k_{i2} n_+ N_{1+} - k_{i1} n_+ N_{1-} - k_{i1} n_+ N_{2-} - k_{i0} n_+ N - k_{ei} n_e n_+ - k_{ii} n_+ n_- \\[6pt]
\dfrac{dn_-}{dt} = k_{ea} n_e \alpha_a A^2 - k_{ii} n_+ n_- - k_{i0} n_- N - k_{i2} n_- N_{1-} - k_{i1} n_- N_{1+} - k_{i1} n_- N_{2+} \\[6pt]
\dfrac{dN}{dt} = J_{-1} N_{1-} - J_0 N + k_{i1} n_- N_{1+} + k_{i1} n_+ N_{1-} + k_{e1} n_e N_{1+} - k_{i0} n_- N - k_{i0} n_+ N - k_{e0} n_e N \\[6pt]
\dfrac{dN_{1+}}{dt} = J_0 N - J_1 N_{1+} + k_{i0} n_+ N + k_{e1} n_e N_{2+} + k_{i1} n_- N_{2+} - k_{i1} n_- N_{1+} - k_{e1} n_e N_{1+} - k_{i2} n_+ N_{1+} \\[6pt]
\dfrac{dN_{1-}}{dt} = J_{-2} N_{2-} - J_1 - N_{1-} + k_{i0} n_- N + k_{e0} n_e N + k_{i1} n_+ N_{2-} - k_{i1} n_+ N_{1-} - k_{e2} n_e N_{1-} - k_{i2} n_- N_{1-} \\[6pt]
\dfrac{dN_{2+}}{dt} = J_1 N_{1+} + k_{i2} n_+ N_{1+} - k_{i1} n_- N_{2+} - k_{e1} n_e N_{2+} \\[6pt]
\dfrac{dN_{2-}}{dt} = -J_{-2} N_{2-} + k_{i2} n_- N_{1-} + k_{e2} n_e N_{1-} - k_{i1} n_+ N_{2-}
\end{cases}
$$

$$(5-24)$$

该方程组有以下初始条件,在 $t=0$ 时,有

$$n_e = n_- = n_+ = 0 \qquad (5-25)$$

$$N_{s,p} = 0 (p \neq 0) \qquad (5-26)$$

$$N_s^0 = N_s \qquad (5-27)$$

同时满足以下条件,即

$$N_s = \sum_p N_{s,p} \qquad (5-28)$$

$$n_e + n_- + \sum_{p<0} |p| N_{s,p} = n_+ + \sum_{p>0} p N_{s,p} \qquad (5-29)$$

对方程式(5-24)进行仿真计算,结果如图5-8所示。由图5-8可见,碳烟微粒粒子所带电荷小于2个电荷时的浓度变化与所带电荷小于1个电荷时变化规律相似,电子、正负离子以及带有一个电荷的碳烟微粒粒子浓度变化与图5-7相近,电中性碳烟微粒浓度的变换幅度有所增加,在燃烧区末端浓度下降幅度很大,整个稀释区增长速度都很小,直到稀释区末端,温度下降使得碳烟微粒热辐射下降之后,电中性碳烟微粒的浓度才因正负电荷中和上升速度加快,到尾喷口时已与带有一个电荷的碳烟微粒浓度相同。带有2个电荷的正离子自燃烧开始浓度一直增加,在稀释区基本保持不变,靠近尾喷口时因正、负电荷中和浓度有所降低;带2个电荷的负电荷浓度变化与带1个负电荷的碳烟微粒粒子浓度变化相似,但因热辐射系数较大,浓度一直较低,在稀释区热辐射下降之后,浓度上升加快,到尾喷口处已超过带1个负电荷的碳烟微粒粒子浓度,与带2个正电荷的碳烟微粒粒子浓度相同。在没有其他因素时,燃烧室仍呈电中性。

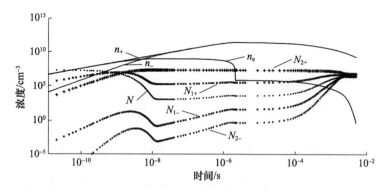

图5-8 碳烟微粒电荷量小于2个电荷时带电粒子的变化情况

带电粒子在燃烧室中运动时,尽管燃烧生成的正、负离子数量相同,总的电荷量也相同。但电子的质量比离子要小得多,热运动速度大得多,导致带负电的碳烟微粒数密度小于带正电碳烟微粒的数密度,使得碳烟微粒总的带电极性为正极性。

在同样的温度下,由于电子的质量比其他粒子小得多,其热运动的速度就较其他粒子大得多,导致同等时间内,会有更多的负电荷运动到燃烧室的壁面上,被其捕获,从而使尾气总体显正极性。总体上带正电荷的碳烟微粒和其他粒子,在燃料燃烧产生的压力场的作用下,被定向抛出喷口,形成宏观定向电流,使发动机获得负极性的充电电流。

通过对发动机中各种带电粒子浓度变化理论模型的改进,得到了各种带电粒子的变化规律。为得到发动机尾气喷射起电会给飞行器充电的电荷量,对仿真结果进一步分析计算。

由前面的研究分析可知,对发动机尾气喷射起电贡献最大的是带电碳烟微粒。从仿真计算结果得到,在尾喷口处带 2 个电荷的碳烟微粒粒子浓度 $N_{2+} = N_{2-} = 3 \times 10^{6} \mathrm{cm}^{-3}$,带 1 个电荷的碳烟微粒粒子浓度 $N_+ = N_- = 2 \times 10^{6} \mathrm{cm}^{-3}$。由于燃烧室中气流整体呈电中性,所以带正电碳烟微粒的电荷密度 ρ_+ 与带负电碳烟微粒的电荷密度 ρ_- 相同,即

$$\rho_+ = \rho_- = (2N_{2-} + N_-) \cdot e = 1.2 \mathrm{pC/cm^3} \qquad (5-30)$$

由于飞行器发动机的结构特点,尾喷口比燃烧室的直径要小,气流无法顺利通过;同时发动机按照 5.2 节介绍的工作原理工作时,燃烧室内气流呈涡流状,所有离子和碳烟微粒粒子都受到离心力作用向外运动。因此,会有大量离子和碳烟微粒粒子与燃烧室外壁相接触,电荷发生转移,其余带电粒子随气流排出。根据电荷守恒原理,发动机所带电荷与排出气流的绝对电荷量相同,极性相反。在体积为 V 的气流中,所有正电荷的电量 Q_+ 与所有负电荷的电量 Q_- 满足

$$Q_+ = \rho_+ V = \rho_- V = Q \qquad (5-31)$$

设气流中带正电荷的粒子被燃烧室吸收的比例为 α,负电荷粒子被吸收的比例为 β,则发动机所带电量为

$$Q_c = (\alpha Q_+ - \beta Q_-) = (\alpha - \beta)\rho V \qquad (5-32)$$

式中:ρ 为 ρ_+ 或 ρ_-;$(\alpha - \beta)$ 的取值范围为 $-1 \sim 1$,但根据前面关于发动机对喷流中正、负电荷吸收率的分析,发动机对喷流中带负电的粒子吸收率更高,因此估计 $(\alpha - \beta)$ 的取值范围为 $0 \sim 1$。在极端情况下令 $(\alpha - \beta)$ 取 1,则发动机喷射气流速度在 1000m/s 时,发动机通过尾气静电带电获得的充电电流可以达到 0.91mA。实际的 $(\alpha - \beta)$ 取值还需要在试验测试中得到。

5.4 飞行器发动机尾气喷射起电的车载地面模拟试验

上文通过对发动机中燃料燃烧生成带电粒子的建模与仿真计算,得到各种带电粒子的变化规律和发动机带电量的计算方程。在该理论模型的指导下,本节设

计进行了地面模拟试验研究,验证模型的正确性。飞行器通常携带诸多精密的电子设备,需要大量的地面支持设备,直接进行飞行器的机载试验不但成本高昂,而且容易对飞行器敏感设备造成损害。因此有必要进行初期的模拟试验,以掌握基本的试验规律,为后续开展飞行器的实地试验奠定基础。

为此搭建了由两台某型飞行器发动机为主体的飞行器发动机尾气喷射起电车载地面模拟试验平台(下面简称为"双发试验平台"),并利用静电电位动态测试仪对其进行带电量试验研究。该双发试验平台采用国产某新型卡车底盘,经适当改装后在拖挂式车厢内安装两台某型飞行器发动机,分别在车厢和卡车驾驶式(兼控制室)内集成飞行器发动机启动系统、燃料供应系统、状态监测系统、控制系统等辅助设备,以确保飞行器发动机能够如同在飞行器上一样稳定、可靠地工作。该两台发动机可分别启动与停止,并可分别控制工作状态的各项参数。双发试验平台工作时,飞行器发动机燃烧飞行器煤油产生大量高温高压尾气。该尾气经冷却、扩散、分流和导向等管路后被传送至卡车车厢两侧的多个喷口。一部分小型喷口位于卡车前方,由此喷出的尾气仅占飞行器发动机工作产生的总尾气量的一小部分;另一部分喷口位于卡车车厢中部的两侧,由此喷出的高温尾气占飞行器发动机工作产生尾气的绝大部分;所有这些喷口都朝向地面,而非如飞行器上安装的那样朝向正后方,且均可分别调节开关状态及出风量大小。该型双发试验平台中的两台飞行器发动机本身工作状态与安装于飞行器上时并无差别,因此可作为地面模拟测试研究对象,对发动机尾气喷射起电进行研究。

根据 5.3 节理论分析与仿真计算可知,若飞行器发动机产生尾气静电带电,则尾气应总体带正电荷,因此就会导致双发试验平台车身上带有等量的负电荷。由于普通状态下双发试验平台车身通过轮胎直接与地面接触,而普通轮胎的对地电阻一般不超过兆欧级别,因此由尾气静电带电积累的静电电荷会通过轮胎迅速泄放到大地中,难以产生直接可测的对地电位。为此试验前通过数个超高电阻的聚四氟乙烯厚板将双发试验平台的所有轮胎与大地绝缘。实测表面通过绝缘处理的双发试验平台,对地泄漏电阻大于 $2.00 \times 10^{12} \Omega$,可以满足动态静电电位实时测试的要求。此时,由于尾气静电带电产生的等效充电电流,会导致机身积累负电荷并最终产生一定的对地的负电位,通过直接测量双发试验平台与大地间电压的极性和大小,就可测得飞行器发动机尾气喷射起电情况。试验布置如图 5 - 9 所示。

在双发试验平台飞行器发动机启动初期,转速很低,尾气温度很低,尾气充电效果很弱。此时空气中气溶胶、尘埃等微粒经过飞行器发动机气路系统时会与发动机叶片、壁面等发生摩擦,使飞行器发动机带微弱的正电荷。当飞行器发动机转速增大,尾气温度升高时,这一效应将逐渐被飞行器发动机的负极性充电电流所抵消,并最终使车身带负电荷。

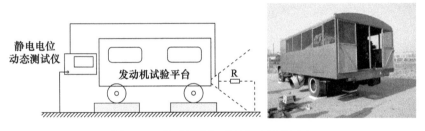

图 5-9　发动机尾气喷射起电试验平台

由于双发试验平台上飞行器发动机的喷口设计是斜向下的,而双发试验平台喷出的气流虽然经过稀释降温,但仍然保持很高的温度。根据空气动力学理论可知,气体温度增高时,分子平均动能增大,更容易因分子间的碰撞而导致电离,使气体电导率增大。气体温度越高,电导率则越大。由于双发试验平台气体喷口均斜向下,正对地面,因此这就相当于一个电阻可调的电荷泄漏通道。当飞行器发动机功率较小时,产生的高温尾气量较少,喷口处的温度相对较低,尾气静电带电效果很弱,该可调电阻的电阻值仍然保持类似空气的极低电导率,因此双发试验平台车身会保持在 0 电位附近。当飞行器发动机功率不断增大时,尾气静电带电效果日益显著,而此时可调电阻仍然保持相当低的电阻值,可以观察到较大的对地电位差。当飞行器发动机功率仍继续不断增大时,尾气静电带电效果的增加并不明显,但此时由接地喷流尾气形成的可调电阻的电导率因尾气温度的增高发生显著增大,导致原车身上积累的负电荷由该泄漏通道泄放到大地中,从而电位恢复到零电位附近。因此,从一次发动机迅速增速过程,可以观察到一个明显的双发试验平台电位变化脉冲。因此,双发试验平台车身电位与飞行器发动机转速关系应如图 5-10 所示。双发试验平台车身对地电压的实测典型测试曲线如图 5-11 所示。

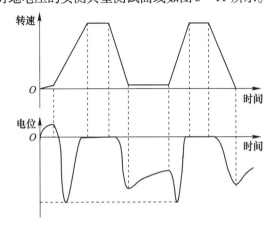

图 5-10　双发试验平台车身电位随飞行器发动机转速的变化示意图

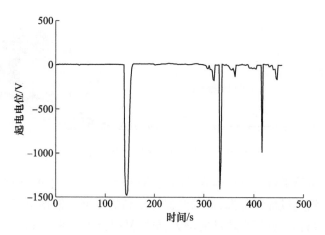

图 5 - 11　实测双发试验平台车身对地电位变化曲线

由图 5 - 11 可见,双发试验平台车载飞行器发动机工作时车身电压为负值,即车身带负电,这与 5.3 节理论分析所确定的发动机喷射气流将令飞行器带负电荷的结论相一致。由图 5 - 11 还可见,试验测得的最大对地电位约为 1500V。由上面分析可知,若双发试验平台飞行器发动机尾气喷口不朝向地面,车身对地电位将会更大。而对于空中运动的飞行器来说,其并不存在本试验中的电荷被高温高电导率尾气泄放到地面的情况,因此其机身的对地电位将会更大。考虑到双发试验平台就停靠在地面,对地电容较大,若双发试验平台如飞行器一样在高空飞行,且彻底对地绝缘,则对地电容将很小,其对地电压将主要取决于其自身电容,因此可估计与双发试验平台类似的飞行器对地电位可达数千伏。

通过双发试验平台尾气静电带电试验,对发动机尾气喷射起电带电极性的理论分析进行了验证,但由于飞行器发动机高温尾气电阻率很低,导致无法得到发动机尾气喷射起电电位的最大值,因此需要进一步改进试验方案。

5.5　飞行器发动机尾气喷射起电的实地试验

由 5.4 节飞行器发动机尾气喷射起电双发试验平台地面模拟试验可知,由于双发试验平台喷口朝向地面导致无法测得双发试验平台最大对地电位,且即便解决了双发试验平台喷口朝向地面导致电荷泄漏的问题,也仅能测试双发试验平台的对地电位,难以获得飞行器发动机尾气喷射起电对双发试验平台形成的充电电流。因此,有必要改进试验方案,直接测试飞行器上发动机的尾气静电带电形成的充电电流。因此,对飞行器发动机尾气喷射起电进行测试,需要找到一种既可以如实反映飞行器发动机尾气喷射起电特性,又不会对飞行器运行安全产生不利影响的试验方法。

5.5.1 实地试验关键技术

测量飞行器发动机尾气的喷射起电情况,较显而易见的方法是将发动机与大地绝缘,使其在不同的工况下工作,直接测试此时发动机的充电电流、机身对地电位或者机身携带的静电电荷量。然而由于飞行器发动机系统庞大、构成复杂,飞行器发动机试车平台往往没有针对静电测试设计对地的绝缘结构,不满足测试的基本条件。因此,必须改造试车平台,将包括飞行器发动机在内的所有系统与地绝缘,这无疑大大增加了测试难度。同时根据静电测试的特殊要求,系统对地泄漏电阻应该在 $10^{12}\,\Omega$ 以上,且必须满足相应的力学性能,确保飞行器发动机能够可靠、稳定、安全地工作。事实上,如此庞大的系统质量极大,会对绝缘装置形成很大的压力,而高体电阻率的绝缘材料在压力作用下,往往呈现电阻率随压强增大而迅速下降的特性,使对地泄漏电阻很难保持在 $10^{12}\,\Omega$ 以上。同时由于系统庞大,必然需要多处同时绝缘支撑。若把绝缘材料看成电阻,则多处绝缘的设置无异于多电阻并联,势必成倍地降低对地泄漏电阻。若个别绝缘支撑因污损、温湿度等情况造成其本身电阻显著下降,则整个系统的绝缘处理会因此而功亏一篑。因此,多方面综合考虑,该试验方法不适宜飞行器发动机的喷射起电研究,即不能通过直接测量飞行器发动机的带电情况对喷射起电进行试验研究。

直接对安装有飞行器发动机的飞行器进行地面试验也是一类较可行的办法。但由于飞行器上往往搭载大量敏感电子设备,人工使其对地绝缘令其机身携带大量的静电电荷会对飞行器的安全带来很大隐患。此外,飞行器往往设置有专用接地端口,以保证飞行器在地面停靠及地面维修测试时的安全性,因此也难以对其进行对地静电绝缘。

根据电荷守恒原理,若飞行器发动机工作时发生喷射起电,则必然产生正、负电荷的分离与转移,若发动机带上某种极性的电荷,则排放的尾气必然带有相反极性的电荷。因此,如果能够测得尾气的带电情况,则飞行器发动机的带电情况也自然明了。虽然发动机燃烧室处于高温高压状态,且物理、化学变化复杂,但是尾喷口处温度较低,压力相对较小,整体荷电情况较为稳定,可以近似认为是气 – 固两相流。

飞行器发动机高速喷射的带电尾气,可以近似认为是均匀带电的圆柱体。气流中定向运动的正、负电荷就形成了电流,因此可以采用 Rogowski 线圈型传感器进行测量。该传感器通过感应中心处电流产生的磁场变化,在线圈两端产生感应电压,因此其输出信号是电流的微分。在发动机工作状态稳定、输运电流保持恒定或变化较为缓慢时,传感器输出信号很小,不利于测试,且动态性能较差。Rogowski 线圈型传感器结构复杂,成本高昂,设计制作周期长,对于小电流、大尺寸的情况应用较少,因此也不适合对飞行器发动机喷射起电进行测试。因此,针对本书的应用情况,有必要专门设计传感器和测试电路。

5.5.2 测试方法与传感器设计

针对飞行器发动机喷射起电测试的特殊要求,需要专门设计敏感区域较大、输出信号较强的传感器和测试电路。综合考虑后,静电传感器设计为非接触式共轴喇叭状,并将其安装在发动机喷口气流的正后方,与柱状尾气气流共轴放置。考虑到发动机喷射气流会迅速扩散,为防止引擎喷射尾气的扩散对传感器内壁可能造成的损伤,实际试验中将传感器设计为同轴喇叭状。传感器外筒接地,长度适当大于内筒,这样可保证内筒获得良好的静电屏蔽,并可近似认为内、外筒组成理想的法拉第筒。内筒为测试电极,通过导线直接与静电测试仪器连接,内筒外壁通过若干一定高度的特制静电绝缘支撑杆与外筒隔离。该静电绝缘支撑杆采用多层复合结构,不但保证了在发动机高温高压高速气流的作用下内外筒连接的可靠性,而且高强度耐高温的支撑材料,可以确保在高温气流的作用下,绝缘材料电阻不会因为温度的升高而使电阻迅速下降,能够满足飞行器发动机喷射起电测试对绝缘性能等极高的综合要求。该非接触式共轴圆柱传感器较圆环状非接触式静电传感器,不但具有较高的稳定性和灵敏度,而且结构简单、紧凑,拆装方便,不会破坏原发动机系统。

当带电量为 $+Q$ 的碳烟微粒由远及近接近传感器时,在碳烟微粒激发的静电场作用下,传感器内、外筒的自由电子会发生重新分布,内筒的内壁将会感应出一定量的负极性电荷,记为 $-q$。由于电荷守恒,则在内筒的外壁必然同时出现 $+q$ 的电荷。由于非接触式共轴圆柱传感器近似可以认为是理想的法拉第筒,因此外筒的内壁必然同时出现 $-q$ 的电荷,而外筒外壁感应出的 $+q$ 的电荷,则经接地线导向大地,使得等势体的外筒整体仍然保持零电位。于是在内、外筒间形成由内向外的径向电场,产生电势差,且内筒电位高于外筒,即静电测试仪器读数为正。类似地,若带电微粒电荷为负电,则内筒电位将低于外筒。即通过内、外筒电压的正负,就可以判断带电微粒所带电荷的正负。将传感器视为共轴圆柱电容器,则其电容大小可近似认为

$$C = \frac{2\pi\varepsilon L}{\ln\frac{R_2}{R_1}} \tag{5-33}$$

式中:R_1 为共轴圆柱内筒半径;R_2 为外筒半径;L 为电容器长度。不考虑端部效应,认为感应电荷量等于电容器所包围的电荷量,则

$$Q = V\rho = SL\rho = \pi R^2 L\rho = \pi R^2 L\rho_e e, \quad \rho = \rho_e e \tag{5-34}$$

式中:R 为等效气柱半径;L 为电容器长度。根据电磁场理论,内外筒的电压可表示为

$$U = \frac{Q}{C} = \frac{R^2 \rho}{2\varepsilon} \ln \frac{R_2}{R_1} \tag{5-35}$$

考虑到实际情况,为防止引擎喷射尾气的扩散对传感器内壁可能造成的损伤,实际试验中将传感器设计为同轴喇叭状,具体参数与性能分析将在下一节中介绍。

对飞行器发动机喷射起电静电信号的测试不同于一般的电信号测量,它具有自身的特点。传感器上的感应电荷量很少,测试仪器的引入将对原来的电荷分布产生较大影响。为降低测试仪器对传感器信号的影响,要求测试仪器的输入电容小于 30pF、输入电阻不低于 $10^{14}\Omega$。在飞行器发动机的工作过程中,飞行器发动机启动和停止瞬间,燃烧室状态与稳定工作时有较大差别,燃烧过程中各种粒子的形成和演化瞬态过程显著,处于快速变化中,喷射起电状态也因此有较大变化,这就要求测试仪器低通频带宽不小于 1kHz。

传统的接触式静电电压表有 Q - V 系列静电电压表和阻容分压原理静电电位计。Q - V 系列静电电压表利用可动电极在静电力作用下产生的扭转力矩带动反射镜偏转,该扭转力矩与挂丝的反向扭转力矩相平衡时光标达到稳定,指示出被测电压。由于其采用光标指示,阻尼大,光标稳定需要几秒钟的时间,不能用于动态测试。阻容分压式静电电位计采用阻容分压原理,被测电位传递函数是频率的函数,对不同频率的电位信号,其电位衰减比例也不相同,在实际瞬态电位信号测试中存在频率失真。因此,上述两类静电测试仪器均不能很好地满足喷射起电测试的要求。

针对喷射起电测试研究中电压信号小、动态性能要求高的特点,测试仪器采用自主研发的 ZPD - 1A 型静电电位动态测试仪。该仪器采用信号自屏蔽 - 电荷耦合原理,把被测电位信号转换为与之成正比的电荷量,测试探头的外电极既是被测信号的输入端,又是耦合信号的屏蔽导体。利用静电信号的自屏蔽特性,解决了接地屏蔽带来的非线性失真问题,巧妙解决了静电测试中屏蔽深度与仪器灵敏度的矛盾,在提高仪器灵敏度的同时,仪器的抗干扰能力也得到了显著增强。测试电路输入级利用深反馈的同相放大器组成阻抗变换器,使测试仪器的等效输入电阻达到 $10^{15}\Omega$ 以上。低通频带宽度达到 1kHz,衰减时间常数达 10^7s 量级,各项指标满足测试要求。

为提高测试效率,摆脱频繁手动操作示波器存储记录数据的困难,提高实时分析处理静电信号的能力,增强测试平台的兼容性,改善人机界面,适应自动化智能

测试的要求,开发了基于 LabVIEW 的虚拟仪器自动测试系统。该系统不但能实时监测被测信号的变化,进行快速实时处理和显示,而且能够便捷地调整采样频率和增益大小,大大提高了测试系统测试效率和针对性。图 5 - 12 所示为 ZPD - 1A 型静电电位动态测试仪测试原理和自动测试系统程序界面。

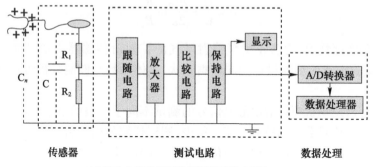

(a) 静电电位动态测试仪测试原理示意图

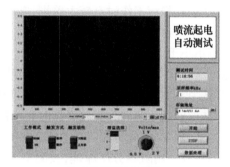

(b) 自动测试软件系统

图 5 - 12　静电电位动态原理模拟试验平台测试系统

5.6　非接触式同轴喇叭状静电传感器的研制

5.5 节中分析确定了飞行器发动机尾气喷射起电实地测试的静电传感器为非接触式同轴喇叭状静电传感器。其主要设计参数有中心半径(d_in,简称"中径",单位为 m),内、外筒间距(dis,单位为 m),内筒半弦长(Lin,单位为 m),外筒左侧弦长(LL1,单位为 m),外筒右侧弦长(LL2,单位为 m)和内外筒相等的壁面与中心轴线的夹角(zeta,单位为(°))。为简化发动机尾气(尾焰)所带静电电荷对传感器输出电压影响的分析讨论,将扩散状的发动机带电尾气简化为均匀带电的有限长圆柱体,其半径和半长度分别为 Pr(单位为 m)和 Pl(单位为 m)。非接触式同轴喇叭状静电传感器关键尺寸示意图如图 5 - 13 所示。

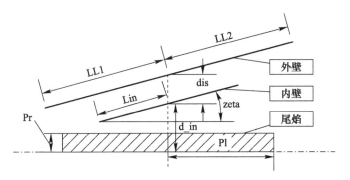

图 5 – 13 非接触式同轴喇叭状静电传感器关键尺寸示意图

5.6.1 传感器的敏感区域分析

由上文分析可知,即使是带电量完全相同的点电荷,其空间位置的不同就会导致传感器上输出电压的不同,即传感器存在一定的空间"敏感区域":在敏感区域内,传感器上的电压可以真实地反映点电荷的带电量;敏感区域外的电荷,在传感器上产生的电压则会比敏感区域时小很多。在实际数值计算时,点电荷附近空间中电场强度为无限大,这就导致点电荷附近往往成为求解空间中的奇点,给求解收敛性造成很大影响,因此本节进行数值计算时,将点电荷等效为一半径为CBr(单位为 m)的带电导体球,以此来模拟点电荷情况下传感器的输出电压,进而分析传感器的敏感区域及其影响因素。

1) 导体球半径及空间步长对传感器输出电压的影响

显然导体球半径不能过大,否则将与传感器之间形成较强的电容,影响传感器输出。另外,导体球半径也不能过小,否则将导致数值计算时空间步长过分细小,导致网格数目过多,求解时间超过可承受范围。因此,必须对导体球半径的合理取值范围及空间步长的划分尺度进行分析研究。

按照图 5 – 13 中的表示方法建立直角坐标系,坐标原点为中心面与轴线的交点,x 轴与轴线相重合,其正向为指向开口增大方向。y 轴垂直于 x 轴竖直向上,z 轴则按照右手法则确定方向。在仿真计算中,传感器参数设置如表 5 – 1 所列,导体球带电量为1nC。

表 5 – 1 仿真计算时传感器主要参数的初始取值

参数	d_in	dis	Lin	LL1	LL2	zeta
取值	0.5m	0.05m	0.5m	0.5m	0.5m	10°

仿真计算结果如图 5 – 14 所示,图中实心方块标记的曲线为空间步长采用粗网格1划分时,传感器输出电压随小导体球半径的变化情况;实心三角标记的曲线为空间步长采用细网格2划分时,传感器输出电压随小导体球半径的变化情况;实

心圆点标注的曲线为在导体球附近区域空间步长采用细网格 2 的设置,而在远离导体小球区域空间步长采用粗网格 1 的设置时,传感器输出电压随小导体球半径的变化情况。

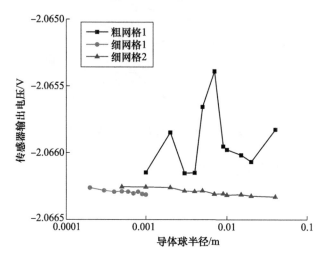

图 5 - 14　传感器输出电压随导体球半径的变化

由图 5 - 14 可知,当空间步长采用粗网格 1 划分时,随着导体球半径的变化,传感器输出电压在 - 2.06539 ~ - 2.06615V 之间波动,但传感器输出电压的相对波动幅度总体小于 0.037%,保持了较好的仿真计算精确度,但与本试验中测试系统的精度相差并不大,因此并不能严格按照其计算结果作为理论分析对比的依据。

对比 3 种空间步长划分方法的仿真计算结果可以发现,采用粗网格 1 计算的结果略小于采用细网格 2 和细网格 1 的计算结果,这是由于粗网格 1 的计算精度较差,而空间中主要的电位下降发生在导体球附近的区域,因此粗网格步长计算所得到的小导体球附近的电压降就会较大,这就导致在传感器区域的电压空间分布不够精确,导致最终传感器输出电压较低。正因为电位下降主要发生在导体球附近的空间区域,且距离导体小球越远,电位下降的速度就会越小,因此采用全局细网格的细网格 1 方法所计算的传感器输出电压,就会比仅在导体小球附近空间采用细网格的细网格 2 方法所计算的传感器输出电压更大些。

当空间步长采用两种不同的细网格划分之后(细网格 1 和细网格 2),传感器输出电压波动受到强烈抑制,波动幅度远远小于粗网格划分时的仿真计算结果,平均传感器输出电压分别为 - 2.066294V 与 - 2.066295V,相对波动幅度小于 5×10^{-7}。该精度远大于本试验测试系统的测量精度,因此可以认为此时的仿真计算结果是理想情况下传感器的理论输出电压,仿真结果如图 5 - 15 所示。

由对图 5 - 14 的分析可知,采用全局细网格之后的仿真计算结果与采用部分

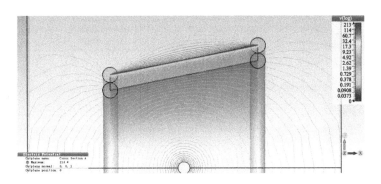

图 5 – 15　CBr 为 0.01m 时传感器 Oxy 平面内的电位分布(见彩图)

细网格之后的仿真计算结果相对波动幅度小于 5×10^{-7},而该两种情况下的计算量却有极大的差别,尤其当导体小球直径较小时,仿真前者的计算时间是后者的数倍。前者虽然消耗了大量的计算能力和资源,计算精度的提高却十分有限,因此可知,采用全局细网格对传感器输出电压进行仿真计算并非合适的选择。综合考虑之后可以发现,采用部分细网格之后的仿真计算结果在较大的导体球直径变化范围内始终能够保持很好的稳定性,计算结果偏差相对误差不大于 4×10^{-5},具有良好的计算精度,且所消耗的计算能力和资源较少,是精度和效益的良好平衡。在该空间步长网格划分情况下可以发现,随着小导体球半径的不断减小,传感器输出电压呈缓慢上升趋势,当小导体球半径小于 0.01m 时,传感器输出电压保持在 2.066255V 附近且变化幅度已经很小,相对误差不大于 2×10^{-5},与全局细网格情况下的计算结果相近,因此在下面分析研究中采用空间步长为部分细网格的划分方法仿真分析小导体球半径为 0.01m 时其空间位置变化对传感器输出电压的影响,且认为理想情况下传感器输出电压为 2.066255V,为此时传感器 Oxy 平面内的电位分布情况。

2) 导体球轴向位置与偏轴距对传感器输出电压的影响

当传感器各项参数设置保持表 5 – 1 所列不变时,令小导体球带电量为 1nC,半径为 0.01m,使导体球沿 x 轴方向运动,此时传感器输出电压随 x 的变化如图 5 –16 所示。图 5 –16 中实心方块标记的实线为仿真计算得到的传感器输出电压随 x 轴的变化值,由实心圆点标记的虚线为上述值以 $x = 0$ 为轴所形成的镜像。这样就可以方便地比较向两侧偏移同一段距离时输出电压的变化趋势与相对大小。

由图 5 –16 可知,当导体球在原点附近小范围移动时,传感器输出电压变化并不明显,当导体球偏移原点距离逐渐加大至传感器轴向尺度大小时,传感器输出电压开始随 x 距离而迅速减小,经过某斜率最大值点之后,传感器输出电压值下降速率开始随 x 的增大而逐渐减小。当 x 为 4m 时,输出电压已经减小至小球位于原点

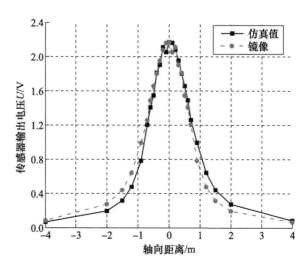

图 5 - 16　传感器输出电压随导体球轴向位置的变化

位置处时输出值的近 4% 。由此可知,虽然尾气气柱远大于传感器长度且整个尾气气柱都带有电荷,但是整个尾气中仅传感器附近区域内的带电尾气对传感器的输出电压产生较大贡献,距离较远处的尾气中的电荷对传感器的输出电压的贡献很小。由此可知,当将飞行器发动机尾气近似为均匀带电圆柱体时,增大圆柱体的长度有利于减小仿真计算结果和实际传感器输出电压间的差别,但是当圆柱体长度为传感器长度的数倍时,再进一步增加圆柱体的长度并不能显著提高仿真计算的精度,反而会因为求解区域的过分扩大导致仿真计算资源消耗和计算时间的急剧增加,使仿真计算效益大大下降,失去应有的作用和意义。

　　3) 导体球偏轴距对传感器输出电压的影响

　　上面考察了导体球在传感器轴线方向发生轴向偏移情况下的传感器输出电压的变化。为确定合理的飞行器发动机尾气等效方法,需进一步研究当导体球偏离轴线时,传感器输出电压的变化情况。由于传感器为轴对称结构,因此可知仅在 y 方向偏离轴线与仅在 z 方向偏离轴线时,传感器的输出电压应该保持不变,更一般地,当 CB_x 相同时,若 $\sqrt{y^2+z^2}$ 也相同,则传感器的输出电压应该保持不变。因此,下面仅仿真计算 CB_y 分别为 0.01m、0.05m、0.1m、0.2m、0.3m、0.4m 时,传感器输出电压随 CB_x 的变化情况,如图 5 - 17 所示。

　　由图 5 - 17 可知,在不同偏轴距情况下,传感器输出电压随 CB_x 的变化规律基本相同,即 CB_x 为 0 时传感器输出电压最大;当 CB_x 增大至传感器长度相当尺寸时,随 CB_x 的增大传感器的输出电压减少率达到最大;当 CB_x 进一步增大时,传感器的输出电压减少率开始逐渐减小并趋近于 0V。

　　此时,不同 CB_x 情况下传感器输出电压随偏轴距的变化情况如图 5 - 18 所示。

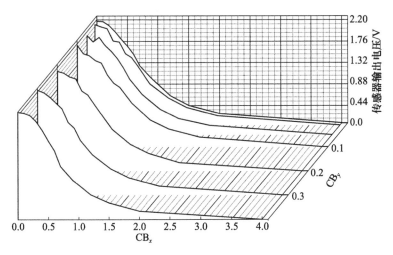

图 5-17　不同偏轴距情况下传感器输出电压随 CB_x 的变化

由图可知,当 CB_x 保持恒定时,随着偏轴距 CB_y 的变化,传感器输出电压略有增大;当 $CB_x = 0$ 时,传感器输出电压增幅最为明显,但相对幅度不超过 5.5%。因此当对飞行器发动机静电带电尾气进行等效时,可以近似认为当 CB_y 在 $0 \sim 0.4m$ 之间变化时,CB_y 对传感器的输出电压影响很小,即传感器输出电压随 CB_x 的变化规律与 CB_y 无关。

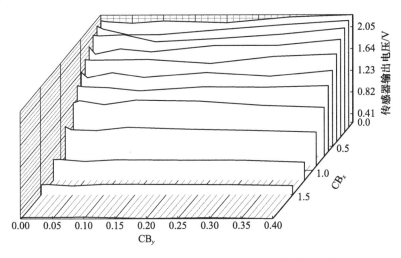

图 5-18　不同 CB_x 情况下传感器输出电压随偏轴距的变化

5.6.2　空间步长对传感器电容仿真精度的影响

为研究非接触式同轴喇叭状静电传感器电容值随各几何参数的变化,必须对其进行基本的数值计算,为获得较高的求解精度,需要对部分位置采用较小的空间步长。因此,在深入研究各几何参数对电容值影响之前,需确定关键区域空间步长的合适数值,为后续研究奠定基础。

由分析可知,当空间不存在带电物体,仅将屏蔽外壁设置为接地的 0 电位,而将内筒设置为一定的电压时,电场将主要分布于内、外壁之间的间隙内,且在内、外壁的边缘位置处,将形成很强的局部高电场强度区,因此该部分的求解精度也将影响电容值的仿真计算精度。因此,在进行计算时,设置两个网格参数 Cmesh 和 ACmesh以对该处空间步长进行评估。Cmesh 代表内外壁之间的真空锥台径向的空间步长数,Cmesh 数值越大,则代表沿径向方向空间步长的数值越小,计算误差就会越小,电容计算精度就会越高。ACmesh 代表传感器内、外壁 4 个边缘附近空间的空间步长数,该数值越大,则代表局部空间的步长越小,计算精度越高,电容值的计算误差就会越小。

当传感器主要几何参数如 5 - 1 节表中所列时,非接触式同轴喇叭状静电传感器电容值随空间步长数 Cmesh 和 ACmesh 的变化如图 5 - 19 和图 5 - 20 所示。由图 5 - 19 可知,当 Cmesh = 2 时,ACmesh 的增加会显著减小电容计算值的误差。但当 ACmesh 增大至 8 时,ACmesh 进一步增大,电容的求解精度并没有显著增高。当 Cmesh 为 4、6 时,ACmesh 的增大能够使电容的求解精度稳定提高,但当 ACmesh 达到 8 时,求解精度的提高也不明显。当 Cmesh 为 8 时,ACmesh 由最小值 2 增加至最大值 10 过程中,电容求解精度仅有小幅的变化。这说明,ACmesh 和 Cmesh 都会显著影响电容的求解精度,同时若某一参数单方面达到较高数值时,也能达到较好的求解精度。ACmesh 取各种固定值时电容值随空间步长数 Cmesh 的变化如图 5 - 20 所示。由图 5 - 20 可知,ACmesh 在 7 ~ 10 之间变化时,传感器电容值几乎不随 Cmesh 数值的变化而变化。

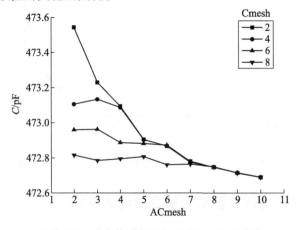

图 5 - 19　电容值随 Cmesh 和 ACmesh 的变化

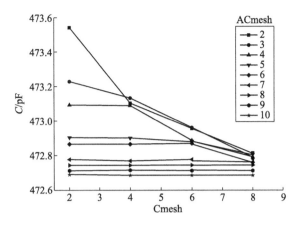

图 5 - 20　电容值随空间步长数 Cmesh 的变化

为更客观评价空间步长数对计算效益的影响,将空间步长数 Cmesh 和 ACmesh 对计算资源的影响列于图 5 - 21 中。

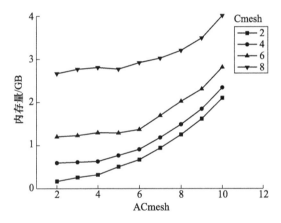

图 5 - 21　空间步长数 Cmesh 和 ACmesh 对计算资源的影响

可见内、外壁间真空圆锥台的空间步长数 Cmesh 的增大会显著增加计算资源的消耗,导致计算时间大大增加。当内、外壁间真空圆锥台的空间步长数 Cmesh 保持不变时,传感器内外壁 4 个边缘附近空间的步长数 ACmesh 的增加也会显著增加计算资源的消耗,且该数值越大,计算资源消耗的增加率就越快,因此需在保证基本电容计算精度的情况下,尽量减少外壁间真空圆锥台的空间步长数 Cmesh 和传感器内、外壁 4 个边缘附近空间的空间步长数 ACmesh 的数值。综合考虑后将该空间步长数 Cmesh 与 ACmesh 分别确定为 4 与 7。

5.6.3　传感器外壁长度的影响

当点电荷的近似体带电小导体球空间位置保持不动时,传感器的结构尺寸发生变化,必然导致传感器输出电压随之发生变化。而非接触式同轴喇叭状静电传感器内、外壁的尺寸和间隙宽度,可近似等效为平行板电容器的极板面积和板间距,是非接触式同轴喇叭状静电传感器的关键设计参数之一,因此本节对此进行分析探讨。

令外壁左侧尺寸 LL1 与外壁右侧尺寸 LL2 相同,取值在 0.2 ~ 3m 间变化,令 dis 分别为 0.05m、0.1m、0.2m、0.25m,可得不同间隙宽度时传感器输出电压随外壁尺寸的变化情况,如图 5 - 22 所示。可知,当点电荷的等效物体带电小导体球空间位置不变时,传感器输出电压随外壁长度的增加而减小,且减小速率随 LL1 的增大而迅速减小。当 LL1 达到 1m 之后,LL1 的增加不会导致传感器输出电压的显著下降。这就表明,虽然增加传感器外壁长度有利于防止传感器内壁受外界带电体的干扰,提高传感器的抗干扰能力,但是由于外壁尺寸的增加会导致内外壁间电容值的增大,导致传感器输出电压降低,因此必须将上述两者控制在合理的范围内。

当外壁左侧尺寸 LL1 与外壁右侧尺寸 LL2 相同,LL1 在 0.2 ~ 3m 之间变化时,传感器输出电压随间隙宽度的变化如图 5 - 23 所示。

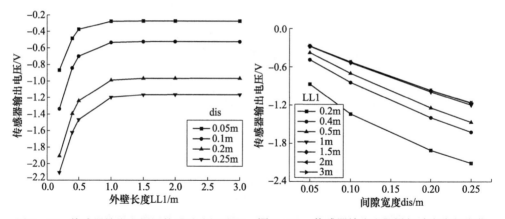

图 5 - 22　传感器输出电压随外壁尺寸的变化　图 5 - 23　传感器输出电压随间隙宽度的变化

由图 5 - 23 可知,当 LL1 保持恒定时,传感器输出电压随间隙宽度的增大而显著增大,这是由于间隙增大导致内、外壁间等效电容减小,而此时感应电荷量不变,因此导致内、外壁间电压增大。当 LL1 在 1 ~ 3m 之间变化时,传感器的输出电压几乎不发生明显变化,这就说明当传感器外壁足够长时,进一步增加外壁尺寸并不能有效增大传感器的输出电压。而 LL1 的增大无疑会大大增加传感器的总体尺寸,为测试带来诸多不便。

5.6.4　传感器中径与间距的影响

作为传感器的关键参数之一,传感器的中径和间距无疑对传感器的电容值具有决定性的影响,因此本节针对该问题对非接触式同轴喇叭状静电传感器进行仿真计算研究。不同中径时静电传感器的电容值随间距的变化如图 5 - 24 和图 5 - 25 所示。由图 5 - 24 可见,内、外壁间距的增大会导致传感器电容值的减小,且中径的增大会导致电容值的增大,这不难由理想平板电容器的规律来定性解释。

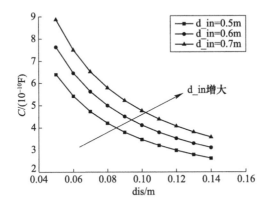

图 5 - 24   静电传感器的电容值随间距的变化

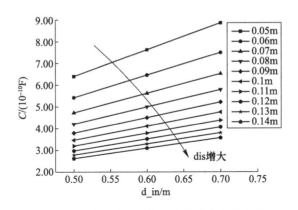

图 5 - 25   静电传感器的电容值随中径的变化

当飞行器发动机尾气喷射起电量一定时,测试系统希望传感器输出电压越高越好,这就要求静电传感器的电容越小越好。因此就倾向于选用较小的中径和较大的内、外壁间距,即减小传感器内壁中径的尺寸,增大外壁的中径尺寸。但这一要求必然会导致传感器内壁过于贴近发动机尾气气流,增加不稳定尾气喷射到传感器上的风险,因此必须保证中径大于飞行器发动机尾气气柱的扩散半径。由于传感器左端半径小于中径,因此就需同时要求左端半径大于飞行器发动机尾气气柱的扩散半径。而过大的传感器外壁中径则会导致传感器外壁难以对内壁形成良好的静电屏蔽,保证测试结果免受外界因素干扰影响。当中径在 0.3 ~ 0.8m 内变

化,而内、外壁间距在 0.05 ~ 0.25 间变化时,传感器的电容值变化如图 5 - 26
所示。

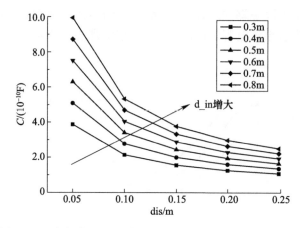

图 5 - 26　中径小于 0.8m 间距小于 0.25m 时传感器的电容值

5.6.5　传感器夹角与间距的影响

　　作为非接触式同轴喇叭状静电传感器的关键参数之一,传感器的夹角将对传感
器尺寸外观和电容值产生重要影响,因此本节对该问题进行探讨分析。不同间距和
夹角情况下,非接触式同轴喇叭状静电传感器的电容值如图 5 - 27 和图 5 - 28 所示。

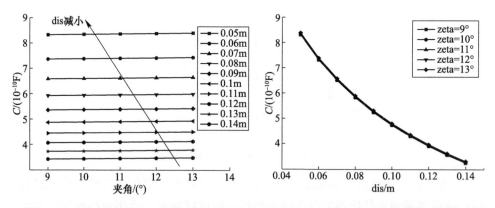

图 5 - 27　不同间距时电容值随夹角的变化　　图 5 - 28　不同夹角时电容值随间距的变化

　　由图 5 - 27 和图 5 - 28 可知,当夹角在 9° ~ 13°内变化时,传感器电容值几乎
不受该夹角变化的影响,基本保持恒定。在更大的变化范围内详细考察夹角的影
响可以发现,在 0° ~ 15°范围内,随着夹角的增大,传感器电容值仅有很微小的增
大,但增大幅度不超过 1% 。与传感器内、外壁间距变化对电容值的影响相比,传
感器夹角变化的影响可以忽略不计,如图 5 - 29 所示。

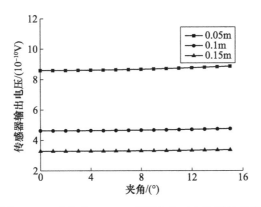

图 5 - 29　夹角在 0° ~ 15°范围变化时电容值的变化

5.6.6　飞行器发动机尾气半径与长度的影响

上述分析为研究传感器在不同飞行器发动机尾气参数情况下的传感器输出电压的分析奠定了基础,本节将着重研究当飞行器发动机尾气体电荷密度保持 $1nC/m^3$ 不变时,等效半径和等效长度变化情况下传感器输出电压的变化规律。基于此研究,就可以直接由测得的传感器输出电压,得到飞行器发动机尾气的体电荷密度,这就为飞行器发动机尾气喷射起电研究提供了重要的支持。

由于实际测试中飞行器发动机的静电尾气长度远大于传感器尺寸,因此理论分析时可近似处理为无限长均匀带电圆柱体。然而在数值计算中,无限长带电圆柱体是难以建模和计算的,因此必须进行一定的截断等效,将其等效为有限长度的均匀带电圆柱体。由传感器敏感区域的分析可知,这种等效是可行的。因此,就要研究传感器输出电压与尾气截断等效后的体电荷密度、圆柱体半径和长度等参数之间的关系,建立传感器输出电压与飞行器发动机尾气的体电荷密度之间的函数关系,为飞行器发动机尾气喷射起电研究提供重要支持。

传感器输出电压随尾气等效长度的变化规律如图 5 - 30 所示。可见当尾气等效半径 Pr 不变时,传感器输出电压随等效长度 Pl 的增大而增大,这是由于等效长度增大导致空间中存在了更多的电荷,可以在传感器上感应更大的电位差。同时可以发现,随着等效长度的不断增大,传感器输出电压的增幅越来越小。这是由于传感器存在一定的电荷敏感区域,当尾气中的电荷不在该区域内时,传感器上感应的电位差将会很小。尾气中的电荷离传感器越远,传感器上的感应电压就会越小。因此,随着等效长度的增大,传感器上感应电压的增幅越来越小。

传感器输出电压随尾气等效半径的变化规律如图 5 - 31 所示。可知当保持飞行器发动机尾气体电荷密度不变时,随着尾气气柱等效半径的增大,传感器输出电压开始迅速增大,且输出电压约与半径的平方成正比。这是由于,当传感器输出电压主

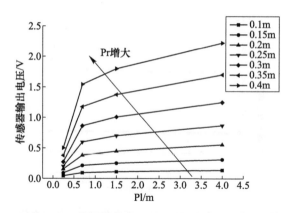

图 5 – 30　传感器输出电压随尾气等效长度的变化

要受敏感区域内总静电电荷量的影响时,由于体电荷密度不变,因此总静电电荷量将主要由等效半径所决定的截面积决定,因此传感器输出电压与半径的平方成正比。

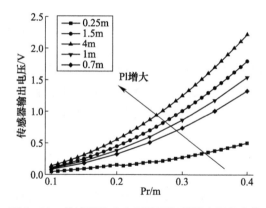

图 5 – 31　传感器输出电压随尾气等效半径的变化

　　另一个必须解决的问题是,采用多长的等效气柱可以模拟无限长带电尾气在传感器上形成的电压;采用该等效截断长度的气柱仿真计算所得到的传感器电压与气柱为无限长时传感器上的电压是何关系,如何由前者推知后者。为此,将归一化后的传感器电压列于图 5 – 32 和图 5 – 33 中。

　　由图 5 – 32 可知,当 Pl 较小时,采用不同尾气等效半径仿真计算所得的传感器输出电压,与 Pl 较大时采用同样尾气等效半径仿真计算所得的传感器输出电压相比,电压的比例关系差别较大。当 Pl 达到 1.5m 时,采用不同尾气等效半径仿真计算所得的传感器输出电压,与 Pl 较大时采用同样尾气等效半径仿真计算所得的传感器输出电压相比,电压的比例关系差别较小。这就说明采用 Pl = 1.5m 的均匀带电气柱对无限长均匀带电气柱进行模拟时,所得到的传感器输出电压对 Pl 的变化不会过于敏感,且此时所得的传感器输出电压,与气柱为无限长情况下所得的传感器电压之间的比例系数,对 Pr 的变化也不敏感。可以直接将 Pl = 1.5m 时仿真计算所得到的传感器输出电压乘以某一特定系数后所得到的数值,即可认为是无限长带电气柱在传感器上所形成的电压。

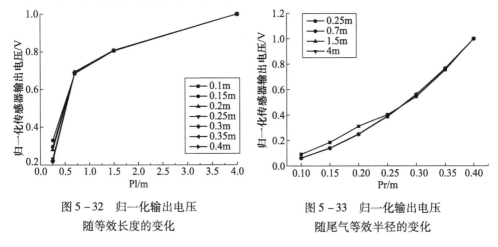

图 5 - 32　归一化输出电压
随等效长度的变化

图 5 - 33　归一化输出电压
随尾气等效半径的变化

由图 5 - 33 可知,当 Pr 较小时,采用不同尾气等效长度仿真计算所得的传感器输出电压,与 Pr 较大时采用同样尾气等效长度仿真计算所得的传感器输出电压相比,电压的比例关系差别较大。当 Pr 达到 0.25m 时,采用不同尾气等效长度仿真计算所得的传感器输出电压,与 Pr 较大时采用同样尾气等效长度仿真计算所得的传感器输出电压相比,电压的相对大小差距较小。这就说明,采用 Pr = 0.25m 的均匀带电气柱对无限长均匀带电气柱进行模拟时,所得到的传感器输出电压对 Pr 的变化不会过于敏感,且此时所得的传感器输出电压,与气柱为无限长情况下所得的传感器电压之间的比例系数,对 Pl 的变化也不敏感。可以直接将 Pr = 0.25m、Pl = 1.5m 时仿真计算所得到的传感器输出电压乘以某一特定系数后所得到的数值,即认为是无限长带电气柱在传感器上所形成的电压。当气柱等效半径变化时,再进行同样的修正,就可以直接得到结果。因此,采用该方法就可以大大减小仿真计算时求解空间的几何尺寸,大大提高仿真计算速度和效益。

通过对各几何参数对传感器电容值和输出电压的研究发现,主要的影响因素为内、外筒的长度以及两者间空隙的大小;而倾角 zeta 对电容值的影响很小,因此可以将该值确定为略大于被测飞行器发动机喷射尾气的散射角。综合考虑电容值和输出电压、空间敏感区域、传感器体积和制造要求等因素后,最终确定的传感器各参数如表 5 - 2 所列。

表 5 - 2　传感器主要参数取值

参数	d_in	dis	Lin	LL1	LL2	zeta
取值	0.6m	0.1m	0.5m	0.5m	0.5m	11°

实测表明,传感器电容值为 496pF,略大于数值仿真计算的值。这是由于仿真计算中没有考虑传感器内、外壁之间的绝缘支撑,将其视为了空气,而实际的传感器内、外壁间采用高电容率静电绝缘材料支撑内、外壁,从而增大了传感器的电容值。

5.7 飞行器发动机尾气喷射起电实地试验结果与分析

试验时将法拉第筒固定于飞行器正后方 50cm 处,并使发动机喷口轴心与法拉第筒轴心重合。将法拉第筒外筒接地,内筒通过导线直接与静电电位动态测试仪输入端连接,并确保导线中间部分不接触任何其他物体,以保证静电测试的大输入阻抗。发动机通过金属铰链固定在地面,并通过市电电源供电启动。静电电位动态测试仪输出端连接测试系统数据采集模块并通过专用数据采集处理系统,保存在工控机中。由于静电电位动态测试仪的频响上限为 1kHz,故采集卡采样频率设置为 5kHz。确保静电电位动态测试仪接地端可靠接地。法拉第筒内、外筒之间电容为 496pF。试验温度为 24.2℃,相对湿度为 31.7%。

该型飞行器采用的发动机为双转子双涵道涡轮风扇发动机,最大额定转速为 10500r/min,飞行器煤油耗油量为 7~8kg/min,低压转速为最大转速的 93%。当转速为最大转速的 70%~80% 时,耗油量仅为最大转速时的 50% 左右,随着转速的增大,耗油量将迅速增大。当飞行器启动时,首先启动一小型燃油发动机。该辅助发动机排气口朝向地面,当辅助发动机持续运转并逐渐加速时,它带动主发动机缓慢加速。当主发动机转速达到启动要求后,主发动机点火启动,随后辅助发动机迅速熄火停止工作。主发动机正常运行时,转速保持在 7350~7875r/min,尾喷口气流温度不超过 620℃,气流速度约为 150m/s,高速喷气时尾喷口在强大的反作用力下略微上翘。当主发动机停止供油后,在惯性作用下,转子仍然会继续转动20~30s,并带动辅助机构继续工作,最终再停止转动。

主发动机启动时,可以明显看到尾喷管处有灰黑色尾气喷出,同时法拉第筒内筒在噪声和气流的作用下,有明显的震动发生。尾喷口处设有废旧润滑油、机油和飞行器煤油排泄口,呈扁平的扇形喇叭口。发动机喷射起电测试系统如图 5 - 34 和图 5 - 35 所示。

飞行器发动机尾气喷射起电试验可分为 5 个阶段:1.0~5s,主发动机在辅助发动机的驱动下缓慢加速至最高转速的 10%;2.5~32s,主发动机点火启动,转速迅速增加到最大值;3.32~42s,发动机缓慢降低转速;4.42~47s,发动机再次逐渐加速;5.47~53s,发动机缓慢降低转速直至稳定。测得的传感器电位随发动机状态变化的典型结果如图 5 - 36 所示。

试验第 1 阶段,传感器电位保持零电位不变。这是因为此时主发动机在辅助

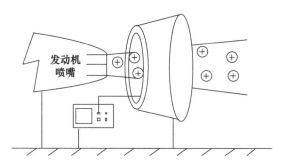

图 5 - 34 飞行器发动机尾气喷射起电实地试验示意图

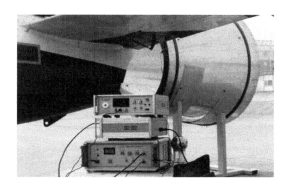

图 5 - 35 飞行器发动机尾气喷射起电试验现场

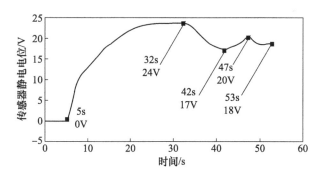

图 5 - 36 飞行器发动机尾气喷射起电测试传感器静电电位

发动机的驱动下缓慢加速运转,燃烧室内不存在燃烧反应,没有带电粒子生成,即通过传感器的气体为电中性的空气,因此传感器保持零电位不变。

试验第 2 阶段,主发动机达到启动条件后点火启动,发动机转速迅速上升至最大值,传感器所测电位随转速迅速升高并稳定在 24V。这是因为主发动机启动后转速迅速增加,耗油量迅速增大,燃烧室内正、负离子和电子浓度迅速增加,碳烟微粒浓度也同时增大,导致尾气中带电粒子大大增加,尾气中静电电荷量也随之加大,静电电位随之迅速升高。

试验第 3~5 阶段,随着发动机转速的降低和升高,传感器电位也同步减小和增大,当发动机稳定在一定工况后传感器电位也随之稳定在 18V。这是因为发动机的转速与耗油量直接相关,而耗油量的变化会导致燃烧室内正、负离子和电子浓度的同步改变,并最终影响尾气中的静电电荷。

综上所述,非接触式共轴喇叭状静电传感器和测试系统能够有效监测发动机尾气喷射起电水平及其随发动机工作状态的变化,充分验证了测试平台的有效性。飞行器发动机工作过程中传感器所测电压始终为正,说明发动机尾气静电电荷总体显正极性,这与前面理论分析相符合。随发动机转速的升高和降低,尾气静电带电量发生同步升高和降低,这与前面理论分析相一致,即发动机尾气静电水平可表征发动机的工作状态,这就为基于尾气静电监测对发动机故障在线监测及诊断提供了理论基础和技术支撑。

根据传感器电位可计算发动机尾气喷射起电对飞行器充电放电的影响。主发动机转速最大时,传感器上的静电电位保持 24V 恒定,则传感器敏感区域内尾气的体电荷密度为

$$\rho = \frac{Q}{V} = \frac{UC}{SL} = \frac{UC}{\pi R^2 L} \qquad (5-36)$$

将该型飞行器发动机喷射尾气的几何特征尺寸代入式(5-36)中,计算可得发动机喷射气流尾气的体电荷密度约为 0.077nC/m³,根据电流定义,有

$$I = \int_S \boldsymbol{J} d\boldsymbol{S} = \rho v S = \rho v \pi R^2 \qquad (5-37)$$

计算可得发动机尾气对飞行器的等效电流为 2.26nA。据此计算,该型发动机在空中工作时,1h 将对飞行器充电 15.6μC。若将飞行器视为孤立导体,取其电容典型值为 556pF,则 1h 内飞行器充电电位将升高 14.7MV。实际上,当电压持续升高,飞行器尖端处场强达到空气击穿阈值时,就会发生静电放电,抑制电位的持续增大。在高空飞行时气压较低,空气流速较大,会加剧静电放电,辐射强烈的电磁波。由于放电点就在飞行器表面,且多靠近孔、缝、凸起等位置,使得电磁辐射干扰更容易耦合进入天线和飞行器内部,使电磁兼容形势更为严峻。飞行器的静电放电多为电晕放电。由于发动机的喷射起电使飞行器带负电,故电晕放电为负极性电晕放电。取单次负极性电晕放电平均放电电量典型值为 162.5pC,则单位时间内的放电频次可达 1.4 万次。若飞行器以 2 倍声速运动,则两次放电间隔内的运动距离仅为 0.049m,远小于一般飞行器的几何尺度。

根据 5.3 节和 5.7 节的试验结果可知,定性分析时可以将飞行器发动机尾气的喷射起电简化为一恒流源 I 向飞行器充电,记飞行器的电容为 C_f。若不考虑其

118

他起电和放电机理的作用,认为飞行器上携带的电荷仅通过大气电导率形成的等效电阻 R_a 和发动机尾气自身电导率形成的等效电阻 R_e 泄放,显然 R_a 和 R_e 形成并联关系,则可以得到简化的等效电路如图 5 - 37 所示。

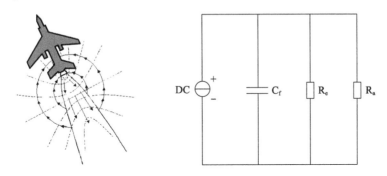

图 5 - 37　飞行器发动机尾气喷射起电等效电路

显然,R_a 和 R_e 并联形成的等效电阻值 $R_{ea} = (R_a R_e)/(R_a + R_e)$,则可知飞行器上最终对地电位值将等于 $(IR_a R_e)/(R_a + R_e)$。为了降低飞行器的对地电位,可以从降低尾气喷射起电电流 I、大气电导率形成的等效电阻 R_a 和发动机尾气自身电导率形成的等效电阻 R_e 这 3 个方面入手。尾气喷射起电电流 I 的大小及影响因素尚有待深入研究,目前尚未有效的措施可以大幅降低该电流值;大气电导率形成的等效电阻 R_a 主要受大气电阻率影响,飞行器在不同的电阻率的大气氛围中,则该等效电阻 R_a 将不同,可见难以人为控制等效电阻 R_a 的值;发动机尾气自身电导率形成的等效电阻 R_e 由尾气中大量的正、负离子和电子贡献。由电阻率的微观定义可知,当场强一定时,可自由移动的电荷越多,电流就会越大,电阻率就会越小。因此,只要增加飞行器发动机尾气中正、负离子和电子的浓度,就可大幅降低尾气的电阻率,从而最终降低飞行器的对地电位。因此,本书提出通过添加碱金属和铝粉等方法人为提高尾气电导率,使飞行器在空中飞行时对空气的电阻大大降低,达到快速泄放静电电荷,控制飞行器总体静电水平的目的。

第6章 飞行器吸附起电

飞行器在空中飞行,与大气中的各种粒子发生碰撞、吸附,使粒子带有的电荷转移至飞行器上。特别是飞行器穿越云层时,云体中大量的带电冰晶和水滴等,会和飞行器发生碰撞,吸附大量电荷。一般情况下,可以在气象预报和侦测的基础上,通过更改飞行航路等措施进行规避。但是在军事应用背景下,飞行器往往利用云体作为掩护,甚至直接在云体或雨雪天气中长时间飞行。特别对于飞艇等大型低速飞行器,吸附起电往往就会成为其静电带电的主要带电机理。

6.1 大气粒子的尺寸分布

大气中包含大量尺寸不同、质量相差悬殊的粒子。按照这些粒子的特征尺寸,传统上可以分为表6-1所列的9种。

表6-1 大气粒子不同特征尺寸的分类

特征尺寸/m	主要特性
10^{-10}	原子或分子的特征尺寸约为10^{-10}m,其可以得失$1\sim2$个电子,成为带电离子
10^{-8}	在该特征尺寸下,大气粒子能更为稳定,存在时间更长,凝聚速度较慢
10^{-7}	该特征尺寸的大气粒子,可以视为大气气溶胶。其粒子尺寸已经足够大,可以忽略分子热运动对其形成的布朗运动的影响,可以持续稳定地在大气中存在很长时间
10^{-6}	该特征尺寸的大气粒子,仍然可以视为大气气溶胶,但其尺寸和质量较大,不能忽略重力对它的沉降作用,平均下降速度可达20m/天,下降速度与半径的平方呈正相关
10^{-5}	该特征尺寸的粒子半径较大,应视为云滴粒子。重力对它的沉降作用较为显著,典型情况下(半径、密度)稳定下落速度可达1.2m/min
10^{-4}	该特征尺寸的粒子已接近毛毛雨中水滴的尺寸。重力作用下,其稳定下落速度可达60m/min。因此,只有在大气活动强烈的沙尘暴和强对流气象条件下才会大量存在,且不易随气流水平漂移
10^{-3}	雨滴的典型尺寸。大气中平均雨滴浓度为10/m^3
10^{-2}	直径不小于0.5cm的水滴,在空气中下落时会在气流的作用下发生破碎,所以该尺寸的液态水很少,主要以冰晶和雪花形式存在
10^{-1}	仅在实验室和特大冰雹气象条件下存在

由表 6-1 可以得出,大气粒子尺寸分布很广,且与气象条件和地理条件密切相关。为描述简便,一般采用适当简化的尺度谱来描述大气粒子在不同特征尺寸下的分布情况。由上文分析可知,大气粒子数密度,随其特征尺寸增大,应呈现先快速增大至某一极大值之后,再随特征尺寸缓慢减小。因此,一般使用修正的伽马函数表示其尺寸分布。半径在 $r \sim r + \mathrm{d}r$ 间的大气粒子数密度,可表示为尺度谱 $n(r)$ 与半径步长 $\mathrm{d}r$ 的乘积 $n(r)\mathrm{d}r$,即

$$n(r) \cdot \mathrm{d}r = \frac{N_0}{\Gamma(\alpha) r_n} \left(\frac{r}{r_n} \right)^{\alpha-1} \mathrm{e}^{-r/r_n} \mathrm{d}r \qquad (6-1)$$

式中:N_0 为单位体积中的大气粒子的总数目;Γ 为伽马函数;r_n 为大气粒子分布的特征半径,不具有明确的物理意义;α 为分布的方差。在上述解析描述情况下,单位体积中总的粒子表面积(化学反应面积)可表示为

$$S = \int_0^{+\infty} 4\pi r^2 n(r) \mathrm{d}r = 4\pi r_n^2 N_0 F(2) \qquad (6-2)$$

式中:$F(j) = F(\alpha+j)/F(\alpha)$。同时,若用 ρ_p 表示大气粒子的自身密度,则可得单位体积中所有大气粒子的总质量为

$$M = \int_0^{+\infty} \rho_\mathrm{p} \frac{4}{3} \pi r^3 n(r) \mathrm{d}r = \frac{4}{3} \pi r_n^3 \rho_\mathrm{p} N_0 F(3) \qquad (6-3)$$

当大气粒子由多种不同密度的粒子组成时,则单位体积中这几种粒子的总质量可表示为

$$M' = \sum_{i=1}^{N_\mathrm{p}} \int_0^{+\infty} \rho_{\mathrm{p},i} \frac{4}{3} \pi r^3 n_i(r) \mathrm{d}r = \sum_{i=1}^{N_\mathrm{p}} \frac{4}{3} \pi r_{n,i}^3 \rho_{\mathrm{p},i} N_i F(3)$$

$$= \frac{4}{3} \pi F(3) \sum_{i=1}^{N_\mathrm{p}} r_{n,i}^3 \rho_{\mathrm{p},i} N_i \qquad (6-4)$$

式中:N_p 为不同密度的大气粒子的种类数;$\rho_{\mathrm{p},i}$ 为第 i 种大气粒子的质量密度;$n_i(r)$ 为第 i 种粒子的修正伽马分布函数;$r_{n,i}$ 为第 i 种粒子修正的伽马分布的特征半径尺寸;N_i 为单位体积中第 i 种大气粒子不同尺寸的大气粒子总数目。

显然,上述描述大气粒子尺度分布的修正伽马函数,形式较为复杂,且各参数缺乏直观明确的物理意义对应。因此,人们往往采用赫尔基鞍 - 马琴公式来对大气粒子的尺寸分布进行描述,即

$$n(r) = ar^2 \mathrm{e}^{-br} \qquad (6-5)$$

由式(6-5)可见,该分布只有两个参数,而且下文中将证明,a 和 b 两个参数都有较为明确的物理意义。令 N 表示单位体积中所有大气粒子的总数,$\bar{r}$ 表示大气粒子的平均直径,则

$$\begin{cases} N = \int_0^{+\infty} n(r)\,\mathrm{d}r = \dfrac{2a}{b^3} \\ \bar{r} = \dfrac{1}{N} \int_0^{+\infty} r \cdot n(r)\,\mathrm{d}r = \dfrac{3}{b} \end{cases} \qquad (6-6)$$

同时,单位体积中大气粒子的总质量可表示为

$$m_{\mathrm{p}} = \rho_{\mathrm{p}} \frac{4}{3}\pi \int_0^{+\infty} r^3 n(r)\,\mathrm{d}r = \frac{160}{b^6}\pi a \rho_{\mathrm{p}} \qquad (6-7)$$

式(6-5)至式(6-7)中都包含 a 和 b,获取任意两个参数,就可联立两个方程,解得 a 和 b 的数值。例如,利用式(6-6)和式(6-7)联立解得

$$\begin{cases} a \approx 1.45\left[\dfrac{m_{\mathrm{p}}}{\rho_{\mathrm{p}}(\bar{r})^6}\right] \\ b = \dfrac{3}{\bar{r}} \end{cases} \qquad (6-8)$$

对于雨滴等降水粒子,半径小于 $140\mu\mathrm{m}$ 的,可以认为是理想的球形,随着雨滴尺寸的增大,雨滴在重力和空气动力的作用下,逐渐沿垂直方向收缩,形成椭球体和平底椭球体,因此在描述雨滴等的特征尺寸时,往往需要采用等效直径的方法,即同体积的液滴为理想球体时的直径。大量观测结果显示,可以利用负指数分布来描述雨滴的尺寸分布,即

$$n(D) = n_0 \mathrm{e}^{-\Lambda D} \qquad (6-9)$$

式(6-9)可以认为是修正的 Γ 分布在特定取值情况下的形式。式中 n_0 为截距,是数密度的度量;Λ 为斜率因子,是不同雨滴尺寸谱的特征。一般情况下可认为 $n_0 = 8 \times 10^3/(\mathrm{m}^3 \cdot \mathrm{mm})$,斜率因子 Λ 可表示为 $4.1I^{-0.21}$,其中 I 是以 $\mathrm{mm/h}$ 为单位的降雨强度。

对于降雪天气,雪花尺度受温度和冰雪结晶形状影响较强烈。雪花直径一般在 $2\sim5\mathrm{mm}$ 之间,但特殊情况下雪花直径可高达 $15\mathrm{mm}$。类似地,雪花的尺寸分布谱可以用迪恩-马歇尔分布表示,即

$$n(D_0) = n_0 \mathrm{e}^{-\Lambda D_0} \qquad (6-10)$$

式中:D_0 为雪花融化成液态水之后形成的球状水滴的直径(mm);斜率因子 Λ 可表示为 $25.5I^{-0.48}$,其中 I 是以 $\mathrm{mm/h}$ 为单位的降雨强度,表示积雪融化后的液态水厚度;n_0 可表示为降水强度的函数 $3.8 \times 10^3 I^{-0.87}$。

对于冰雹等降水粒子,冰雹直径可分布在 $7\sim85\mathrm{mm}$ 之间,其尺寸分布谱可采用负指数函数描述,即

$$N(r)\,\mathrm{d}r = N_0 \mathrm{e}^{-\Lambda r}\,\mathrm{d}r \qquad (6-11)$$

式中：N_0 可取值为 $8 \times 10^{-5}/cm^4$；Λ 可取值为 $4.54/cm$。

6.2 大气粒子的带电

纯净的大气,既不容易起电也不容易带电。但是在地面放射源、大气放射源和宇宙射线等因素的作用下,部分气体分子会被电离出正、负电荷。这些正、负离子在分子热运动作用下向大气粒子扩散,产生吸附,使大气粒子带上静电荷。大气中质量较轻的正、负离子相对于质量更大的重离子有更高的离子迁移率,因此成为大气离子从高浓度区域向低浓度区域扩散的主要离子。

当大气粒子质量很小时,可以忽略重力的作用,认为其悬浮在空气中,随空气流动,此时大气粒子和正、负离子的相互作用就只有静电库仑力和分子热运动的机械扩散,则正、负离子数密度所遵循的方程为

$$\begin{cases} \dfrac{\partial n^+}{\partial t} = \text{div}(K_+ \nabla n^+) - \text{div}(k\boldsymbol{F}n^+) \\ \dfrac{\partial n^-}{\partial t} = \text{div}(K_- \nabla n^-) + \text{div}(k\boldsymbol{F}n^-) \end{cases} \tag{6-12}$$

式中：n^+ 为正粒子数密度(浓度)；K_+ 为正粒子热扩散系数；n^- 为负粒子数密度(浓度)；K_- 为负粒子热扩散系数；k 为正、负离子的迁移率；$\boldsymbol{F}$ 为已经带电的大气粒子在空间激发的静电场对正、负离子的库仑力。式(6-12)中等号右侧第一项表示正、负离子在热运动的扩散作用下,对正、负离子浓度变化的贡献,等号右侧第二项表示正、负离子在静电场的作用下定向运动作用对离子浓度的贡献。将大气粒子近似认为是理想的球形,而本问题具有球对称性,即正负离子浓度应只在径向上有变化。因此,将球坐标系选定为大气粒子的球心时,式(6-12)改写为球坐标系下的表达式为

$$\begin{cases} \dfrac{\partial n^+}{\partial t} = \dfrac{1}{r^2} \dfrac{\partial}{\partial r}\left(K_+ r^2 \dfrac{\partial n^+}{\partial r}\right) - kr^2 F(r) n^+ \\ \dfrac{\partial n^-}{\partial t} = \dfrac{1}{r^2} \dfrac{\partial}{\partial r}\left(K_- r^2 \dfrac{\partial n^-}{\partial r}\right) + kr^2 F(r) n^- \end{cases} \tag{6-13}$$

显然,由于大气粒子的吸附作用,在大气粒子的表面处,正、负离子的浓度应为0。在离大气粒子无穷远处,正、负离子浓度不受大气粒子带电和扩散运动的影响,仍保持原浓度。因此,就得到两组边界条件,即

$$\begin{cases} n^+\big|_{r=R} = 0 \\ n^+\big|_{r \to \infty} = n_0^+ \end{cases} \quad \begin{cases} n^-\big|_{r=R} = 0 \\ n^-\big|_{r \to \infty} = n_0^- \end{cases} \tag{6-14}$$

同时,通过以大气粒子球心为中心、半径为 r(不小于大气粒子半径 R)的球面

的正、负离子形成的电流 J_+ 和 J_-，可分别表示为

$$\begin{cases} J_+ = 4\left(K_+ r^2 \dfrac{\partial n^+}{\partial r} - kr^2 F(r) n^+ \right) \\ J_- = 4\left(K_- r^2 \dfrac{\partial n^-}{\partial r} + kr^2 F(r) n^- \right) \end{cases} \tag{6-15}$$

可得正、负离子浓度的解为

$$n^+ = \exp\left(+ \dfrac{k}{K_+} \int_0^r F(r)\,\mathrm{d}r \right)\left[n_0^+ + \dfrac{J_+}{4\pi K_+} \int_\infty^r \dfrac{1}{r} \exp\left(- \dfrac{k}{K_+} \int_\infty^r F(r)\,\mathrm{d}r \right) \right] \tag{6-16}$$

$$n^- = \exp\left(- \dfrac{k}{K_-} \int_0^r F(r)\,\mathrm{d}r \right)\left[n_0^- + \dfrac{J_-}{4\pi K_-} \int_\infty^r \dfrac{1}{r} \exp\left(+ \dfrac{k}{K_-} \int_\infty^r F(r)\,\mathrm{d}r \right) \right] \tag{6-17}$$

同时，根据玻耳兹曼定理，有

$$K_\pm = k\kappa T \Leftrightarrow \dfrac{k}{K_\pm} = \dfrac{1}{\kappa T} \tag{6-18}$$

记静电力激发的电势为 $\varphi(r)$，则 $\varphi(r)$ 可表示为

$$\pm \varphi(r) = \mp \int_\infty^r F(r)\,\mathrm{d}r \tag{6-19}$$

记大气粒子带电量为 i 个元电荷，大气正、负离子带电量为一个元电荷，则静电场形成的库仑力可表示为

$$F(r) = \dfrac{ie^2}{r^2} \tag{6-20}$$

则正、负离子在球面上形成的电流 J_+ 和 J_- 可分别表示为

$$\begin{cases} J_+ = \dfrac{4\pi K_+ n_0^+}{\displaystyle\int_R^\infty \dfrac{1}{r^2} \exp\left(+ \dfrac{\varphi(r)}{\kappa T} \right)\mathrm{d}r} \\[4mm] J_- = \dfrac{4\pi K_- n_0^-}{\displaystyle\int_R^\infty \dfrac{1}{r^2} \exp\left(- \dfrac{\varphi(r)}{\kappa T} \right)\mathrm{d}r} \end{cases} \tag{6-21}$$

为计算方便，计 $x = R/r$，则

$$\mathrm{d}x = \mathrm{d}\left(\dfrac{R}{r} \right) = R\,\mathrm{d}\left(\dfrac{1}{r} \right) = -R\,\dfrac{1}{r^2}\mathrm{d}r \tag{6-22}$$

因此，式(6-21)可改写为

124

$$J_+ = \frac{-R \cdot 4\pi K_+ \, n_0^+}{\int_R^\infty \exp\left(+\frac{\varphi(r)}{\kappa T}\right)\left(-R\frac{1}{r^2}\right)\mathrm{d}r} = \frac{-R \cdot 4\pi K_+ \, n_0^+}{\int_1^0 \exp\left(+\frac{\varphi\left(\frac{R}{x}\right)}{\kappa T}\right)\mathrm{d}x} \qquad (6-23)$$

$$J_- = \frac{-R \cdot 4\pi K_- \, n_0^-}{\int_R^\infty \exp\left(-\frac{\varphi(r)}{\kappa T}\right)\left(-R\frac{1}{r^2}\right)\mathrm{d}r} = \frac{-R \cdot 4\pi K_- \, n_0^-}{\int_1^0 \exp\left(-\frac{\varphi\left(\frac{R}{x}\right)}{\kappa T}\right)\mathrm{d}x} \qquad (6-24)$$

记带有 i 个负电荷和带有 i 个正电荷的大气粒子吸附带有一个元电荷的正、负轻粒子的速率分别为 J_{-i}^+、J_{-i}^-、J_{+i}^+ 和 J_{+i}^-，则根据上述各式，可得 J_{-i}^+、J_{-i}^-、J_{+i}^+ 和 J_{+i}^- 的表达式为

$$\begin{cases} J_{+i}^+ = \dfrac{J_0^+ \lambda_i}{e^{\lambda_i} - 1} = j_{+i}^+ n^+ \\[3mm] J_{+i}^- = \dfrac{J_0^- \lambda_i}{-e^{-\lambda_i} + 1} = j_{+i}^- n^- \\[3mm] J_{-i}^+ = \dfrac{J_0^+ \lambda_i}{-e^{-\lambda_i} + 1} = j_{-i}^+ n^+ \\[3mm] J_{-i}^- = \dfrac{J_0^- \lambda_i}{e^{\lambda_i} - 1} = j_{-i}^- n^- \end{cases} \qquad (6-25)$$

式中：$J_0^+ = J_0^-$ 可表示为 $4\pi R K_\pm n_0^\pm$；λ_i 可表示为 $ie^2/(\kappa RT)$。显然，式(6-25)中得到的电流 J_{-i}^+、J_{-i}^-、J_{+i}^+ 和 J_{+i}^- 是宏观上对大气粒子吸附正、负离子微观离散过程的连续化和平均化。事实上，在时间长度 Δt 内，大气粒子平均吸附的正、负离子数为 Δn，故存在

$$J = \lim_{\Delta t \to 0} \frac{\Delta n}{\Delta t} \Leftrightarrow \Delta n = J \cdot \Delta t + O(\Delta t) \qquad (6-26)$$

然而，在微观吸附过程中，当 Δt 很小时，该段时间内大气粒子最多只能吸附一个带电离子。记不带电的大气粒子的浓度为 n_{0c}，带有 i 个正、负电荷的大气粒子的浓度分别记为 n_{ic}^+ 和 n_{ic}^-。若近似认为 $K_+ = K_- = K$，且认为 $n^+ = n^- = n_0$，则根据动态平衡条件，可得

$$n_{ic}^\pm = n_{0c}\frac{e^{\lambda_i/2} - e^{-\lambda_i/2}}{\lambda_i}\exp\left(-\frac{i^2 e^2}{2R\kappa T}\right) \qquad (6-27)$$

式中：λ_i 可表示为 $i^2 e^2/(R\kappa T)$。当 λ_i 取值为 1 时，可得

$$\frac{e^{\lambda_i/2} - e^{-\lambda_i/2}}{\lambda_i} \approx 1.04 \qquad (6-28)$$

当 λ_i 取值减小时,式(6-28)取值趋近于1。在实际情况下,对于半径不小于 1μm 的大气粒子来说,其带有的电荷量使得 λ_i 大于 1 的情况是极少的,因此式(6-28)可近似为1,从而可得带有 i 个电荷的大气粒子数密度为

$$n_{ic}^{\pm} = n_{0c} \frac{e^{\lambda_i/2} - e^{-\lambda_i/2}}{\lambda_i} \exp\left(-\frac{i^2 e^2}{2R\kappa T} \right) \approx n_{0c} \exp\left(-\frac{i^2 e^2}{2R\kappa T} \right) \qquad (6-29)$$

显然 $n_{ic}^{\pm}$ 的函数表达式是关于带电量 i 左、右对称的,符合正态分布。因此,同一半径为 R 的大气粒子,在电中性的正、负离子群中发生吸附起电时,所有带电大气粒子的平均电荷值为 0。应用统计学原理可知,大气粒子的荷电量的均方根差值可表示为

$$\sqrt{\overline{(n_{ic})^2}} = e^{-1} \sqrt{\kappa T} R^{0.5} \qquad (6-30)$$

同时,所有带有正电荷的大气粒子的平均带电量可表示为

$$\overline{q_+} = \sqrt{\kappa T} R^{0.5} \qquad (6-31)$$

所有带有负电荷的大气粒子的平均带电量可表示为

$$\overline{q_-} = \sqrt{\kappa T} R^{0.5} \qquad (6-32)$$

上述各式是在近似认为 $K_+ = K_- = K$、$n^+ = n^- = n_0$ 的条件下得出的。当 $n^+ = n^- = n_0$ 仍满足条件,而 $K_+ \neq K_-$ 时,可以求得云滴平均携带正电荷和平均携带负电荷的谱分布数学期望,因此带有电荷的云体中荷电粒子的谱分布可表示为

$$n_c(q,r) = n_c(r) \frac{e}{\sqrt{2\pi rkt}} \exp\left(-\left(\frac{q}{e} - \frac{rkT}{e^2}\ln\frac{\lambda}{\lambda} \right)^2 \Big/ \left(\frac{2rkT}{e^2} \right) \right) \qquad (6-33)$$

此时所有大气粒子带电量的平均值 $\overline{q_{\pm}}$ 可表示为

$$\overline{q_{\pm}} = \frac{R\kappa T}{e}\ln\left(\frac{n^+ k_+}{n^- k_-} \right) = \frac{R\kappa T}{e}\ln\frac{\lambda_+}{\lambda_-} = \frac{R\kappa T}{e}(\ln\lambda_+ - \ln\lambda_-) \qquad (6-34)$$

式中:λ_+ 和 λ_- 分别为大气中所有正、负离子形成的总电导率。显然,在 λ_+ 和 λ_- 相等的情况下,某一特定直径的大气粒子所带电荷的平均值 $\overline{q_{\pm}}$ 为 0。当 $\lambda_+ > \lambda_-$ 时,显然存在 $\ln\lambda_+ > \ln\lambda_-$,即此时这一特定直径的大气粒子所带正、负电荷的平均值为正极性;反之,当 $\lambda_+ < \lambda_-$ 时,显然存在 $\ln\lambda_+ < \ln\lambda_-$,即此时这一特定直径的大气粒子所带正、负电荷的平均值为负极性。

由上文分析可知,大气电导率 λ 分别由正离子和负离子共同的贡献 λ_+ 和 λ_- 组成,而 λ_+ 和 λ_- 的相对大小决定了大气粒子的平均带电电荷的极性,并进一步决定了飞行器在空中飞行时吸附大气粒子后机身所带电荷的极性。因此,必须对大气电导率的组成和影响因素给予分析研究。

大气电导率是指在单位强度的电场作用下大气离子在定向运动的单位面积截

面上形成的电流值,通常单位为 $1/(\Omega \cdot cm)$ 或 S/cm。它由两大部分组成:一是质量和半径较大的大气正、负重离子 N_+ 和 N_- 的迁移率 K_+ 和 K_- 的贡献;二是质量和半径都小得多的大气正、负轻离子 n_+ 和 n_- 的迁移率 k_+ 和 k_- 的贡献,即

$$
\begin{aligned}
\lambda &= \lambda_+ + \lambda_- \\
&= e(n_+ k_+ + N_+ K_+) + e(n_- k_- + N_- K_-)
\end{aligned} \tag{6-35}
$$

事实上,大气中重离子和轻离子各自呈现不同的谱分布 $F(\cdot)$,因此大气中所有正、负离子分别形成的电导率 λ_+ 和 λ_- 可表示为

$$
\begin{cases}
\lambda_+ = \displaystyle\int_0^\infty e k_+ F_+(k_+) \mathrm{d}k_+ + \int_0^\infty e K_+ F_+(K_+) \mathrm{d}K_+ \\
\lambda_- = \displaystyle\int_0^\infty e k_- F_-(k_-) \mathrm{d}k_- + \int_0^\infty e K_- F_-(K_-) \mathrm{d}K_-
\end{cases} \tag{6-36}
$$

实测表明,大气中的轻离子的数密度比大气重离子的数密度小约 1 个数量级,而大气中的轻离子的迁移率比大气重离子的迁移率大约 2 个数量级,因此大气的电导率主要是由轻离子的电导率贡献的。即在精度要求不高时,可近似认为

$$
\begin{cases}
\lambda_+ = \displaystyle\int_0^\infty e k_+ F_+(k_+) \mathrm{d}k_+ \\
\lambda_- = \displaystyle\int_0^\infty e k_- F_-(k_-) \mathrm{d}k_-
\end{cases} \tag{6-37}
$$

观测数据表明,大气总电导率在 $6.0 \times 10^{-16}/(\Omega \cdot cm) \sim 2.0 \times 10^{-17}/(\Omega \cdot cm)$ 范围内变化,平均值约为 $2.30 \times 10^{-16}/(\Omega \cdot cm)$。

参考国际标准可知大气参数在 $0 \sim 51 km$ 之间,大气温度可以表示为

$$
T(h) = \begin{cases}
288.15 - 6.5h, & 0 \leq h \leq 11 \\
216.65, & 11 \leq h \leq 20 \\
216.65 + (h - 20), & 20 \leq h \leq 32 \\
228.65 + 2.8(h - 32), & 32 \leq h \leq 47 \\
270.65, & 47 \leq h \leq 51
\end{cases} \tag{6-38}
$$

式(6-38)所对应的函数曲线如图 6-1 所示。

晴天状态下,在 $0 \sim 26 km$ 的高度范围内,大气正、负极性电导率 λ_+ 和 λ_-(单位以 $\Omega^{-1} \cdot cm^{-1}$ 计)可表示为海拔高度 $h(km)$ 的函数,即

$$
\begin{cases}
\lambda_+(h) = 2.7 \times 10^{-16} e^{0.254h - 0.00309h^2} \\
\lambda_-(h) = 4.33 \times 10^{-16} e^{0.222h - 0.00255h^2}
\end{cases} \tag{6-39}
$$

将式(6-39)代入大气粒子带电量的平均值 $\overline{q_\pm}$ 的表达式,可得

$$\overline{q}_\pm = \frac{R\kappa T}{e}(\ln\lambda_+ - \ln\lambda_-) = \frac{R\kappa T}{e}\ln\frac{\lambda_+}{\lambda_-} = \frac{R\kappa T}{e}\ln\frac{2.7\times10^{-16}e^{0.254h-0.00309h^2}}{4.33\times10^{-16}e^{0.222h-0.00255h^2}}$$

$$= \frac{R\kappa T}{e}\ln\frac{2.7e^{0.254h-0.00309h^2}}{4.33e^{0.222h-0.00255h^2}} = \frac{R\kappa T}{e}\left(\ln\frac{2.7}{4.33} + \ln\frac{e^{0.254h-0.00309h^2}}{e^{0.222h-0.00255h^2}}\right)$$

$$= \frac{R\kappa T}{e}\left(\ln\frac{2.7}{4.33} + (0.254h - 0.00309h^2 - 0.222h + 0.00255h^2)\right)$$

$$= \frac{R\kappa T}{e}\left(-0.00054h^2 + 0.032h + \ln\frac{2.7}{4.33}\right) \tag{6-40}$$

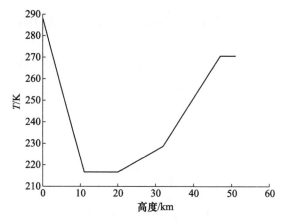

图 6-1　标准大气温度随高度的变化

由图 6-2 可知,晴天状态下随着高度的增加,大气粒子的平均带电极性为正电荷,平均带电量随着高度的增加而单调下降。由式(6-40)可知,大气粒子的平均半径越大,其带电量的平均值也越大,两者成线性关系。

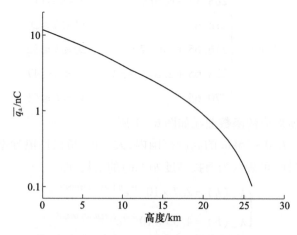

图 6-2　晴天状态下大气粒子平均带电量随高度的变化($R = 1\mu m$)

当大气中存在积雨云时,积雨云上方大气电导率平均值随高度的变化可表示为以下函数形式,即

$$\begin{cases} \lambda_+(h) = 1.7 \times 10^{-16} + 2.1 \times 10^{-17} h^2 \\ \lambda_-(h) = 1.1 \times 10^{-16} + 2.3 \times 10^{-17} h^2 \end{cases} \quad (6-41)$$

此时,大气粒子带电量的平均值$\overline{q_\pm}$的表达式为

$$\overline{q_\pm} = \frac{R\kappa T}{e}(\ln\lambda_+ - \ln\lambda_-) = \frac{R\kappa T}{e}\ln\frac{\lambda_+}{\lambda_-}$$

$$= \frac{R\kappa T}{e}\ln\frac{1.7 \times 10^{-16} + 2.1 \times 10^{-17} h^2}{1.1 \times 10^{-16} + 2.3 \times 10^{-17} h^2} \quad (6-42)$$

由式(6-42)可得积雨云天气时,积雨云上方大气粒子平均带电量随高度的变化情况如图6-3所示。当高度逐渐增加时,大气粒子的平均带电量极性为正电荷,且带电量随着高度的增加而单调增加。在高度达到50km左右时,大气粒子的平均带电量达到局部极大值,并保持在2nC左右。由式(6-42)可知,大气粒子的平均半径越大,其带电量的平均值也越大,两者成线性关系。这一情况与晴天状态下的大气粒子的平均带电量变化情况相同。

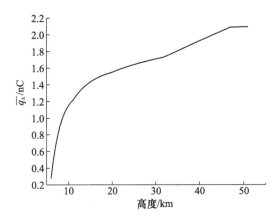

图6-3 积雨云时大气粒子平均带电量随高度的变化($R = 1\mu m$)

6.3 飞行器吸附起电的理论模型

6.1节和6.2节分别论述了大气粒子的尺寸分布和带电机理及其带电量的影响因素。当飞行器在大气中高速飞行时,云雾、雨滴、冰晶等大气粒子,在与飞行器的表面发生碰撞后,会迅速将其自身携带的电荷转移给飞行器,并迅速达到静电平衡,使自身的带电量减小。当碰撞结束后,云雾、雨滴、冰晶等大气粒子携带着重新

分布后的电荷离开飞行器表面。至此,一次完整的吸附起电过程结束。

对于单个大气粒子,其最大带电量受限于空气的击穿场强 E_{cd}。皮克(Peek)利用同轴圆筒电极,在对高压输电线电晕放电问题进行大量研究后,提出了电晕放电阈值电压的著名经验公式。当空气绝对湿度小于 $11g/m^3$ 时,水蒸气对电晕放电的场强阈值影响很小,可以忽略不计。当绝对湿度 $H > 11g/m^3$ 时,考虑湿度的影响,电晕放电的场强阈值可表示为

$$E_{cd} = E_0 m_0 \delta \left(1 + \frac{H - 11}{100} \right) \times \left(1 + \frac{k}{\sqrt{\delta r}} \right) \tag{6 - 43}$$

式中:E_0 为常数,可取 $27.7kV/cm$;$k = 0.337$;m_0 为与放电针表面粗糙度有关的常数,放电针表面越粗糙,m_0 越小;r 为放电针的半径(cm);δ 为空气相对密度,标准大气条件下 $\delta = 1$。当飞行器高度不大于 30km 时,可将 δ 表示为高度的函数,即

$$\delta = \left(1 - 0.0065 \frac{h}{T_0} \right)^{4.26} \tag{6 - 44}$$

式中:h 为飞行器海拔高度(km);$T_0 = 293K$。飞行器高度越高,空气相对密度越小。后续学者的大量研究表明,在压力从几百帕到几百千帕,导体半径在 0.1mm 到数厘米的范围内,电源电压从直流到数千赫兹的交流范围内,上述经验公式都与试验结果有较好的一致性。然而对于大气粒子微米级上下的特征尺寸,Peek 公式则会发生显著的偏差。根据 Dawson 的研究成果,此时 E_{cd} 应该取为

$$E_{cd} = 703 \frac{p}{T} \sqrt{\frac{\sigma}{r_p}} \tag{6 - 45}$$

式中:p 为大气压力;T 为大气环境温度;σ 为水的表面张力;r_p 为雨雾粒子的等效半径。对于以液态水为主的云中,该场强值约为 $900kV/m$。对于以冰晶为主的云体,该场强值将下降为 $(450 \pm 50)kV/m$。

根据高斯定理,可知

$$\frac{Q_{p,max}}{\varepsilon_0} = 4\pi R_p^2 E_{cd} \tag{6 - 46}$$

即

$$Q_{p,max} = 4\pi\varepsilon_0 R_p^2 E_{cd} = 4\pi\varepsilon_0 R_p^2 703 \frac{p}{T} \left(\frac{\sigma}{r_p} \right)^{0.5} \tag{6 - 47}$$

由于大气粒子特征尺寸大都在微米级左右,相对于飞行器的表面曲率半径十分微小。因此,当大气粒子与飞行器表面发生碰撞时,可以近似认为是小球与均匀带电导体平板的碰撞。为简化分析,不妨将飞行器等效为一半径为 R_f 的导体球,而将大气粒子等效为一半径为 R_p 的带电小导体球。

当飞行器带电量为 Q_f 时,取无穷远处为电势零点,则飞行器自身的电势可近似为

$$\varphi_f = \frac{Q_f}{4\pi\varepsilon_0 R_f} \qquad (6-48)$$

表面电场强度近似为

$$E_f = \frac{Q_f}{4\pi R_f^2 \varepsilon_0} \qquad (6-49)$$

面电荷密度 σ_f 为

$$\sigma_f = \varepsilon_0 E_f = \frac{Q_f}{4\pi R_f^2} \qquad (6-50)$$

由于大气粒子的特征尺寸很小,因此可近似认为大气粒子与飞行器吸附,电荷重新分布后,大气粒子的带电量 Q_p 仅与其接触位置处的飞行器等效面电荷密度有关,且与大气粒子自身的截面积成正比,记比例系数为 k_p,则

$$Q_p = \pi R_p^2 \cdot \sigma_f \cdot k_p = \pi R_p^2 \cdot \frac{Q_f}{4\pi R_f^2} \cdot k_p = \frac{R_p^2}{R_f^2} Q_f k_p \qquad (6-51)$$

式中:k_p 为仅与大气粒子和飞行器半径大小相关的特征常数,其值不小于1。当飞行器等效半径远大于大气粒子等效半径时,可以近似认为 k_p 某一特定常数。

假定经过 n 次吸附后,飞行器带电量为 $Q_{f,n}$,则发生第 $n+1$ 次吸附时,大气粒子与飞行器的总带电量为

$$Q_{f,p} = Q_{f,n} + Q_{p,0} \qquad (6-52)$$

则第 $n+1$ 次吸附电荷分布平衡后,大气粒子上的带电量为

$$Q_{p,n+1} = \frac{R_p^2}{R_f^2} Q_{f,p} k_p = \frac{R_p^2}{R_f^2} (Q_{f,n} + Q_{p,0}) k_p \qquad (6-53)$$

则第 $n+1$ 次吸附电荷分布平衡后,飞行器上的带电量为

$$Q_{f,n+1} = (Q_{f,n} + Q_{p,0}) - Q_{p,n+1} = (Q_{f,n} + Q_{p,0})\left(1 - k_p \frac{R_p^2}{R_f^2}\right) \qquad (6-54)$$

即根据单个大气粒子的带电量 $Q_{p,0}$、飞行器的初始带电量 $Q_{f,0}$,就可得知第 n 次碰撞后飞行器的带电量。

然而可以看出,式(6-54)中 $Q_{f,n+1}$ 并不是单个大气粒子的带电量 $Q_{p,0}$、飞行器的初始带电量 $Q_{f,0}$ 和吸附次数 n 的显式表达式,因此必须进行进一步处理。

$$Q_{f,n+1} = (Q_{f,n} + Q_{p,0})\left(1 - k_p \frac{R_p^2}{R_f^2}\right) = Q_{f,n}\left(1 - k_p \frac{R_p^2}{R_f^2}\right) + Q_{p,0}\left(1 - k_p \frac{R_p^2}{R_f^2}\right)$$

$$(6-55)$$

为了便于进一步处理,式(6-55)改写为

$$Q_{f,n+1} = aQ_{f,n} + b \qquad (6-56)$$

式中

$$\begin{cases} a = 1 - k_p \dfrac{R_p^2}{R_f^2} \\[4mm] b = Q_{p,0}\left(1 - k_p \dfrac{R_p^2}{R_f^2}\right) = a \cdot Q_{p,0} \end{cases} \qquad (6-57)$$

显然,a 为小于 1 大于 0 的正数。假设式(6-55)可以整理为

$$\frac{Q_{f,n+1} + d}{Q_{f,n} + d} = c \qquad (6-58)$$

则有

$$\frac{Q_{f,n+1} + d}{Q_{f,n} + d} = c \Leftrightarrow Q_{f,n+1} + d = c(Q_{f,n} + d)$$

$$\Leftrightarrow Q_{f,n+1} = cQ_{f,n} + cd - d$$

$$\Leftrightarrow Q_{f,n+1} = aQ_{f,n} + b \qquad (6-59)$$

对比上述各式,显然存在

$$\begin{cases} c = a \\ cd - d = b \end{cases} \qquad (6-60)$$

即

$$\frac{Q_{f,n+1} + \dfrac{b}{a-1}}{Q_{f,n} + \dfrac{b}{a-1}} = a \qquad (6-61)$$

因此,所有 $n+1$ 次碰撞前后的关系式左侧连乘消去中间项,可得

$$\frac{Q_{f,n+1} + \dfrac{b}{a-1}}{Q_{f,n} + \dfrac{b}{a-1}} \frac{Q_{f,n} + \dfrac{b}{a-1}}{Q_{f,n-1} + \dfrac{b}{a-1}} \frac{Q_{f,n-1} + \dfrac{b}{a-1}}{Q_{f,n-2} + \dfrac{b}{a-1}} \cdots \frac{Q_{f,2} + \dfrac{b}{a-1}}{Q_{f,1} + \dfrac{b}{a-1}} \frac{Q_{f,1} + \dfrac{b}{a-1}}{Q_{f,0} + \dfrac{b}{a-1}} = aaa\cdots aa$$

$$(6-62)$$

因此,可得

$$Q_{f,n+1} = a^{n+1}\left(Q_{f,0} + \frac{b}{a-1}\right) - \frac{b}{a-1} = a^{n+1}\left(Q_{f,0} - \frac{b}{1-a}\right) + \frac{b}{1-a} \qquad (6-63)$$

当第 $n+1$ 次吸附起电电荷重新分布后,大气粒子的带电量 $Q_{p,n+1}$ 可重新表示为

$$Q_{p,n+1} = (Q_{f,n} + Q_{p,0}) - Q_{f,n+1} \qquad (6-64)$$

由于 a 大于 0 且小于 1,所以 $Q_{f,n+1}$ 最终将趋于某恒定值 $Q_{f,\lim}$,即

$$Q_{f,\lim} = \lim_{n\to\infty} Q_{f,n+1} = \lim_{n\to\infty}\left(a^{n+1}\left(Q_{f,0} - \frac{b}{1-a}\right) + \frac{b}{1-a}\right) = \frac{b}{1-a} = Q_{p,0}\frac{1 - k_p\dfrac{R_p^2}{R_f^2}}{k_p\dfrac{R_p^2}{R_f^2}}$$

$$(6-65)$$

由式(6-65)可知,在简化条件下,飞行器的极限带电量仅由 4 个参数决定,即大气带电粒子的半径及其电荷量、飞行器的等效半径和比例系数 k_p。不论飞行器本身初始电荷为正还是为负,不管其初始电荷量是多少,最终都将稳定在极限值 $Q_{f,\lim}$ 上,如图 6-4 所示。

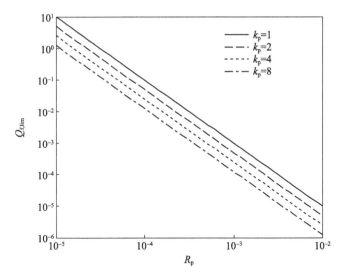

图 6-4 飞行器带电极限值 $Q_{f,\lim}$ 随大气粒子半径 R_p 和 k_p 的变化

由本节伊始对大气粒子特征尺寸的分析可知,除雨滴、雪花和冰雹这些降水粒子外,绝大多数大气粒子尺寸都在毫米级以下,而飞行器的特征尺寸从几米到几十米不等,这就导致 $R_p^2 < R_f^2$,从而有 $k_p R_p^2/R_f^2$ 远小于 1,从而式(6-65)可近似为 $Q_{f,\lim} = Q_{p,0}R_f^2/(k_p R_p^2)$。因此,这必将导致 $Q_{f,\lim} \ll Q_{p,0}$。

此时,飞行器的电势的极值可表示为

$$\varphi_{f,\lim} = \frac{Q_{f,\lim}}{4\pi\varepsilon_0 R_f} = \frac{Q_{p,0}}{4\pi\varepsilon_0 R_f} \frac{1 - k_p \dfrac{R_p^2}{R_f^2}}{k_p \dfrac{R_p^2}{R_f^2}} \qquad (6-66)$$

此时,$Q_{f,n+1}$可重新表示为

$$Q_{f,n+1} = a^{n+1}\left(Q_{f,0} - \frac{b}{1-a}\right) + \frac{b}{1-a} = Q_{f,\lim} + a^{n+1}(Q_{f,0} - Q_{f,\lim}) \quad (6-67)$$

特别需要注意的是 $Q_{f,1}$ 可表示为

$$Q_{f,1} = Q_{f,\lim} + (Q_{f,0} - Q_{f,\lim})\left(1 - k_p \frac{R_p^2}{R_f^2}\right) \qquad (6-68)$$

为更清晰地描述飞行器充电过程的快慢,必须分析充电次数对飞行器电位值的影响。由于 $Q_{f,\lim} \ll Q_{p,0}$,因此为分析简便,在 n 足够大时,不妨近似认为 $Q_{f,n} = Q_{f,\lim} - Q_{f,\lim}a^n$。在此定义特征数 N_c 用以描述飞行器充电过程的快慢,即

$$a^{N_c} = e^{-1} \qquad (6-69)$$

因此,可得

$$N_c = -\frac{1}{\ln a} = -\frac{1}{\ln\left(1 - k_p \dfrac{R_p^2}{R_f^2}\right)} \qquad (6-70)$$

N_c 越小,表示飞行器带电量经过较少次数的碰撞,即可达到极限值;反之,则飞行器需要大量碰撞才能逐渐达到极限值。由式(6-70)可知,仅与飞行器等效半径、大气粒子等效半径和比例系数相关,当飞行器类型确定后,则仅与大气粒子等效半径相关。即大气粒子的等效半径决定了飞行器充电至稳态值的快慢。而大气粒子的带电量、飞行器的初始带电量则对此没有影响。

当第 $n+1$ 次吸附起电电荷重新分布后,大气粒子的带电量 $Q_{p,n+1}$ 可重新表示为

$$\begin{aligned}
Q_{p,n+1} &= (Q_{f,n} + Q_{p,0}) - Q_{f,n+1} \\
&= Q_{f,\lim} + a^n(Q_{f,0} - Q_{f,\lim}) + Q_{p,0} - Q_{f,\lim} - a^{n+1}(Q_{f,0} - Q_{f,\lim}) \\
&= Q_{p,0} + (1-a)(Q_{f,0} - Q_{f,\lim})a^n \\
&= Q_{p,0} + k_p \frac{R_p^2}{R_f^2}(Q_{f,0} - Q_{f,\lim})\left(1 - k_p \frac{R_p^2}{R_f^2}\right)^n \qquad (6-71)
\end{aligned}$$

特别需要注意的是 $Q_{p,1}$ 可表示为

134

$$Q_{p,1} = Q_{p,0} + k_p \frac{R_p^2}{R_f^2}(Q_{f,0} - Q_{f,\lim})\left(1 - k_p \frac{R_p^2}{R_f^2}\right)^n$$

$$= Q_{p,0} + k_p \frac{R_p^2}{R_f^2}(Q_{f,0} - Q_{f,\lim}) \qquad (6-72)$$

为简化计算,凸显规律,下文计算中取各参数的值如下: $R_p = 1.0 \times 10^{-3}$ m, $R_f = 1$ m, $k_p = 2$, $Q_{p,0} = 1$ nC, $Q_{f,0} = 0$ nC。则飞行器带电量随吸附次数 n 的变化和第 n 个大气带电粒子接触后携带的电荷量如图 6-5 和图 6-6 所示。此时 $Q_{f,\lim} = 500\mu$C。

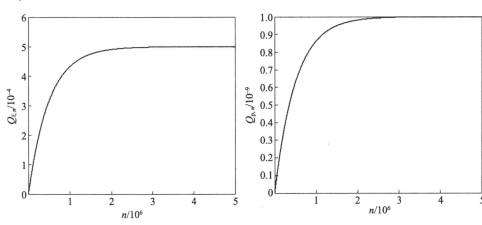

图 6-5 飞行器带电量随吸附次数 n 的变化   图 6-6 第 n 个大气带电粒子接触后携带的电荷量

而 $\lim\limits_{n \to \infty} Q_{p,n+1}$ 则有

$$\lim_{n \to \infty} Q_{p,n+1} = \lim_{n \to \infty}(Q_{f,n} + Q_{p,0} - Q_{f,n+1}) = \lim_{n \to \infty}(Q_{f,n} - Q_{f,n+1}) + \lim_{n \to \infty} Q_{p,0} = Q_{p,0}$$

$$(6-73)$$

即最终飞行器将不能继续从大气粒子处获得电荷,并将自身电荷保持在某一恒定值。而大气粒子也不能通过飞行器的吸附起电,向飞行器转移电荷,从而两者都达到自身的饱和值。

此时,飞行器的最大电势为

$$\varphi_f = \frac{Q_{p,0} \dfrac{1 - k_p \dfrac{R_p^2}{R_f^2}}{k_p \dfrac{R_p^2}{R_f^2}}}{4\pi\varepsilon_0 R_f} = Q_{p,0} \frac{R_f^2 - k_p R_p^2}{4\pi\varepsilon_0 k_p R_f R_p^2} \qquad (6-74)$$

135

由于碰撞次数 n 是自然数,因此飞行器的带电量就是一系列的离散值。这虽然符合实际情况,但并不利于解析分析和进一步的讨论。因此,考虑到可将参与碰撞的大气粒子数目与大气粒子数密度(浓度)、飞行器速度和迎风面积联系起来,即

$$n = N_p v_f S_f t \qquad (6-75)$$

将 n 代入上述各式中,就得到飞行器带电量与时间的连续函数 $Q(t)$。对其进一步求导,则可得到飞行器获得的充电电流 $i(t)$,即

$$Q(t) = Q_{f,n} = a^{N_p v_f S_f t}(Q_{f,0} - Q_{f,\lim}) + Q_{f,\lim}$$

$$i(t) = \frac{\mathrm{d}Q(t)}{\mathrm{d}t} = \frac{\mathrm{d}}{\mathrm{d}t}\Big[a^{N_p v_f S_f t}\Big(Q_{f,0} - \frac{b}{1-a}\Big) + \frac{b}{1-a}\Big]$$

$$= N_p v_f S_f(Q_{f,0} - Q_{f,\lim})(\ln a) \cdot a^{N_p v_f S_f t} \qquad (6-76)$$

同时,可将飞行器获得的充电电流表示为飞行器自身带电量的函数 $i(Q(t))$,即

$$i(Q(t)) = i(t) = N_p v_f S_f(Q_{f,0} - Q_{f,\lim})(\ln a) \cdot a^{N_p v_f S_f t}$$

$$= N_p v_f S_f(\ln a) \cdot a^{N_p v_f S_f t}(Q_{f,0} - Q_{f,\lim})$$

$$= N_p v_f S_f(Q(t) - Q_{f,\lim})\ln a \qquad (6-77)$$

因此,当飞行器由于外因而保持某一特定电量值不变时,根据式(6-77)就可以得出飞行器实际上正处于充电与放电电流大小为 $i(Q(t))$ 的动态平衡中。

进一步地,飞行器的充电电流可表示为其电势的函数,即

$$i(\varphi_f(t)) = N_p v_f S_f(Q(t) - Q_{f,\lim})\ln a$$

$$= N_p v_f S_f(4\pi\varepsilon_0 R_f \varphi_f(t) - Q_{f,\lim})\ln a \qquad (6-78)$$

6.4　吸附起电与静电放电的平衡

当飞行器对空气的泄漏电流可以等价为一恒定的电阻 R_d 时,可知,当充电电流和放电电流达到平衡时,飞行器的电势为最大值,即

$$i_{\text{charge}} = i_{\text{discharge}} \Leftrightarrow N_p v_f S_f(4\pi\varepsilon_0 R_f \varphi_{\max} - Q_{f,\lim})\ln a = \frac{\varphi_{\max}}{R_d} \qquad (6-79)$$

进一步处理,可得飞行器的电势最大值 $\varphi_{\max}$ 的表达式为

$$\varphi_{\max} = Q_{f,\lim}\frac{N_p v_f S_f R_d \ln a}{4\pi\varepsilon_0 R_f N_p v_f S_f R_d \ln a - 1}$$

$$= Q_{p,0}\frac{R_f^2 - k_p R_p^2}{k_p R_p^2}\Big(\frac{N_p v_f S_f R_d \ln a}{4\pi\varepsilon_0 R_f N_p v_f S_f R_d \ln a - 1}\Big) \qquad (6-80)$$

由式(6-80)可知,在简化模型下,飞行器的最大电势 $\varphi_{\max}$ 受多种因素影响。其中大气粒子的带电量 $Q_{p,0}$ 对 $\varphi_{\max}$ 有最直接而显著的影响。

当飞行器对空气的静电放电仅以电晕放电形式存在时,飞行器的对地电阻不再是一个恒定值。此时,电晕放电电流可表示为

$$I_{c,d} = \varsigma(\varphi - \varphi_{ons})\varphi \qquad (6-81)$$

显然,式(6-81)中要求 φ 不得小于 φ_{ons},ς 为比例常数。当充电电流和放电电流达到平衡时,飞行器的电势 φ_f 为最大值 $\varphi_{\max}$,即

$$i_{charge} = i_{discharge} \Leftrightarrow N_p v_f S_f(4\pi\varepsilon_0 R_f\varphi_{\max} - Q_{f,\lim})\ln a = \varsigma(\varphi_{\max} - \varphi_{ons})\varphi_{\max}$$

$$(6-82)$$

进一步整理,可得

$$\varsigma\varphi_{\max}^2 - (\varsigma\varphi_{ons} + 4N_p v_f S_f\pi\varepsilon_0 R_f\ln a)\varphi_{\max} + N_p v_f S_f Q_{f,\lim}\ln a = 0 \qquad (6-83)$$

对于上述 $\varphi_{\max}$ 的二元一次方程,其实数范围内是否有解及其唯一性,需要分情况进行更多的探讨。

虽然上述等式成立的物理先决条件是 $\varphi_{\max} > \varphi_{ons}$。但是实际情况下这一条件并一定完全满足。即当 $\varphi_{f,\lim} < \varphi_{ons}$ 时,不会发生电晕放电。此时飞行器的最大电势 $\varphi_{\max} = \varphi_{f,\lim}$。

当 $\varphi_{\max} > \varphi_{ons}$ 时,必然发生电晕放电。随着飞行器电势的增高,吸附起电对飞行器的充电电流越来越小,最终将趋于零。而电晕放电的电流在飞行器电势超过放电阈值后,则以电势的平方速率增大。因此,必然最后达到唯一的一个充电电流与放电电流的平衡点。$\varphi_{\max}$ 的二元一次方程的两个根分别为

$$\varphi_{\max} = \frac{(\varsigma\varphi_{ons} + 4N_p v_f S_f\pi\varepsilon_0 R_f\ln a) \pm \sqrt{(\varsigma\varphi_{ons} + 4N_p v_f S_f\pi\varepsilon_0 R_f\ln a)^2 - 4\varsigma N_p v_f S_f Q_{f,\lim}\ln a}}{2\varsigma}$$

$$(6-84)$$

由上文可知,a 为大于0、小于1的实数。因此 $\ln a$ 必然小于0,因此存在

$$\sqrt{(\varsigma\varphi_{ons} + 4N_p v_f S_f\pi\varepsilon_0 R_f\ln a)^2 - 4\varsigma N_p v_f S_f Q_{f,\lim}\ln a} > \sqrt{(\varsigma\varphi_{ons} + 4N_p v_f S_f\pi\varepsilon_0 R_f\ln a)^2}$$

$$\geqslant |(\varsigma\varphi_{ons} + 4N_p v_f S_f\pi\varepsilon_0 R_f\ln a)| \geqslant \varsigma\varphi_{ons} + 4N_p v_f S_f\pi\varepsilon_0 R_f\ln a \qquad (6-85)$$

显然 $\varphi_{\max}$ 不可能是负值,因此舍去 $\varphi_{\max} < 0$ 的增根后,可得

$$\varphi_{\max} = \frac{(\varsigma\varphi_{ons} + 4N_p v_f S_f\pi\varepsilon_0 R_f\ln a) + \sqrt{(\varsigma\varphi_{ons} + 4N_p v_f S_f\pi\varepsilon_0 R_f\ln a)^2 - 4\varsigma N_p v_f S_f Q_{f,\lim}\ln a}}{2\varsigma}$$

$$(6-86)$$

相关研究结果表明,在一定条件下,电晕放电在流动空气下的经验公式,可以表示为

$$I_{c,d} = \varsigma (\varphi - \varphi_{ons})(c\varphi - w) \tag{6-87}$$

显然,式(6-87)中要求 φ 不得小于 φ_{ons},ς 和 c 为比例常数,w 表示风速。当充电电流和放电电流达到平衡时,飞行器的电势 φ_f 达到最大值 φ_{max},代入电流平衡方程,得到

$$i_{charge} = i_{discharge} \Leftrightarrow$$
$$N_p v_f S_f (4\pi\varepsilon_0 R_f \varphi_{max} - Q_{f,lim}) \ln a = \varsigma (\varphi_{max} - \varphi_0)(c\varphi_{max} - w) \tag{6-88}$$

进一步整理可得

$$\varphi^2 - \left(\frac{w\varsigma + \varphi_0 c\varsigma + 4N_p v_f S_f \pi\varepsilon_0 R_f \ln a}{c\varsigma}\right)\varphi + \left(\frac{\varphi_0 w\varsigma + N_p v_f S_f Q_{f,lim}\ln a}{c\varsigma}\right) = 0 \tag{6-89}$$

显然,飞行器的电势的两个根为

$$\varphi_{max} = \frac{w\varsigma + \varphi_0 c\varsigma + 4N_p v_f S_f \pi\varepsilon_0 R_f \ln a}{2c\varsigma} \pm$$
$$\frac{1}{2}\sqrt{\left(\frac{w\varsigma + \varphi_0 c\varsigma + 4N_p v_f S_f \pi\varepsilon_0 R_f \ln a}{c\varsigma}\right)^2 - 4\left(\frac{\varphi_0 w\varsigma + N_p v_f S_f Q_{f,lim}\ln a}{c\varsigma}\right)} \tag{6-90}$$

由上文可知,a 为大于 0、小于 1 的实数。因此 $\ln a$ 必然小于 0,因此存在

$$\sqrt{\left(\frac{w\varsigma + \varphi_0 c\varsigma + 4N_p v_f S_f \pi\varepsilon_0 R_f \ln a}{c\varsigma}\right)^2 - 4\left(\frac{\varphi_0 w\varsigma + N_p v_f S_f Q_{f,lim}\ln a}{c\varsigma}\right)} >$$
$$\sqrt{\left(\frac{w\varsigma + \varphi_0 c\varsigma + 4N_p v_f S_f \pi\varepsilon_0 R_f \ln a}{c\varsigma}\right)^2} \geqslant \left|\frac{w\varsigma + \varphi_0 c\varsigma + 4N_p v_f S_f \pi\varepsilon_0 R_f \ln a}{c\varsigma}\right| \geqslant$$
$$\frac{w\varsigma + \varphi_0 c\varsigma + 4N_p v_f S_f \pi\varepsilon_0 R_f \ln a}{c\varsigma} \tag{6-91}$$

所以,在该假定情况下,有

$$\varphi_{max} = \frac{w\varsigma + \varphi_0 c\varsigma + 4N_p v_f S_f \pi\varepsilon_0 R_f \ln a}{2c\varsigma} +$$
$$\frac{1}{2}\sqrt{\left(\frac{w\varsigma + \varphi_0 c\varsigma + 4N_p v_f S_f \pi\varepsilon_0 R_f \ln a}{c\varsigma}\right)^2 - 4\left(\frac{\varphi_0 w\varsigma + N_p v_f S_f Q_{f,lim}\ln a}{c\varsigma}\right)} \tag{6-92}$$

根据以上分析可知,建立微观接触分离前后颗粒物带电量与飞行器总体带电

138

量的定量关系,是获得飞行器吸附起电电流随吸附次数变化的关键步骤。据此可得到一般空间导体吸附起电与静电放电平衡时,导体饱和电量的方程,即导体获得的充电电流等于静电放电的放电电流,即

$$\oiint_S (Q_{p,0} - \pi R_p^2 \cdot \sigma_{sat} \cdot k_p) \mathrm{d}S = I_{discharge} \qquad (6-93)$$

式中:σ_{sat} 与导体的饱和电量 Q_{sat} 成正比,可表示为 $\sigma_{sat} = Q_{sat} k_{st}$,当导体视为孤立导体时,导体上任意点的 k_{st} 由导体的几何外形及该点的位置唯一决定。

6.5　飞行器吸附起电的地面模拟试验

由上文分析可知,飞行器在大气中飞行,会吸附大气粒子并带上与其极性相同的电荷,随着飞行器带电量的增加,单个带电大气粒子向飞行器转移电量的能力越来越弱,直至最终为 0,此时飞行器带电量达到最大。当飞行器存在静电放电等电流泄漏通道时,飞行器的最大带电量会进一步减小。

显然,在地面进行飞行器吸附起电地面模拟试验研究,必须具备带电云雾粒子的发生器、飞行器高速运动的模拟装置以及必要的测试仪器和后处理设备。前文飞行器地面摩擦起电模拟试验的研究,已经解决了后 3 个问题,因此仅需研制带电云雾粒子发生器即可。

6.5.1　带电云雾粒子发生装置

目前市场上并无成熟的带电云雾粒子发生装置,因此针对飞行器吸附起电地面模拟试验研究的特殊要求,专门研制了带电云雾粒子发生装置。其基本要求如下:
(1)能够产生带电云雾粒子。
(2)云雾粒子体电荷密度达到一定量值。
(3)云雾粒子体电荷密度可调节。
(4)云雾粒子流量稳定可控。
(5)使用方便,造价低廉。
(6)发生器简便、安全、可靠。
1)超声波雾化-电晕荷电方案
该方案使用电控超声波发生器,产生特定频率的超声波。超声波在水中传播,使水体产生高频振动,靠近振动界面和水面位置处的水滴振幅较大,脱离水面,形成微小的液滴。通过控制超声波的强度和振动界面的面积,可以控制液滴的产生速率。由于机械振动和液滴脱离水面过程中发生轻微的接触分离,使得液滴上带有微量电荷,但还不足以使试验装置产生明显的测量值,因此必须使液滴荷电量进一步增加。电晕放电可在空间产生大量正、负离子。当液滴通过该区域时,在扩散

荷电和场致荷电原理的共同作用下,吸附大量正、负电荷。

显然,上述方案中,需要配备高压源与电晕放电装置,以形成足够浓度和空间区域的电晕放电正、负离子区,使液滴通过其中时能够带有足够的电荷量。通过控制高压源电压,可以控制电晕放电的强度,进而控制空间正、负电荷密度,达到最终控制液滴电荷量的目的。

由上述分析可知,该方案具有调控方便的显著优点。但是同时由于需要配备高压源和超声波振动等装置,因此系统复杂,成本较高,安全性和可靠性较差。

2) 干冰雾化荷电方案

水分子在常温下会发生部分电离,形成 H^+ 和 OH^-,从而使水具有微弱的导电性。当其中溶解氯化钠等强电解质时,水中的正、负离子浓度会大大增加,使水的导电性大大增加。当水温降低形成冰粒时,在冰－水界面处会形成偶电层,使冰－水界面处形成电势差。冰－水界面的带电极性和带电量与溶液的性质和浓度相关。对于大多数试验溶液,冰与水接触时,一般冰相物质带负电,水溶液带正电。水冻结成冰时,一般由外向内冻结,因此会将部分空气冻结其中,形成气泡。当冰粒重新受热融化时,其中的空气会受热膨胀,对冰粒壁面产生压力。当冰粒壁面因融化而很薄时,冰粒壁面会因空气压力而破裂,空气就会从裂缝中冲出,溅射出很多带负电的水沫,使得最终融化后的水带正电荷,空气中悬浮的水沫带负电荷。与此同时,气泡从水底上浮至水面形成气泡后,在气泡破碎时也会向空气抛射大量带负电的水沫。上述 3 种机理提示出一种简便有效的带电云雾粒子产生方法,本书在此基础上研制了干冰雾化荷电式带电云雾粒子发生器,示意图如图 6－7 所示。

该发生器主要由干冰室及加注装置、滤网、电热丝装置等部分组成。在干冰(固态二氧化碳)被注入反应器的干冰室之前,干冰室的控制挡板保持关闭。此时电加热装置启动,对反应器中的水进行加热,使水温升高至沸点附近。在此过程中,由于水温的升高,水分子的电离度不断升高,使得水中的正、负离子浓度不断增加,但正、负电荷总量仍然保持相等,即仍然保持电中性。当水温达到预定值时,干冰室控制挡板部分打开,均匀注入干冰至热水中。由于干冰密度为 $1560 kg/m^3$($-78℃$),略大于水的密度,因此在其投入水中之后会迅速下沉至水底的滤网上,使其外表面与高温水发生充分接触。由于固态二氧化碳(干冰)熔点为 $-78.5℃$、沸点为 $-57℃$,当其置于高温水中时,会跨过熔化为液态二氧化碳的过程,直接升华为气态二氧化碳,从而在固态二氧化碳周围形成低温二氧化碳气体包裹层,将固态二氧化碳与高温水隔离开。该气体包裹层会随干冰的升华不断增大、破裂、上浮,形成气泡升至水面。由于气体包裹层的不稳定,会不断发生高温水冲破气体包裹层直接与干冰接触的情况。此时,该部分的高温水会因为干冰的升华而失去大量热量,瞬间凝固为微小的冰晶颗粒,被卷吸入低温二氧化碳气体包裹

140

层中。与此同时,低温二氧化碳包裹层也会使与之接触的高温水失去热量,凝固为冰晶颗粒,并被卷吸入低温二氧化碳气体包裹层中。在冰晶颗粒的生成过程中,周围都存在高温水,致使冰晶在形成后就与高温水之间形成偶电层,使其自身带有大量负电荷。当冰晶被卷吸入低温二氧化碳气体包裹层中后,就形成一个个与周围介质绝缘的带负电荷的冰晶颗粒,即图6-8中的A过程。

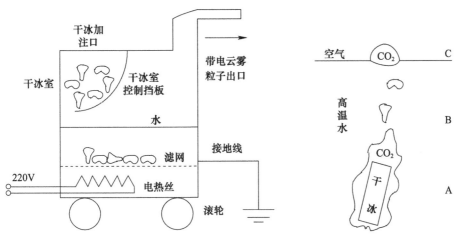

图6-7 带电云雾粒子发生器结构示意图　　图6-8 带电云雾粒子发生器原理示意图

　　冰晶颗粒在被卷吸入低温二氧化碳气体包裹层后,随着包裹层的破裂形成二氧化碳气泡而上浮。在此过程中,由干冰升华而成的低温二氧化碳气体会吸收高温水中的热量,不断升温,使气泡中的冰晶逐渐融化。当冰粒重新受热融化时,其中的空气受热膨胀,对冰粒壁面产生压强。当冰粒壁面因融化而很薄时,冰粒壁面会因空气压强而破裂,空气从裂缝中冲出,溅射出很多带负电的水沫,使得最终融化后的水带正电荷,空气中悬浮的水沫带负电荷。该过程生成的较重的带有正电荷的水滴,由于自身惯性较大,在上浮过程中很容易被高温水重新吸附。而质量很小的带有负电荷的水沫,会随着二氧化碳气泡上浮至水面,该过程使二氧化碳气泡中负电荷的体密度进一步增大。气泡上浮中,气体温度不断升高,冰晶不断融化、挥发,使气泡中水蒸气始终处于饱和状态,即图6-8中的B过程。

　　二氧化碳气泡上浮至水面后破碎,向四周溅射带负电的水沫液滴。气泡内部的饱和水蒸气和部分融化的带负电的冰晶粒子随着气泡的破碎,喷射到常温空气中。由于外部温度较低,二氧化碳气体迅速降温,其中的水蒸气呈过饱和状态,并凝聚成液滴。部分融化的冰晶此时完全暴露在常温空气中,继续融化,形成小液滴。上述3种液滴遂形成白色云雾,随二氧化碳气体一起聚集在反应室内,使反应室压力高于室外大气压。在该压力作用下,白色云雾和二氧化碳气体一起通过带电云雾粒子出口,喷射到空气中,即图 6-8 中的 C 过程。

低温二氧化碳气体包裹层包覆在干冰的周围,增大了干冰的排水体积,使干冰获得的浮力增大。当干冰质量较大时,干冰与低温二氧化碳气体包裹层形成的整体平均密度接近于干冰的密度。但随着干冰的不断升华,其质量不断减小,最终导致干冰与低温二氧化碳气体包裹层形成的整体平均密度不断下降直至小于水的密度。此时,干冰与低温二氧化碳气体包裹层形成的整体就会在水的浮力作用下上浮,并最终升至水面。

干冰升华形成的二氧化碳会部分溶于水,形成碳酸,并进一步发生一级和二级电离,生成氢离子、碳酸氢根和碳酸根,增大水中的正、负离子浓度,加剧上述起电过程。

电热丝加热使得水分子的电离度增大,加剧起电过程,而且不断向水中补充干冰升华等过程从水中吸取的热量,防止水因大量损失热量凝固形成冰壳而阻碍干冰的持续升华。水面与反应室底部之间的滤网,保证投入的干冰始终不会沉入水底,从而能与高温水保持全面的接触,且干冰处于中部时,水的内部对流更加充分,更利于起电过程的产生和发展。

为增加发生器产生云雾的均匀度、喷射距离和速度,在发生器侧面安装电控可调鼓风装置。通过向反应室输送超压空气的方法,改变出口处的气流流速和流量。整个发生器置于万向轮移动平台上,使之能够灵活调节位置。

利用法拉第筒和静电电荷测试仪,对带电云雾粒子发生器在不同工况下产生的云雾粒子体电荷密度进行测量发现,在仅使用普通自来水的情况下,该发生器的云雾体电荷密度最大可达 $-1148nC/m^3$。在向水中加入氯化钠后,该发生器的云雾体电荷密度最大可达 $-4000nC/m^3$。通过控制水温和干冰注入速率,能够灵活调节带电云雾的产生率和体电荷密度,完全能满足本试验的要求。同时该发生器还具有结构简单、造价低廉、工作安全稳定可靠等优点,测试原理如图 6-9所示。

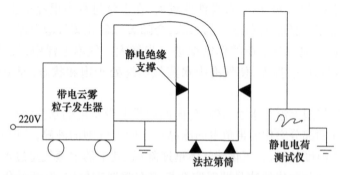

图 6-9 带电云雾粒子发生器电荷密度测试原理示意图

6.5.2 地面模拟试验

基于飞行器摩擦起电地面模拟试验平台,进行了飞行器吸附起电的地面模拟试验,试验平台布置如图 6 – 10 所示。为严格控制试验条件,首先利用控温控湿设备,将试验环境控制在气温 20℃、湿度 30%,并使模拟试验平台在该环境下保持 48h 以上,使其完全与环境同化,达到平衡状态。

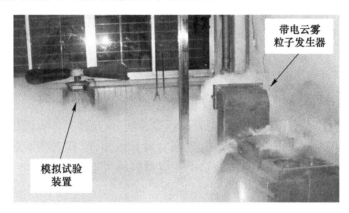

图 6 – 10　飞行器吸附起电的地面模拟试验布置

作为对比试验,在该环境中,首先测试不存在带电云雾粒子情况下,飞行器蒙皮材料与空气中的尘埃等粒子摩擦时,电位随时间的变化情况,如图 6 – 11 中曲线 A 所示。

对比试验结束后,继续保持气温 20℃、湿度 30% 的环境不变,使用离子风消电器消除空间中和试验设备上吸附的电荷,并使模拟试验平台重新在该环境下静置 48h 以上,使其完全与环境同化,达到平衡状态。

同化完毕后,开展飞行器吸附起电地面模拟试验。当试验区域带电云雾粒子总量满足要求试验要求时,迅速启动蒙皮材料动力装置,使其按照预定速度高速旋转。在此过程中利用基于静电电位动态测试仪和虚拟仪器的数据采集、记录装置连续监控蒙皮材料的电位变化。当蒙皮材料电位达到平衡值时,停止云雾发生器和蒙皮材料动力装置,记录试验数据。但此后不关闭数据采集装置,继续监控后续蒙皮材料电位变化情况,如图 6 – 11 中曲线 C 所示。试验现场布置如图 6 – 10 所示。

利用发生器向蒙皮材料周围喷射带电云雾粒子。此时带有大量负电荷的云雾并不直接与蒙皮材料发生接触,产生吸附起电。而是在惯性的作用下逐渐靠近蒙皮材料。由于二氧化碳气体密度大于空气、温度低于空气,因此当含有大量带负电云雾粒子的二氧化碳气体由发生器喷出后,会在重力作用下向地面运动,并最终聚集在地面上。该过程可等效为飞行器在空中飞行时,逐渐靠近带电云雾的过程。

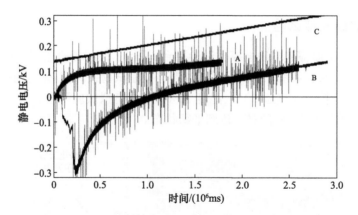

图 6-11　飞行器吸附起电的地面模拟试验电位变化

在静电感应的作用下,飞行器表面电荷会迅速重新分布,使其外表面仍保持为等势面,但是由于其逐渐靠近负电荷区域,电场力对其做功,使其电势不断降低。这与试验中第 100~160s 所观察到试验初期蒙皮材料电位不断下降这一现象一致,如图 6-12 所示。

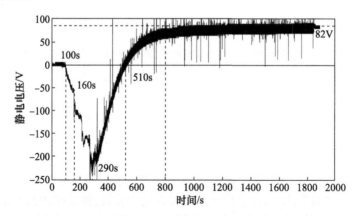

图 6-12　飞行器吸附起电地面模拟试验电位随时间的变化

随着带电云雾的增多,静电感应不断加强,蒙皮材料的电势继续下降。这一过程与飞行器靠近不断发展壮大的雷暴单体情况类似。即飞行器相对位置不变,而带电区域的电荷量不断增大。通过突然注入大量带负电的云雾粒子(第 160s),可以观察到蒙皮材料电位的迅速下降。第 220s 再次注入大量带负电的云雾粒子,也可观察到蒙皮材料电位的迅速下降。这一现象验证了上述分析的正确性。

当试验区域带电云雾粒子总量满足试验要求时(第 290s),迅速启动蒙皮材料动力装置,使其按照预定速度高速旋转。可以发现,由于蒙皮材料高速旋转,引起空气的剧烈对流,使得蒙皮材料制作的扇叶上吸附大量电荷,造成其电位迅速下降,直至第 300 s 电位达到最大电位值 -230V,即此时 $\varphi = \varphi_{\text{f,lim}} = -230\text{V}$。这与飞行器飞入云层的过程类似。即飞行器表面蒙皮材料因为吸附荷电大气粒子,而带有与其极性相同的电荷。随着飞行器带电量的增加,大气粒子电荷转移量逐渐减小并趋于零,飞行器达到最大带电量。必须说明的是,此时空气中的尘埃等粒子也会与蒙皮材料发生摩擦起电,但由于其量值远小于吸附起电的值,因此蒙皮材料电位值仍不断增大。

第 290 s 关闭发生器,使蒙皮材料继续高速旋转。此时带电大气粒子由于随气流高速运动,不断与实验室墙体等接触,泄放电荷,导致空气中的体电荷密度不断减小。与此同时,云雾粒子在高速流动的空气中,融化和汽化的速度增加,使得空气中的云雾粒子半径、数量和带电量同时减小。由 6.4 节分析可知,此时导致蒙皮材料的理论平衡电位也随之减小为 $\varphi'_{\text{f,lim}}$。但是此时由于蒙皮材料对地静电绝缘,其电荷并不会立刻减少,对地电位仍然保持为 $\varphi = -230\text{V} > \varphi'_{\text{f,lim}}$。此时,当带电云雾粒子再次与蒙皮材料发生吸附和分离时,蒙皮材料不但不会获得负电荷,反而会转移一部分负电荷到原本已经带有负电荷的云雾粒子上。即蒙皮材料上的电荷,通过与云雾粒子的吸附和分离,将部分电荷转移至云雾粒子中,并通过云雾粒子与实验室墙壁的接触泄放到大地中。由此可见,此时云雾粒子扮演"电荷搬运工"的角色,形成了输运泄放电流通道。云雾粒子浓度越低,半径越小,这种输运泄放电流就越小,蒙皮材料电位的下降率也越小。这可以由第 400 ~ 510 s 的电位变化中得到验证。因此,也就定性验证了 6.4 节理论建模与分析的正确性。

当空气中带负电的云雾粒子不断减少乃至消失时,原本就大量存在于空气中的尘埃等粒子与蒙皮材料的摩擦起电作用会越来越显著,并逐渐占据主导位置,使蒙皮材料的负电荷不断被中和,正电荷不断累积。在第 510 s 时,蒙皮材料上原本携带的负电荷全部被泄放和中和,电位恢复为试验伊始的 0V,空气中的带电云雾粒子也因为没有持续得到补充而消耗殆尽。此后蒙皮材料仅与空气中的尘埃等粒子发生摩擦起电,并最终达到稳态值 $+82\text{V}$。

第 7 章　飞行器静电放电辐射场建模与测试

飞行器在飞行过程中表面积累大量的静电荷,当静电荷达到一定的程度,就会在飞机的尖端或突起处发生静电放电。静电放电不仅有强电场效应,而且还有电磁辐射效应,静电放电会产生强烈的电磁辐射效应形成电磁脉冲(EMP)。利用这种电磁辐射信号也可以实现对飞行器的被动探测。

在近距探测中,静电放电辐射场的探测技术已在集成电路制造、电力传输故障检测领域得到实际应用,其研究成果有些已形成产品,如 ESD 定位仪。该仪器可准确确定 ESD 事件发生的具体位置,采用具有相当频宽的接收机来检测 ESD 的辐射信号。一般来说,由于 ESD 信号较弱、背景噪声大,这类 ESD 事件定位仪的探测距离一般在 10m 内,主要用于工作厂房内的 ESD 探测。例如,贝尔实验室开发的 ESD 探测仪 T – 100,它能探测距离 7.6m、50 ~ 2000V 的静电放电源,类似的产品还有 Sanki 公司的 ES – 81V 和 Credence 公司的 CTM041 等。该类产品的输入灵敏度可高达 5mV。由于探测距离相对较近,而且该类 ESD 事件辐射信号弱,虽不能用于飞机的目标探测,但对研究电晕放电探测技术具有一定的启发性。

国外从 20 世纪 60 年代开始花费了大量的人力、物力对飞行器静电放电辐射进行了研究,研究结果表明,飞行器电晕放电辐射在一定的距离内可检测。1977年美国的一份研究报告中对飞机和其他航空飞行器的静电特性进行了分析,分析了导致强烈电磁辐射的来源,对辐射场进行了理论计算和测量,并设计出用于接收和分析从带电的飞行物中辐射的电磁信号的装置,构造了一种机翼、机身与尾翼比均约为 20:1 的 KC – 135 飞机的交叉柱式机体模型,利用这个模型进行了飞机电晕针放电辐射的模拟测试,得出了飞机静电放电辐射信号的特性,该文还指出电晕放电几乎存在于绝大多数的飞行条件下,并认为电晕放电的频率范围为 10 ~ 200MHz。

20 世纪 80 年代,俄罗斯也开展了飞机静电放电辐射信号特性研究,并建立了以飞机静电放电辐射场为被动探测源的隐身飞机定位系统。俄罗斯的一份科技报告指出,通过放电器进行的放电过程伴随有电磁波的脉冲辐射,同时,在不同条件下该辐射的峰值功率可以在几十瓦到几十千瓦之间变化,该辐射是伴随任何一个飞行器在大气层飞行过程中的一个稳定特征。文中数据表明,现代宽机身飞机在 10~15s 内就会在表面形成 $1.3 \sim 0.5 \times 10^{-4}$ C 的电量,而在潮湿的气层中这一过程还会快 3~4 倍。研究还证明,放电电流在 0.0001~0.3A 之间,在现代高速军用飞机上的实验得到了类似的结果,并且指出能够实现放电的电荷值应在 $4.5 \times 10^{-6} \sim 1.5 \times 10^{-4}$ C 之间。

近年来,国外对于利用飞行器静电放电辐射场进行目标探测的文献很少,很难找到相关资料。2004 年,国内学者张义军博士等介绍了美国新墨西哥理工大学建立的三维雷电观测系统 LMA(Lightning Mapping Array),利用该系统可以在地面上很好地探测到穿云飞机上产生的电磁辐射,它具有高灵敏度和高时空精度的特点,利用这套雷电观测系统探测到不少飞机穿云时产生的辐射。三维雷电观测系统 LMA 的主要原理是利用全球定位系统(GPS)和时差技术定位雷电的甚高频(VHF)辐射源,从而得到雷电发生发展过程的三维时空分布特征。这一系统的时间分辨率为 50ns,空间精度可达 50~100m,其中心频率为 63MHz,带宽为 6MHz,可以探测 300km 以内的闪电活动。文中认为,利用 LMA 测量系统可以在地面被动探测各种具有电磁辐射或通过某种机制产生电磁辐射的飞行器的运动轨迹和固定电磁辐射源的精确位置。从目前公开的文献来看,国内基本上没有开展利用飞行体静电放电辐射场来进行被动探测的研究工作。

7.1 静电放电辐射场计算

7.1.1 静电放电辐射场基础理论

偶极子法和传输线法是两种比较经典的研究放电辐射场的解析法。针对典型的闭合针板电极放电和火花放电,研究人员多采用短偶极子天线或与小环天线组成的等效辐射模型计算其辐射场。对于单电极电晕放电,产生的电磁辐射来源于两部分,一部分来源于空气电晕区通道内高速运动的电荷向外辐射的电磁场,另一部分源自电晕放电激发导体产生脉冲电流辐射的电磁场,对于前者采用偶极子模型,对于后者采用传输线模型。

7.1.1.1 偶极子模型

部分研究人员认为,放电电极尺寸和间隙长度远小于电晕电流脉冲的上升沿,电流在电极和间隙之间传播时电流的分布是均匀的,可采用电流振子模型来分析其瞬态电磁辐射场,因此可将电晕通道视作图 7-1(a)所示的电偶极子分析。

P 为测试点,h 为电晕源离地高度,r 是测试点与源点的水平距离。根据偶极子场特性,得到空间电晕区电磁场的解析表达式为

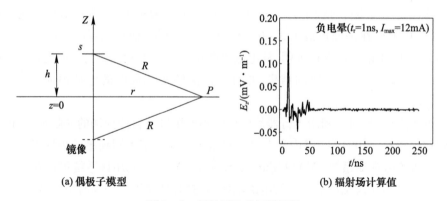

|(a) 偶极子模型|(b) 辐射场计算值|

图 7-1 偶极子法求解辐射场

$$\bar{E}(z,r,t) = \bar{a}_z \frac{s}{2\pi\varepsilon_0} \left\{ \left[\frac{3r^2}{R^2} - 1 \right] \left[\frac{Q(t-R/c)}{R^3} + \frac{i_c(t-R/c)}{cR^2} \right] + \right.$$
$$\left. \left[\frac{r^2}{R^2} - 1 \right] \frac{1}{c^2R} \frac{\partial i_c(t-R/c)}{\partial t} \right\} \tag{7-1}$$

$$\bar{H}(z,r,t) = \bar{a}_{r\perp} \frac{s}{2\pi} \frac{h}{R} \left[\frac{i_c(t-R/c)}{R^2} + \frac{1}{cR} \frac{\partial i_c(t-R/c)}{\partial t} \right] \tag{7-2}$$

式中: $R = (h^2 + r^2)^{1/2}$; $i_c(t)$ 为电晕电流。式(7-1)和式(7-2)表明,电晕产生的电磁场由电荷项、电流项和电流微分项 3 部分构成,但对远区场起主要作用的是电流微分项,因为它与距离一次方成反比关系衰减,产生的电磁波近似为平面电磁波,符合电磁波辐射和传播的一般规律。图 7-1(b)是实测电流远区辐射场计算值,结果表明时域电场信号呈现衰减振荡特性。

7.1.1.2 传输线模型

气体放电及其电磁辐射是一个异常复杂的物理过程,电流是存在于整个回路中而并非仅仅存在于间隙中。部分学者认为,脉冲电流流经金属电极,由于天线效应依然会向周围空间辐射电磁波,但这个过程中电磁辐射规律并不适合用偶极天线理论来分析,而应该采用传输线模型。采用传输线模型基于频域法求解电晕脉冲电流注入导体产生的辐射场,等效模型如图 7-2(a)所示。

根据电磁场相关理论,可计算得到 z 轴上的电流元 Idz' 在测试点 $P(r,\theta,\phi)$ 处的 E_θ 为

$$dE_\theta = i\omega\mu_0 \frac{e^{-ikr}}{4\pi r} \sin\theta e^{ik\cos\theta z'} I(z') dz' \tag{7-3}$$

对于线长度远大于尖端半径的导体,假设其两端开放,尖端反射系数为 Γ_0,终端反射系数为 Γ_1,可得导体上电流分布的频域形式为

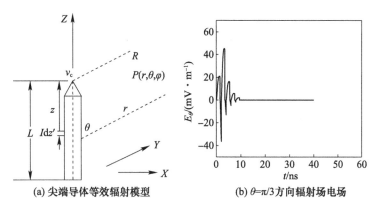

(a) 尖端导体等效辐射模型 (b) $\theta=\pi/3$方向辐射场电场

图 7-2 传输线法求解辐射场

$$I(z',\omega)=I(0,\omega)\left[\,e^{-ikz'}+\varGamma_1e^{-ik(2L-z')}+\varGamma_0\varGamma_1e^{-ik(2L+z')}+\right.$$

$$\left.\varGamma_0\varGamma_1^2e^{-ik(4L-z')}+\varGamma_0^2\varGamma_1^2e^{-ik(4L+z')}+\varGamma_0^2\varGamma_1^3e^{-ik(6L-z')}+\varGamma_0^3\varGamma_1^3e^{-ik(6L+z')}+\cdots\right]$$

$$(7-4)$$

计算式(7-4)所示分布电流产生的辐射场时,$r=R+z'\cos\theta\approx R$,求得频域的辐射场为

$$E_\theta(R,\omega)=i\omega L\mu_0I(0,\omega)\frac{e^{-ikR}}{4\pi R}\sin\theta\left\{\frac{\sin kz_1}{kz_1}\left[\,e^{-ikz_1}+\varGamma_0\varGamma_1e^{-ik(2L+z_1)}+\cdots\right]+\right.$$

$$\left.\frac{\sin kz_2}{kz_2}\left[\varGamma_1e^{-ik(2L-z_2)}+\varGamma_0\varGamma_1^2e^{-ik(4L-z_2)}+\cdots\right]\right\}\qquad(7-5)$$

假设初始电流脉冲为$\delta(t)$,则$I(0,\omega)=1$,得到尖端导体注入$\delta(t)$电流时的冲激响应为式(7-5)与式(7-6),式中$\tau=t-R/c$。

$$e_\theta(R,t)=\frac{c\mu_0}{4\pi R}\left\{\frac{\sin\theta}{1+\cos\theta}\left[\delta(\tau)-\delta\left(\tau-\frac{2z_1}{c}\right)+\right.\right.$$

$$\varGamma_0\varGamma_1\delta\left(\tau-\frac{2L}{c}\right)-\varGamma_0\varGamma_1\delta\left(\tau-\frac{2L}{c}-\frac{2z_1}{c}\right)+\cdots\right]+$$

$$\frac{\sin\theta}{1-\cos\theta}\left[-\varGamma_1\delta\left(\tau-\frac{2L}{c}\right)+\varGamma_1\delta\left(\tau-\frac{2L}{c}+\frac{2z_2}{c}\right)-\right.$$

$$\left.\left.\varGamma_0\varGamma_1^2\delta\left(\tau-\frac{4L}{c}\right)+\varGamma_0\varGamma_1^2\delta\left(\tau-\frac{4L}{c}+\frac{2z_2}{c}\right)\cdots\right]\right\}\quad(7-6)$$

当尖端导体注入电晕脉冲电流$i(t)$时,可根据卷积公式得出尖端导体电晕放电辐射场电场时域表达式为

$$E_\theta(R,t)=e_\theta(R,t)\otimes i(t)\qquad(7-7)$$

式(7-6)和式(7-7)计算结果表明:尖端导体因注入电晕脉冲电流产生的辐射场与距离一次方成反比例衰减关系;辐射场的分布与方向角 θ 有关;辐射场的幅值与导体两端反射系数及脉冲电流幅值有关;辐射场的频率决定于导体的长度及电晕电流波形参数等因素。图 7-2(b) 所示为脉冲电流注入 30cm 长的导体产生的 $\theta = \pi/3$ 方向的辐射场电场。

计算结果表明,偶极子法计算得到的辐射场信号时域仍然呈现单脉冲状,略有振荡;相比之下,传输线法得到的信号呈现衰减振荡。不管是哪种方法,计算过程均较为复杂。

解析法研究放电的辐射问题本质上是做了大量的简化,实际放电的辐射机理可能更加复杂。该方法对信号的测试提出了较高的要求,只有采用时域脉冲天线对放电辐射信号进行测试,测试结果才能与理论计算具有较好的一致性。但是在实际工程应用中,工作人员采用的测试天线类型繁多,这就导致即使对于同一个辐射信号不同类型的接收天线得到的信号差异性较大,测试得到的辐射信号时域波形往往与理论计算差别较大。

7.1.1.3 静电放电辐射场研究状况

早期对 ESD 产生的电磁场的理论研究主要是解析法,集中在静电火花放电过程中产生的电磁场,并相应提出了许多模型。

其中最著名的就是 P. F. Wilson 在 1991 年提出的偶极子模型。该模型假设 ESD 过程中的电磁场主要是由 ESD 火花所产生的,而 ESD 火花可以简化成位于无限大导电接地平板上的电小尺寸、时变线性偶极子,于是平板上半空间的电磁场就可以看作由偶极子和它的镜像偶极子产生的。偶极子模型非常便于分析电磁场与电流的依赖关系,分析近区场和远区场的特点,但该模型的缺点之一是没有考虑电荷产生的电场,不能正确计算出近区场的真实时域波形。

对于 ESD 产生的电场 Y. Tabata 曾经提出双球电极模型,即把 ESD 的两放电电极等效为两个相邻的带不同电荷的小球,ESD 过程中的场看作由这两个球上的电荷所产生,而两个球上的电荷在放电过程中是变化即衰减的,所以他把这个过程中的场看成静电场的波动和变化。双球模型能够比较好地计算 ESD 过程中近区电场,但它忽略了电流产生的场,所以不能正确计算远区场。

S. Ishigami 认为,除了火花电流产生的电磁场外,还应该考虑初始静止电荷和电荷开始时刻的转移对场的贡献。近年来他又提出了一个双源模型,把场看成放电弧和放电电极上的电流两部分所产生的场的叠加。

O. Fujiwara 根据 Rompe - Weizel 公式计算出的放电弧电阻,给出了一个源 ESD 模型,分析出的辐射场与 Wilson 和 Ma 给出的场测量数据吻合得相当好。他的模型还很好地解释了 M. Masugi 的观点,即往往低的放电电压所产生的辐射场的高频成分更强。

盛松林博士在 P. F. Wilson 的偶极子模型基础上提出了一种改进的偶极子模型,模型充分考虑了放电电极上静电荷产生的静电场,这部分电场分量在近场区域很强,尤其是在 1m 以内的较近区域,其强度往往达到数千伏/米以上。

以上各理论模型中,都要考虑计算所采用的 ESD 电流,既可以利用实测电流也可用国际电工委员会(IEC)标准(对应欧洲的 CENELEC 标准)所给出的电流波形。它们各有优缺点:用实测电流计算得到的场便于与同时测量到的场进行比较,可以定量分析;用标准电流波形计算得到的场具有更广泛的代表性。

目前的 IEC 标准中的 ESD 电流波形采用人体 – 金属模型的典型双峰波形。但是,IEC 标准仅仅规定了 ESD 电流的典型波形大致形状和一些特征数据,如上升时间、峰值、30ns 和 60ns 的值,而没有给出类似雷电电流 10 阶 Heidler 函数式的电流波形解析表达式,这给用户在引用标准电流时带来不便和不确定性,也给计算和分析 ESD 相关电磁场的工作带来困难。许多学者曾经对这个问题进行过试探性研究,也有一些 ESD 电流表达式被提出:1991 年 Keenan 和 Rosi 曾经提出一个四指数电流波形;1998 年 Berghe 和 Zutter 在研究 ESD 信号通过同轴电缆耦合进入电子设备内部时,提出了一个基于高斯函数的解析表达式。这两个表达式均能描述出 ESD 人体 – 金属模型的基本特征,即整个放电过程包括快放电和慢放电两部分,改变各参数的值,能够对波形进行调整。但是,它们都存在两个缺点:一是零时刻电流时间导数不为零,这与物理事实不符,而当考虑 ESD 相关的场效应时,电流时间导数的影响非常大;二是波形与标准中电流波形特征数据之间存在较大差异。由于这些缺陷,因此它们均未被 IEC 采纳。由于脉冲函数具有很多好的特性,譬如波形的峰值、前后沿的时间及其导数几乎都可以通过相关参数独立调整,且具有零时刻时间导数为零、积分和微分计算方便等特性,非常适合于描述脉冲电流波形,因此,为更易于通过理论和数值计算对 ESD 场进行分析,有必要研究一种能够反映 IEC 标准中所规定参数要求的 ESD 典型电流解析表达式。

采用解析的方法求解瞬变电磁场的分布,对一些简单的源可以很好地建立模型,求出精确解,但对于一些复杂结构的源则不好建模,解析方法就失去了优势,在这种情况下一般采用数值方法。比较常用的有时域有限差分(FDTD)法、矩量法(MoM)、有限元法(FEM)、几何衍射理论(GTD)和一致衍射理论(UTD)等,采用这些数值方法可以很方便地对所研究的问题进行建模,求出场分布的近似解。目前采用数值方法对静电火花放电产生的电磁场进行研究的文献还不多。意大利的 Marco Angeli 采用 FDTD 方法分别对球电极与接地平板间的放电辐射场及金属屏蔽体内的静电放电场进行了计算,所采用的放电电流分别是测量电流和标准中规定的电流。国内目前还未见这方面的研究,因此,利用数值方法建立 ESD 场分布模型是一个需要研究的内容。微电子设备机壳内部发生静电放电时,会对电路和器件产生一定的干扰和损坏,这是长期困扰高压电力部门的一个问题,目前对此的研究还仅停留在过去的经典分析和实验方法上,因此对这种较为复杂的问题需要采用数值方法来做进一步分析,得出设备机壳内场的分布特征来指导实现相应的防护。

当 ESD 电流通过长的接地导线时会产生较强的电磁辐射,D. Pommerenke 在实测中发现,ESD 的电流波形第一尖峰基本不受接地导线的影响,接地导线只影响第二个缓变的脉冲。基于此,有学者提出了一长导体解析模型,认为在接地导线中电流处处相等,但当细导线不接地时,ESD 电流第一尖峰的影响就不能忽略,那么注入导线的电流脉冲传播时间比波形的上升时间就大得多,因此导线中的电流不能看作均匀分布,那么基于电、磁偶极子小天线的解析方法分析不再适用,为此需研究适当的数值方法。目前,国外开始对这一问题进行研究,意大利的 G. Cerri 对有 ESD 电流注入的单极子天线和环,用修改的电场积分方程(EFIE)进行时域分析,流过导线的 ESD 电流用时域矩量法(MoMTD)法确定,数值计算的结果与测量结果比较吻合。

自 20 世纪 80 年代以来,国内外学者开展了核电磁脉冲(NEMP)、高功率微波(HPM)、超宽带(UWB)脉冲等电磁脉冲对微电子设备耦合机理的研究,主要集中在电磁脉冲通过与微电子设备机壳相连电缆和导线及壳体上的孔缝对其耦合的问题,所采用的方法包括传输线理论(TLT)及前面所提到的各种数值计算方法。但以往的研究都是把各种电磁脉冲看作平面电磁波对微电子设备入射,这样比较容易建立计算模型,而静电放电作为近场电磁危害源,其产生的电磁场不能看作平面电磁波来处理,这给建模带来了难度。从 20 世纪 90 年代初,国外许多学者采用各种数值方法从理论上研究了直接和间接静电放电对微电子设备的耦合机理,这里的"直接"和"间接"是静电放电相对于受试设备来说的,直接对受试设备进行静电放电称为直接静电放电;否则,称为间接静电放电。对微电子设备金属机壳和相连电缆进行直接静电放电,可以在机壳表面和电缆上产生一定的瞬态电流分布,通过机壳上的孔缝和穿透电缆对设备内部电路产生辐射干扰,瞬态电流还可以沿与设备相连的电缆传输到其他设备中对其产生干扰。间接静电放电可以产生频谱很宽的可达几吉赫兹的辐射场,同其他典型电磁脉冲耦合方式一样,ESD 电磁脉冲通过与设备相连的电缆、导线和孔缝耦合进入其内部,对微电子电路和元件产生干扰或损坏。

国外采用数值计算的方法从理论上研究了这些问题。1995 年 Angeli 通过频域内的磁标势方法分析了 ESD 在有缝隙机壳上的 FDTD 电磁干扰模型,次年他又在时域采用同样的方法研究了带缝隙金属机壳上 ESD 电磁干扰模型,并分析了接地线的不同对辐射水平的影响。从 1993 年开始,意大利的 G. Cerri 从理论和实验上研究了 ESD 对电子设备的间接耦合,考虑了 3 种典型结构模型,即同轴电缆的一维情况、印制电路板(PCB)的二维情况以及 ESD EMP 对金属机壳缝隙渗透的三维情况,用传输线理论分析 ESD 对电缆和 PCB 上走线的耦合,电磁场对机壳缝隙的耦合可以把谐振腔体看作负载,用等效原理解决,在缝隙处对电场积分,数值上用矩量法,他还采用了 FDTD 方法和模态扩展方法,通过机壳上的缝隙的电磁耦合对流过金属机壳外屏蔽体的 ESD 电流进行了分析。最近,G. Cerri 又进一步对电子设备金属机壳中的静电放电效应进行了深入分析,把 ESD 电流沿电缆穿过机壳的缝隙用等效磁流代替并采用 MoM 求出,把机壳内的 ESD 等效为电偶极子和磁偶极子并用模态方法计算了机壳内电缆感应的电流和电压,他又和 G. Caccavo 根据等效原理采用 MoM 和 FDTD 混合的方法研究了静电放电场对内有电路板的带缝隙金属机壳的渗透,得出了空腔体比装有电路板的腔体内的场强低的结论。香港的 L. C. Fung 等研究了 ESD 通过屏蔽体的缝隙对 PCB 信号线的效应,他也把缝隙处感应的电场看作壳体内所激励场的源。比利时的 Steve 用 FDTD 方法研究了 ESD 对由同轴电缆连接的两个系统各种通路的效应,电缆内导体感应的干扰信号用电缆屏蔽体的转移阻抗来估算,还研究了对连接系统其中一个进行直接静电放电时,电缆的存在对耦合的影响。研究结果表明,如果放电的频率成分多(低压放电情况),ESD 通过电缆比通过机壳缝隙更容易进入微电子设备。国内对 ESD 与微电子设备电磁耦合的研究也主要停留在实验方面,因此需要加强理论方面的研究,以指导实验研究。

人们起初在做 ESD 注入效应实验时,发现了 ESD 产生的瞬变辐射场的危害。例如,惠普公司的工程师 Martin Rowe 提到了由于辐射场的存在而导致在进行电子设备 ESD 传导抗扰度实验时出现偏差,他将 ESD 模拟器用铝铂屏蔽起来后,再做同样的传导抗扰度实验,发现那些在 1.8kV 或 3.8kV 放电电压但不加屏蔽措施时通不过抗扰度测试的设备,居然能通过 8kV 的 ESD 传导抗扰度测试。由于当时示波器带宽有限,所以他们用 EMI 天线和频谱分析仪来观察陡峭的电流上升沿所产生的高频辐射场成分,发现了高达 3.8GHz 的频率成分。在实验室进行实验过程中,曾经发现 ESD 产生的电磁干扰可以导致 10m 外的计算机死机甚至主板损坏。

之后人们从实验方面逐渐重视对 ESD 产生的瞬变场及其与微电子设备耦合的研究。King 在 1962 年首先给出了某 ESD 模拟器产生的辐射场的场强值,建议在放电火花参数保持恒定的情况下,用 ESD 模拟器来产生频谱成分相对稳定的、有相当强度的宽带电磁场,M. Mardiguian 等在不同距离和极化方向等方面测量过 ESD 辐射场,希望能够预测出场强大小和分布。日本学者 Honda 利用单极子天线配合频谱分析仪组成了一个早期的测量系统,曾经测量 ESD 电场在附近一个带开口的金属箱内的耦合电场大小和频谱分布,发现放电电压在 10kV 左右时产生的辐射电磁场幅度最强。香港城市大学的梁世荣等用 ESD 模拟器在有缝隙金属机壳上进行静电放电,从实验上研究了 ESD 对带缝隙金属机壳的耦合规律。

随着人们研究的深入,建立统一的敏感度测试标准逐渐提上议事日程,1995年国际电工委员会颁布了敏感度测试标准 IEC1000 – 4 – 2(第一版),并在 1998年和 2000 年经过两次修正,在 2002 年 3 月颁布了新的第二版标准 IEC61000 – 4 – 2,标准中将人体 – 金属模型的电流波形作为典型的 ESD 电流波形,并分别通过对水平耦合板和垂直耦合板的静电放电来实现对附近微电子设备的敏感度测试。

7.1.2　电晕电流特性

研究电晕放电辐射场的特性,首先要弄清电晕电流的特性,下面以圆柱体电极($r = 1$cm)为阳极,阴极为平板,极间距离为 d(cm)的导体板电极来说明正电晕物理过程和脉冲电流的特点。图 7 – 3 显示了在 d 不变的条件下,放电各阶段平均电流及脉冲重复频率随着电压升高的变化情况,h 是电流脉冲重复频率,即单位时间内电流脉冲出现的次数。从图中可以看出,开始电流约为 10^{-13} A,这是由于外电离因子在间隙气体中产生电子及离子引起的饱和电流。电压提高到约 8kV 时,电离开始,电流急剧上升,电流特征为脉冲电流,脉冲重复频率随着电压升高而提高。区域 2 中出现了流注,区域 3 中电流逐渐上升,过渡到稳定的辉光放电,电流中没有出现脉冲。区域 4 出现了击穿流注,这时又突然出现脉冲电流,最后电压升高到一定程度导致击穿。

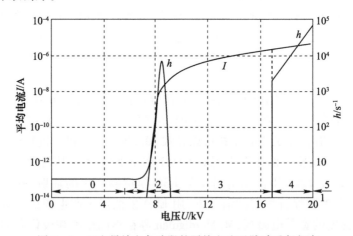

图 7 – 3　正电晕放电各阶段的平均电流及脉冲重复频率

从图 7 – 3 中可以看出,正电晕放电发展为电火花前分为 3 个阶段,随着电压的升高,分别为起始流注、辉光、击穿流注。发生流注时,脉冲电流的幅值很大,而且具有很高的脉冲重复率。实验数据表明,起始流注脉冲电流的幅值为 0.3 ~ 240mA,脉冲上升时间为 20 ~ 40ns,半峰值时间为 100ns,击穿流注脉冲上升时间更小,约为几纳秒,脉冲重复率约为 10^4 次/s。击穿流注脉冲电流的上升时间很短,

154

幅值很大。

　　由于电晕放电具有明显的极性效应,负极性电晕电流的特性与正电晕不同。实验表明,电晕电流的波形随电压变化有以下几个阶段:在电压很低时,电流极小,脉冲波形不规则,当电压升至一定数值时,出现有规律的重复脉冲电流;电压继续升高,脉冲幅值不变,但频率增高,平均电流不断加大;电压继续升高,高频脉冲消失,转入持续电晕阶段,电流随电压升高继续增大;电压进一步增加,临击穿时出现刷状放电,又出现不规则的强烈的脉冲电流。归纳起来,负电晕分为特里切尔脉冲、负辉光和负流注阶段。负流注阶段的电流,有一部分是柱态的,上面叠加规则脉冲,其脉冲上升时间约为 $0.5\mu s$,比其他阶段的脉冲上升时间要长得多,原因是负电晕放电时负流注建立比较慢,它的尖部要通过负离子空间电荷的间隙,会被负离子偏移。

　　综上所述,电晕电流的特性与电晕区的形式有很大的关系。不同极性的电晕放电的形成机理和电流特性不同,而且电晕区的形式也不一样。电极的电压是决定电晕区的形式,在一定的电压作用下,正电晕的主要特征是流注,而负电晕放电为稳定的辉光,当电压升高时,负电晕也能发展为流注。不同的电晕区形式对应的电流特性不同,当电晕区为稳定的辉光放电时,电流的重复频率较规则,电流较小;当电晕区为流注时,脉冲的上升时间较大,高频成分丰富,电流幅值较大。

　　此外,电晕放电与其他形式的放电有本质的区别,电晕放电时的电流强度并不取决于外电路中的阻抗,而取决于加在电极之间的电压大小、电极的形状(绝缘子曲率半径)、极间距离、气体的性质和密度(天气湿度以及空气的流动速度)等。

7.1.2.1　电晕电流理论计算和分析

　　为了从理论上分析电晕辐射电磁信号的频率特性,需要准确知道电晕电流的波形参数。对于尖端导体的电晕放电,尖端周围的电场强度非常大,而且分布极不均匀,当电场强度达到空气击穿场强时,尖端周围的空气发生电离,产生电荷,在电场作用下迅速移动,一部分电荷进入导体,另一部分留在电晕区中,进入导体的电荷激发导体电流,电晕区中的电荷在电场的作用下做加速运动,形成电晕区电流。因此,电晕电流包括两部分,即空气中电晕区的电流和在导体上激发的电流,这两部分电流对电晕辐射电磁信号都有贡献,因此需要对这两部分电流进行理论分析。电晕电流计算模型采用圆柱形尖端导体 - 平板电晕放电系统,如图 7 - 4 所示。

　　图 7 - 4 中,尖端半径为 r,导体与板间距离为 d,导体的长度为 l,板为无限大的接地平板,s 为电晕区的线度。$J(x,t)$ 为电晕区的电流密度,$i(t)$ 为尖端发生电晕时在导体上激发的电晕电流。从第 3 章的分析可知,喷气式飞机一般带负电,因此重点分析负电晕时的电晕电流。假设导体只在尖端产生电晕,其余处没有电晕,导体的电压极性为负极性。下面利用气体放电理论来分析和计算电晕放电的电晕区电流密度和导体电流以及两者的关系,讨论电晕电流的波形特性和影响因素。

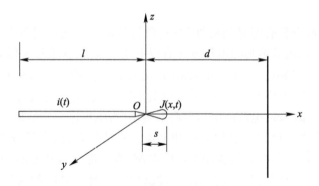

图 7-4 电晕电流计算模型

1）空气中电晕区电流密度计算

从气体放电理论可知,在电晕放电的形成和发展过程中,电场强度起着重要的作用,当电场强度达到空气的击穿场强时,发生碰撞电离,碰撞电离系数与电场强度有关,因此,需要对计算模型的电场强度空间分布进行理论分析。内径为 r、外径为 R 的典型同轴圆柱电极间的空间场强分布解析式为

$$E(x) = \frac{U}{x\ln\left(\dfrac{R}{r}\right)} \tag{7-8}$$

式中:x 为电极间任一点离内圆柱中心的距离;U 为内、外导体的电压差。

对图 7-4 所示的计算模型进行近似处理,当 r 非常小,$d \gg r$ 时,可以将计算模型用同轴圆柱电极等效,接地平板可以用外圆柱电极代替,导体用圆柱内电极代替,导体尖端的形状为半圆球,圆球半径为 r,如图 7-5 所示。考虑到外电极接地时,内电极镜像对场的分布有影响,因此,导体板电极间的电场分布为

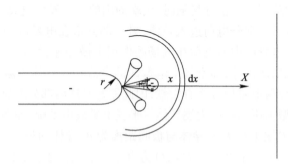

图 7-5 导体尖端等效模型

$$E(x) = \frac{U}{(x+r)\ln\left(\dfrac{2l}{r}\right)} \tag{7-9}$$

156

式中:x 为导体尖端到接地平板中任一点的距离;U 为导体的电位;$2l$ 为导体到镜像的距离,即 2 倍于导体到板的距离。从式(7 - 9)可知,当 $x = 0$ 时,导体表面的电场强度为

$$E(0) = \frac{U}{r\ln\left(\dfrac{2l}{r}\right)}$$
(7 - 10)

式(7 - 10)与式(7 - 8)一致。

当圆柱形导体发生负电晕放电时,由汤逊碰撞电离理论可知,在极不均匀电场的作用下,导体周围的空气发生电离,产生大量的电子和正负离子,由于电子的漂移速度远大于正离子的漂移速度(通常可高出两个数量级),所以在极短的时间内,电子崩中产生的电子很快地跑在雪崩前面,而正离子相对于电子来说好像是固定不动的,所以起初空气电流主要由电子的移动决定,然后由大量积聚的正、负离子决定,同时正离子及光子在阴极表面激发出新的电子,电晕区中的电子与正离子复合产生的光发射,使空气中光致电离作用大大加强,产生二次电子,所以放电电流可分为电子电流和离子电流。根据气体放电理论可知,电晕放电过程中,在电子阶段电流具有非常快的上升沿,而在离子阶段电流呈指数衰减,电流上升沿决定了辐射电磁波的频率特性,因此,我们重点研究空气电晕区中的电子电流。从气体放电理论可知,气体放电电子的形成主要有两个过程,电子雪崩和二次电子发射。为了简化计算,进行电晕区电子电流密度推导时不考虑 γ 的作用。

以 N_e、N_p 表示电子和正离子的密度,v_e、v_p 表示电子和正离子的漂移速度,e 为单个电子的电量,位于 x 和 $x + \mathrm{d}x$ 处两球面内,电子数量的变化为 $\frac{\partial N_e}{\partial t}S\mathrm{d}x$,$S\mathrm{d}x$ 为体积元。

由 x 进入 $\mathrm{d}x$ 的电子数为 $(N_e v_e)_x S$,每秒离开 $x + \mathrm{d}x$ 的电子数,不计高次项,为

$$(N_e v_e)_{x+\mathrm{d}x}S = (N_e v_e)_x S + \frac{\partial(N_e v_e)}{\partial x}S\mathrm{d}x$$
(7 - 11)

在 $\mathrm{d}x$ 内,由于碰撞电离的作用产生新电子数为 $(N_e v_e S\mathrm{d}x)\alpha$。$N_e$ 的时间变化率应等于电子密度的增加减去损失的数目,即

$$\frac{\partial N_e}{\partial t}(S\mathrm{d}x) = (N_e v_e)_x S - (N_e v_e)_x S - \frac{\partial(N_e v_e)}{\partial x}S\mathrm{d}x + N_e v_e S\mathrm{d}x\alpha$$
(7 - 12)

$$\frac{\partial N_e}{\partial t} = -\frac{\partial(N_e v_e)}{\partial x} + N_e v_e \alpha$$
(7 - 13)

电子电流密度为

$$J_e(x,t) = N_e v_e e$$

假设 v_e 为常数,式(7-13)变为

$$\frac{\partial}{\partial t}\left(\frac{J_e}{v_e}\right) = -\frac{\partial J_e}{\partial x} + \alpha J_e \qquad (7-14)$$

令

$$J_e(x,t) = y(t)J_e(x) \qquad (7-15)$$

代入式(7-14),整理后得

$$\frac{y'(t)}{y(t)} = -v_e\left[\frac{J_e'(x)}{J_e(x)} - \alpha\right] \qquad (7-16)$$

式(7-16)为常数,令其为 $1/\tau$,积分后,得

$$y(t) = y(t_0)e^{(t-t_0)/\tau} \qquad (7-17)$$

由式(7-16)可得

$$\frac{J_e'(x)}{J_e(x)} = \alpha - \frac{1}{\tau v_e}$$

上式积分后得

$$J_e(x) = J_e(0)e^{\int_0^x\left(\alpha-\frac{1}{\tau v_e}\right)dx'} \qquad (7-18)$$

将式(7-17)、式(7-18)代入式(7-15),得

$$J_e(x,t) = y(t_0)J_e(0)e^{(t-t_0)/\tau}e^{\int_0^x\left(\alpha-\frac{1}{\tau v_e}\right)dx'} \qquad (7-19)$$

即

$$J_e(x,t) = J_e(0,t_0)e^{(t-t_0)/\tau}e^{\int_0^x\left(\alpha-\frac{1}{\tau v_e}\right)dx'} \qquad (7-20)$$

$$J_e(x,t) = J_e(0,t-t_0)e^{\int_0^x\alpha dx'} \qquad (7-21)$$

式中:t_0 为电子运动到 x 位置所用的时间。由于电子运动速度 v_e 与电场强度成正比,满足 $v_e = \mu E$,μ 为电子迁移率,所以均匀电场中 $t_0 = x/v_e$,电子电流密度满足

$$J_e(x,t) = J_e\left(0,t-\frac{x}{v_e}\right)e^{\int_0^x\alpha dx'} \qquad (7-22)$$

如果已知阴极电子电流密度,由式(7-22)可以计算出距离 x 处及 x/v_e 时刻的电子电流密度值。对于导体板电晕系统,由于电场分布极不均匀,电子速率 v_e 与电场有关系,因此 t_0 可以用电场差分方程来的计算。由式(7-9)可知,x/n 处的电场强度为

$$E(n) = \frac{U}{\left(\frac{x}{n+r}\right)\ln\left(\frac{2l}{r}\right)} \qquad (7-23)$$

由电子速率、电场强度、电子迁移率的关系可知 $v_e(n) = \mu E(n)$，其中 μ 为迁移率，$v_e(n)$ 为电子在 x/n 处的运动速度。

电子运动 x/n 距离的时间 t_n 为

$$t_n = \frac{\dfrac{x}{n}}{v_e(n)} = \frac{\dfrac{x}{n}}{\mu E(n)} \tag{7-24}$$

将式 $(7-23)$ 代入式 $(7-24)$，得

$$t_n = \frac{\dfrac{x}{n}}{\mu E(n)} = \frac{1}{\mu U}\ln\left(\frac{2l}{r}\right)\frac{x}{n}\left(\frac{x}{n}+r\right) \tag{7-25}$$

因此，有

$$t_0 = \sum_n t_n = \frac{1}{\mu U}\ln\left(\frac{2l}{r}\right)\frac{x}{n}\left(\frac{n(n+1)}{2}\frac{x}{n}+nr\right) = \frac{1}{\mu U}\ln\left(\frac{2l}{r}\right)x\left(\frac{(n+1)}{2}\frac{x}{n}+r\right) \tag{7-26}$$

当 $\dfrac{n+1}{n}\approx 1$ 时，式 $(7-26)$ 可表示为

$$t_0 = \frac{1}{\mu U}\ln\left(\frac{2l}{r}\right)\left(\frac{x^2}{2}+rx\right) \tag{7-27}$$

在不均匀场中，电场强度与空间位置有关，α 是电场强度和位置的函数，而且研究表明，α 还与放电空间的气体粒子密度有关，也就是和气压 p 有关，利用气体放电的理论可以得出以下函数关系，即

$$\frac{\alpha}{p} = A\exp\left(-\frac{B}{E/p}\right) \tag{7-28}$$

式中：A、B 为常数；$B = AU_i$，U_i 为气体的电离电位常数。

在式 $(7-21)$ 中，电子增值项 $e^{\int_0^x \alpha dx'}$ 可以利用式 $(7-28)$ 和式 $(7-9)$ 计算，计算过程为

$$\int_0^x \alpha dx' = \int_0^x Ap\exp\left(-\frac{B}{E/p}\right)dx' = \int_0^x Ap\exp\left(-\frac{Bp}{U}\ln\left(\frac{2l}{r}\right)(x+r)\right)dx' \tag{7-29}$$

整理式 $(7-29)$ 得

$$\int_0^x \alpha dx' = \frac{Ap}{-\dfrac{Bp}{U}\ln\left(\dfrac{2l}{r}\right)}\exp\left(-\frac{Bp}{U}r\ln\left(\frac{2l}{r}\right)\right)\left(\exp\left(-\frac{Bp}{U}x\ln\left(\frac{2l}{r}\right)\right)-1\right) \tag{7-30}$$

将式(7-27)和式(7-30)代入式(7-21),得导体板不均匀场中 x 位置 t 时刻的电子电流密度为

$$J_e(x,t) = J_e\left[0, t - \frac{1}{\mu U}\ln\left(\frac{2l}{r}\right)\left(\frac{x^2}{2} + rx\right)\right] \cdot$$

$$\exp\left[\frac{Ap}{-\frac{Bp}{U}\ln\left(\frac{2l}{r}\right)}\exp\left(-\frac{Bp}{U}r\ln\left(\frac{2l}{r}\right)\right)\left(\exp\left(-\frac{Bp}{U}x\ln\left(\frac{2l}{r}\right)\right) - 1\right)\right]$$

$$(7-31)$$

从式(7-31)可知,如果知道负电晕阴极处的初始电子电流密度,可以计算出 x 位置 t_0 时刻的空气电子电流密度。设阴极的初始电子电流密度为 j_0,则式(7-21)中的 $J_e(0, t-t_0)$ 可以用 δ 函数表示为

$$J_e(0, t-t_0) = j_0\delta(t-t_0) \tag{7-32}$$

代入式(7-31)得

$$J_e(x,t) = j_0\delta\left[t - \frac{1}{\mu U}\ln\left(\frac{2l}{r}\right)\left(\frac{x^2}{2} + rx\right)\right] \times$$

$$\exp\left[\frac{Ap}{-\frac{Bp}{U}\ln\left(\frac{2l}{r}\right)}\exp\left(-\frac{Bp}{U}r\ln\left(\frac{2l}{r}\right)\right)\left(\exp\left(-\frac{Bp}{U}x\ln\left(\frac{2l}{r}\right)\right) - 1\right)\right]$$

$$(7-33)$$

从式(7-33)可知,电晕区电子电流密度与阴极的初始电子电流密度有关,初始电子主要是宇宙射线等自然条件产生的;碰撞电离过程与电场强度有关,电晕区电场强度对电子电流密度起重要作用,而电晕电极的结构、尺寸和配置决定了电场强度分布,因此电子电流密度与电晕电极的结构、尺寸和配置有很大关系,这说明飞机放电刷设计和配置优化对飞机电晕放电效果和带电水平具有重要意义;电晕区电子电流密度还与电晕电极电压、气压等因素有关。

2) 导体电晕电流的理论计算

对于负极性电晕,当电子引起碰撞电离后,电子在电场的作用下远离尖端电极,而在靠近电极表面聚集起大量正离子。电场继续加强时,正离子进入电极,此时导体出现脉冲电晕电流。导体脉冲电流可以利用能量守恒定理来进行计算。假设电晕区空间为 V,设 V 内的电荷电流分布为 ρ 和 J,f 为电场对电荷的作用力密度,v 表示电荷运动速度,电场对 V 内电荷系统所做的功率为

$$\int_V f \cdot v \mathrm{d}V \tag{7-34}$$

由洛伦兹力公式,得

$$f \cdot v = (\rho E + \rho v \times B) \cdot E = J \cdot E \tag{7-35}$$

则电场对 V 内电荷系统所做的功率可表示为

$$\int_V f \cdot v \mathrm{d}V = \int_V J \cdot E \mathrm{d}V \qquad (7-36)$$

由能量守恒定理可知,导体的能量变化率等于电场对 V 内电荷系统所做的功率,由于电晕放电使得导体的能量变化率为 $Ui(t)$,则有

$$Ui(t) = \int_V J \cdot E \mathrm{d}V \qquad (7-37)$$

由式(7-37)可得导体脉冲电流 $i(t) = \dfrac{1}{U}\int_V J \cdot E \mathrm{d}V$。

如果 V 内只考虑电子电流,$J = J_e$,则

$$i(t) = \frac{1}{U}\int_V J_e \cdot E \mathrm{d}V \qquad (7-38)$$

由于导体电流与空气电晕区电子的位置无关,将式(7-9)、式(7-33)代入式(7-38)即可求出导体脉冲电流表达式。

根据 δ 函数的性质可知,若 V 包括 x' 点在内,而 $f(x)$ 在 $x = x'$ 点附近连续,有

$$\int_V f(x)\delta(x - x')\mathrm{d}x = f(x') \qquad (7-39)$$

由式(7-27)可得

$$x = \sqrt{\frac{2\mu U t_0}{\ln(2l/r) + r^2}} - r \qquad (7-40)$$

假设电晕区电晕为圆柱形通道,圆柱半径为 d,根据图7-4所示的计算模型有 $\mathrm{d}V = \pi d^2 \mathrm{d}x$,则式(7-38)求解积分得导体脉冲电流为

$$i(t) = \frac{\pi d^2 \mu j_0 U}{\left[\ln\left(\dfrac{2l}{r}\right)\right]^2} \frac{\mathrm{e}^{\frac{AU}{B\ln(2l/r)}\left[1 - \mathrm{e}^{-\frac{Bp\ln(2l/r)}{U}\left(\sqrt{r^2 + \frac{2\mu U}{\ln(2l/r)}t} - r\right)}\right]\mathrm{e}^{\frac{-Bpr\ln(2l/r)}{U}}}{\dfrac{2\mu U}{\ln(2l/r)}t + r^2} \qquad (7-41)$$

从式(7-41)可以看出,由于空气电晕激发的导体电流是脉冲波,为进一步研究其上升沿、峰值、下降沿等波形特性,根据实际情况设置式(7-41)中的参数来计算导体电晕电流波形。假设电晕导体周围的气体为空气,则 $A = 14.6\mathrm{cm}^{-1} \cdot \mathrm{torr}^{-1}$($1\mathrm{torr} \approx 133.332\mathrm{Pa}$),$B = 365\mathrm{V}/(\mathrm{cm} \cdot \mathrm{torr})$,初始电子电流密度 $j_0 = 160.2 \times 10^{-19}\mathrm{C}$,电子迁移率 $\mu = 500\mathrm{cm}^2/(\mathrm{V} \cdot \mathrm{s})$,电晕导体尺寸 $r = 0.01\mathrm{cm}$,导体板间隙长度 $l = 10\mathrm{cm}$,电晕导体电压 $= 1.3 \times 10^4\mathrm{V}$,电晕通道半径 $d = 0.1\mathrm{cm}$,那么计算得导体电流时域波形和前沿形状如图7-6所示。

从图中可知,导体电流的上升沿时间为 0.5ns,峰值为 45μA,半峰值时间为 16ns,持续时间为 200ns,这符合前面所述电晕电流的脉冲特性。计算结果显示导体电流上升沿非常快,这是因为这里只考虑了电子电流,电子迁移速度快,因此导体电流具有非常快的上升沿。对图7-6所示的导体电流脉冲进行 FFT 分析,得到幅频特性如图7-7所示。从图7-7可知,导体电晕电流的频率分布非常宽,超

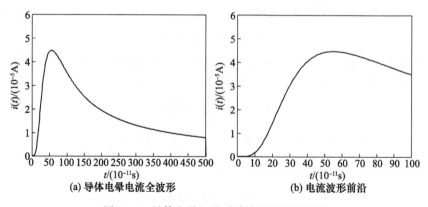

(a) 导体电晕电流全波形　　　(b) 电流波形前沿

图 7-6　导体电晕电流时域波形和前沿形状

过 1GHz,其主要能量分布在 500MHz 以下,这验证了电晕放电电流具有 ESD 电流宽频带的特点,由此可知,电晕放电辐射场也具有超宽带特性。

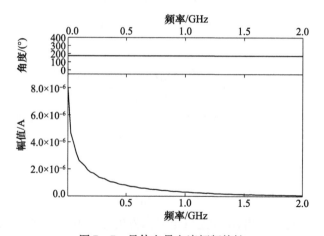

图 7-7　导体电晕电流幅频特性

表 7-1 所列为电晕导体电压为 1.3×10^4 V、气压为 760torr 时不同电晕导体半径对应的电晕电流峰值。从表中数据可以看出,随着电晕导体半径的增大,电晕电流峰值减小,当电晕导体半径很小(0.006cm)时,电晕电流的峰值很大,这说明电晕导体的结构对电晕放电电流影响很大,当电晕导体半径很小时,电晕导体尖处的场强足够强,远远高于空气的击穿场强,因此空气会迅速电离产生大量的电子,在导体上激发幅值很大的电子电流。

表 7-1　不同电晕导体半径对应的电晕电流峰值

电晕导体半径 r/cm	0.006	0.01	0.02	0.03	0.04
电晕电流峰值/μA	500	45	32	13	3

162

3) 电晕脉冲重复率的理论计算

根据前面所述的电晕放电机理可知,电晕放电电流具有脉冲特性。对于负电晕放电,会出现特里切尔脉冲,特里切尔脉冲是规则的,随着电压的升高,脉冲重复率 h 会迅速增加,这与图 7-3 所示正流注规律不同,脉冲重复率不会下降。脉冲重复率决定了电晕放电的平均电流,平均电流可定义为

$$I = hm \tag{7-42}$$

式中: m 为负电晕激发的一次电流脉冲的电荷量。 m 可以通过一次电晕电流脉冲对时间的积分求得,即 $m = \int i(t)\,\mathrm{d}t$ 。从式(7-42)中可以看出,随着脉冲重复率的增大,平均电流随之增加,因此脉冲重复率是电晕电流的重要参数。

为了计算脉冲重复率,需要分析电晕脉冲形成的微观机制。电晕电流的脉冲特性是因为电负性气体(氧气)的存在引起的,中性的电负性气体分子在小 E/p 区域容易与电子附着形成负离子,负离子的迁移速度较慢,负离子的积累使它和阴极之间的电场减弱,当电场减弱至一定程度,不能再形成恰当的电子崩时,放电将中断,电离停止,于是特里切尔脉冲中止,等到空气中空间电荷消失后,一个新的电子崩产生,重复碰撞电离过程,产生另一个特里切尔脉冲。维持特里切尔脉冲的条件是每个电子通过一定的方式提供一个继任者,如热发射、光电发射、场致发射或二次电子发射等产生继任电子。

对于导体板负电晕计算模型,通过计算空气中空间电荷消失的时间,然后求其倒数,可以得出特里切尔脉冲的 h 。假设负离子的漂移速度和迁移率分别为 v^- 和 K^- ,电晕电极的电压为 U ,负离子的位置为 x_i ,根据式(7-9)可求出导体板间的电场分布。由于空间负离子消失的时间近似等于其到达阳极的时间,因此有

$$t = \int_{x_i}^{l} \frac{\mathrm{d}x}{v^-(x)} = \int_{x_i}^{l} \frac{\mathrm{d}x}{K^- E(x)} = \int_{x_i}^{l} \frac{\ln 2l/r}{K^- U}(r + x)\,\mathrm{d}x \tag{7-43}$$

由于 $r \ll x$,因此式(7-43)变为

$$t = \int_{x_i}^{l} \frac{\ln 2l/r}{K^- U} x\,\mathrm{d}x = \frac{\ln 2l/r}{2K^- U}(l^2 - x_i^2) \tag{7-44}$$

则特里切尔脉冲重复率为

$$h = \frac{1}{t} = \frac{2K^- U}{\ln(2l/r)(l^2 - x_i^2)} \tag{7-45}$$

从式(7-45)可以看出,特里切尔脉冲重复率与电极的结构、导体板间的距离、电晕电压和负离子的迁移率有关。由于环境条件(气压、温度等)决定了离子迁移率的大小,因此环境条件也是特里切尔脉冲重复影响因素。另外,式(7-45)

是在静止空气中推导出的,没有考虑空间气流的影响,而对于实际飞行的飞行器发生电晕时,由于电晕导体一般安装在机翼、尾翼等突出部位,积累的负离子空间电荷会受到气流的影响而很快消失,新的特里切尔脉冲会迅速产生,因此实际飞行的飞行器电晕放电重复率会更大。在一般大气环境中,特里切尔脉冲重复率一般为 $10^3 \sim 10^6$ Hz。

7.1.2.2 放电刷电晕电流的实验研究

前面所述利用气体放电理论计算了空气电晕区的电流密度和导体电晕电流,得到了导体电晕电流的脉冲计算式,分析了在不同参数下导体脉冲电流的波形参数变化规律,从计算结果分析可知,电晕电流不仅与电极电压、极性有关,而且电晕电极的形状、材料和导体板布置结构也是影响电晕电流的重要因素。为了准确获得实际飞行器放电刷电晕电流的特征,按照图 7 – 8 示意图实测了某型飞行器放电刷的电晕脉冲电流。

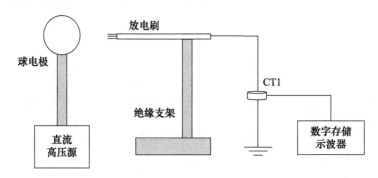

图 7 – 8　放电刷电晕脉冲电流测试设置

实验时将静电放电刷固定在绝缘支架上,并用高压绝缘线接地。靠近由直流高压源(± 10kV)充电的球体,适当调节距离和放电电压,使放电刷发生电晕放电。采用高采样率的数字存储示波器 Teck 7404B(4GHz、20GS/s)和 Teck 高频电流探头 CT1(5mV/mA)来测量通过高压绝缘线的电流,并记录电流波形。实验中,当直流高压源加正电压时,放电刷由于感应得到负电压,正电压升高到一定值,放电刷会发生电晕放电,此时电晕为负电晕;相反地,当直流高压源加负电压时,放电刷上为正电晕。为避免发生火花放电,保护测试仪器,在实验中将直流高压源升至 +60kV 和 −60kV,将放电刷由远至近靠近充电金属球,直到放电刷发生电晕放电,然后用示波器和电流探头测量电晕脉冲电流。实验环境温度为 23℃,湿度为 65% 。

1)负电晕脉冲电流波形和特征

当高压源直流源加 +60kV 电压时,放电刷与高压源的距离为 90mm,放电刷发生负电晕放电,测得的典型脉冲电流波形如图 7 – 9 至图 7 – 12 所示。

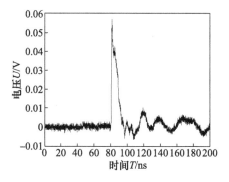

图 7-9 典型负电晕放电脉冲电流波形

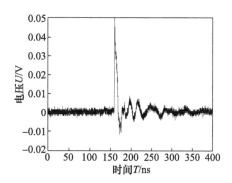

图 7-10 负电晕放电脉冲电流全波形

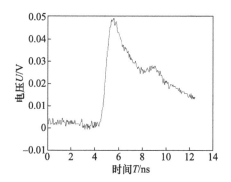

图 7-11 负电晕放电脉冲电流波形前沿

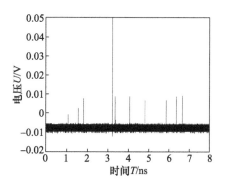

图 7-12 负电晕放电脉冲电流波形个数

图 7-11 的电流波形是在示波器设置为 20ns/格、20mV/格,采样率 20GS/s 测得的,图中显示的是脉冲电流波形的前半部分特征。从图中可见,电晕放电脉冲电流波形包含一个主脉冲和若干次脉冲,主脉冲幅度为 61mV,根据 CT1 的参数(5mV/1mA)可得该脉冲电流的幅值为 12.2mA;次脉冲的最大幅度为 10mV,其对应的电流幅值为 2mA;主脉冲和次脉冲的幅度比值约为 6:1。从图 7-9 中还可以看出,该脉冲还未完全结束,波尾部分还在持续。为进一步记录整个脉冲波形,调整示波器设置,将时基调至 40ns/格,记录波形,如图 7-10 所示。图 7-10 所示为负电晕脉冲电流的全波形,脉冲电流波形持续时间为 200ns 左右,上升前沿很快,约为 1ns。为进一步观察脉冲电流波形的前沿特征,调整示波器时基为 1.25ns/格,测量波形如图 7-11 所示,利用数值计算软件可读出负电晕脉冲电流波形上升约为 0.8ns。图 7-12 记录的是在固定采样长度下,负电晕脉冲电流波形的个数,也就是电流脉冲重复频率。从图 7-12 中可见,在 8ms 内出现了 10 次电晕放电电流脉冲,每个电流脉冲的时间间隔不一样,最大的时间间隔为 1.4ms,最小的为 0.2ms,由此可以推算出负电晕脉冲电流的重复频率为 1.25×10^3 次/s。从电流脉冲多次测量结果可见,电流脉冲幅值最大可达 16mA。

2）正电晕的脉冲电流波形和特征

高压源加 −60kV 电压时，放电刷与高压源的距离为 90mm，放电刷发生正电晕放电，测得的典型脉冲电流波形如图 7 − 13 和图 7 − 14 所示。

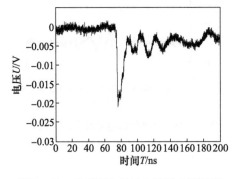

图 7 − 13　典型正电晕放电脉冲电流波形　　　　图 7 − 14　正电晕放电脉冲电流全波形

图 7 − 13 所示的电流波形是在示波器设置为 20ns/格、10mV/格，采样率为 20GS/s 测得的。图中显示的放电刷电晕放电脉冲电流波形包含一个主脉冲和若干次脉冲，其特征与负电晕基本相似，脉冲幅度为 20mV，根据 CT1 的参数（5mV/1mA）可得该脉冲电流的幅值为 4mA；次脉冲的最大幅度为 8mV，其对应的电流幅值为 1.6mA；主脉冲和次脉冲的幅度比值约为 2.5∶1。图 7 − 14 和图 7 − 15 所示分别为正电晕放电脉冲电流全波形和波形前沿，利用数值计算软件可读出该正电晕脉冲电流波形持续时间为 170ns 左右，上升前沿约为 4ns。图 7 − 16 记录的是在固定采样长度下，负电晕脉冲电流波形的个数，也就是电流脉冲重复频率。从图 7 − 16 中可见，在 2ms 内出现了 8 次电晕放电电流脉冲，每个电流脉冲的时间间隔不一样，最大的时间间隔为 0.64ms，最小的有 0.04ms，由此推算出正电晕脉冲电流的脉冲重复频率为 4×10^3 次/s。从电流脉冲多次测量结果可见，电流脉冲幅值最大时可达 21mA。

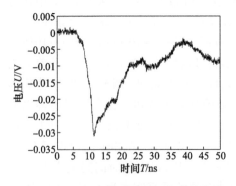

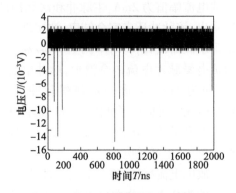

图 7 − 15　正电晕放电脉冲电流波形前沿　　　　图 7 − 16　正电晕放电脉冲电流个数

3）两种极性电晕脉冲电流波形参数比较分析

在相同幅值放电电压(60kV)下,固定放电刷和高压源的距离(90mm),重复做了多次静电放电刷的脉冲电流测试实验,对测试结果进行总结,结果统计见表 7 - 2。

表 7 - 2 放电刷脉冲电流参数统计

极性	上升沿 /ns	主脉冲 幅度/mA	最大次脉冲 幅度/mA	脉冲长度 /ns	脉冲间隔 /ms	脉冲重复率 /(10^3 次 · s^{-1})
负电晕	0.8 ~ 5	4 ~ 16	2 ~ 4	150 ~ 200	0.2 ~ 1.4	0.75 ~ 2
正电晕	2 ~ 15	3 ~ 21	1 ~ 5.6	160 ~ 240	0.04 ~ 0.64	1.5 ~ 4

从表 7 - 2 中可以看出,不同极性的放电刷其电晕放电的电流波形有明显差别,符合电晕放电的极性效应。在相同的放电电压下,放电刷正电晕放电电流上升沿时间大于负电晕电流脉冲上升沿时间,负电晕放电电流波形上升沿最小能达到0.8ns,而正电晕放电电流的上升沿一般要大于 2ns;两种电晕放电每次电流脉冲的强度都不相同,但负电晕电流脉冲的最大幅值一般小于正电晕脉冲;正电晕电流脉冲的持续时间,也就是脉冲长度,大于负电晕电流脉冲持续时间;两种电晕放电的脉冲电流时间间隔不一样,没有规律性;在脉冲重复率上,负电晕电流脉冲重复率一般比正电晕电流小,但是在此实验条件下,脉冲重复率都在 10^3 次/s 量级。

7.1.2.3 电晕电流解析表达式

对于脉冲电流激发的辐射场解析计算,需要用适合的电流解析表达式,国内外在 ESD 电磁辐射场计算中提出了不同的电流解析表达式。1991 年,Keenan 和Rosi提出了一个四指数电流波形,用来近似 IEC61000 - 4 - 2 规定的人体 - 金属模型标准放电电流,即

$$i(t) = I_0 \left(e^{-t/t_1} - e^{-t/t_2} \right) + I_1 \left(e^{-t/t_3} - e^{-t/t_4} \right) \tag{7 - 46}$$

式中:I_0、I_1 为与 ESD 电流脉冲幅度相关的参数;t_1、t_2、t_3 和 t_4 表示与 ESD 电流脉冲上升时间和持续时间相关的参数。

1998 年,Berghe 和 Zutter 在研究 ESD 信号通过在同轴电缆耦合进入系统时,提出了基于高斯函数的解析表达式,即

$$i(t) = I_0 e^{-((t-t_1)/\sigma_1)^2} + I_1 t e^{-((t-t_2)/\sigma_2)^2} \tag{7 - 47}$$

2002 年,盛松林和毕增军在进行 ESD 辐射场研究时,提出了基于脉冲函数的ESD 标准电流解析表达式,并成功运用到 ESD 辐射场解析计算。该解析表达式为

$$i(t) = 213 \left(1 - e^{-t/0.62} \right)^8 e^{-t/1.1} + 121 \left(1 - e^{-t/55} \right) e^{-t/26} \tag{7 - 48}$$

式(7 - 48)较好地拟合了 +8kV 放电的标准电流波形。

从前面对导体电晕电流的理论计算和测试结果可知,导体电晕电流具有较快

167

的前沿、持续时间短等脉冲特性。为了对导体电晕电流激发的辐射场进行解析计算，需提出导体电晕电流的数学表达式。目前，国内外采用最多的是电晕电流双指数表达式，Deindorfer 和 Uman 在进行雷电通道电流时空分布研究时提出了 DU 模型，该模型把通道电流由电晕电流和击穿电流组成，其中电晕电流用双指数函数表达，该表达式为

$$i(0,t) = I_{BD} \left[1 - \exp\left(\frac{-t}{\tau_1}\right) \right]^2 \exp\frac{\left(\frac{-t}{\tau_2}\right)}{\eta} + I_C \left[\exp\left(\frac{-t}{a}\right) - \exp\left(\frac{-t}{b}\right) \right]$$

$$(7-49)$$

式中：等号后第二项是双指数函数的电晕电流表达式；I_C 为电晕电流幅值；a、b 为常数。

2005 年，S. K. Nayak 和 M. Joy Thomas 在计算高压输电线电晕 EMI 时提出了双指数函数电晕电流表达式。国内学者肖冬萍等在计算高压输电线路电晕放电辐射场时也采用了双指数函数来描述电晕电流。

在电晕放电发生后，瞬态电流不能突然发生变化，因此，在 $t=0$ 时的电晕脉冲电流应该为零；电晕脉冲电流及其电流导数是产生瞬态电磁场的两个重要因素，在发生电晕放电的瞬间辐射场不能突然发生变化，电流导数在 $t=0$ 的值也应该为零，因此电晕放电电流的数学描述首先应该满足电流和电流导数在零时刻的需求。双指数函数在 $t=0$ 时刻值为 0，但其在 $t=0$ 时刻的电流导数值不为 0，因此双指数函数不符合电晕放电电流形成的物理过程。高斯函数表达式在零时刻的电流和电流导数都不为零，也不符合物理事实。

脉冲函数具有很好的特性，其零时刻时间导数为零，积分和微分计算方便，而且能通过相关参数调整较好地拟合脉冲电流波形，因此可用来描述电晕电流波形。由于电晕放电电流的主脉冲对辐射电磁场的贡献最大，所以采用单脉冲函数来描述电晕放电电流的主脉冲，表达式为

$$i(t) = I_0 \left(1 - e^{-t/\tau_1}\right)^p e^{-t/\tau_2} \qquad (7-50)$$

利用式(7-50)对电流测量波形进行拟合，仔细调整各参数值，得到 $-60kV$ 负电晕放电电流波形的解析表达式为

$$i(t) = 18 \left(1 - e^{-t/1.04}\right)^2 e^{-t/5.04} \qquad (7-51)$$

式中：t 的单位为 ns。

图 7-17 是双指数函数和脉冲函数拟合电晕电流波形与测量波形的比较，图 7-18 是图 7-17 的前沿展宽，图中点画线为脉冲函数拟合波形，短画线为双指数函数拟合波形，实线为测量波形。从图中可以看出，脉冲函数在零时刻的时间导数为零，而且其波形前沿与测量波形吻合较双指数函数好。

168

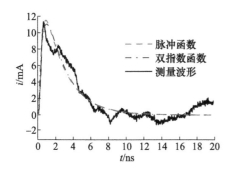

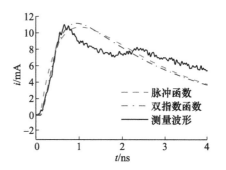

图 7-17　拟合函数波形比较　　　　　　图 7-18　拟合函数前沿比较

经过推导,脉冲函数的微分表达式和积分表达式为

$$\frac{\mathrm{d}i(t)}{\mathrm{d}t} = I_0 \ (\tau_1 \tau_2)^{-1} \left[1 - \exp\left(\frac{-t}{\tau_1}\right) \right]^{p-1} \exp\left(\frac{-t}{\tau_2}\right) \left[(p\tau_2 + \tau_1)\exp\left(\frac{-t}{\tau_1}\right) - \tau_1 \right]$$

$$(7-52)$$

$$f(t) = \int i(t)\mathrm{d}t = -I_0 \sum_{k=0}^{p} \frac{(-1)^k p!}{k!(p-k)!} \frac{\tau_1 \tau_2}{\tau_1 + k\tau_2} \exp\left(\frac{-kt}{\tau_1} - \frac{-t}{\tau_2}\right) \quad (7-53)$$

从式(7-52)可知,$t=0$ 时,$\mathrm{d}i(t)/\mathrm{d}t=0$。在偶极子场模型中,既有电流项,也有电流的积分项和微分项,而脉冲函数的这 3 项都能很方便地计算。

7.1.3　空气电晕区电磁辐射场的计算与分析

静电放电主要有火花放电、电晕放电、刷形放电等类型,虽然不同类型静电放电的电流和辐射场特性不同,但它们辐射电磁波的机理相同,因此电晕放电辐射场计算可以借鉴火花放电辐射场的计算方法。国内外学者对 ESD 火花辐射场提出了不同的计算模型,主要有球电极模型、偶极子模型和改进的偶极子模型。球电极模型将 ESD 的两放电电极等效为两个相邻的带不同电荷的小球,ESD 过程中的场看作这两个球上的电荷所产生,而两个球上的电荷在放电过程中是衰减变化的,所以他把这个过程中的场看作静电场的波动和变化,利用球电极模型可以对 ESD 辐射场的近场进行计算,不能计算远场辐射场。ESD 电磁场偶极子模型最早是由 P. F. Wilson 提出来的,他认为 ESD 过程中的电磁场主要是由 ESD 火花所产生的,而 ESD 火花可以简化成位于无限大、导电的接地平板上的电性小、时变线性偶极子,于是平板上半空间的电磁场就可以看作偶极子和它的镜像偶极子产生的。计算模型如图 7-19 所示。偶极子长度 $\mathrm{d}l$ 取放电间隙的长度。利用推迟势,可以计算出空间任意观察点 $A(z,r,\phi)$ 处电磁场的柱坐标表达式为

169

$$\bar{E}(z,r,t) = \bar{a}_r \frac{\mathrm{d}l}{4\pi\varepsilon_0} \sum_{j=1}^{2} \frac{r(z\mp z')}{R_j^2} \left[\frac{3Q(t-R_j/c)}{R_j^3} + \frac{3i(t-R_j/c)}{cR_j^2} + \frac{1}{c^2R_j} \frac{\partial i(t-R_j/c)}{\partial t} \right] +$$

$$\bar{a}_z \frac{\mathrm{d}l}{4\pi\varepsilon_0} \sum_{j=1}^{2} \left\{ \left[\frac{3(z\mp z')^2}{R_j^2} - 1 \right] \left[\frac{Q(t-R_j/c)}{R_j^3} + \frac{i(t-R_j/c)}{cR_j^2} \right] + \right.$$

$$\left. \left[\frac{(z\mp z')^2}{R_j^2} - 1 \right] \frac{1}{c^2R_j} \frac{\partial i(t-R_j/c)}{\partial t} \right\} \tag{7-54}$$

$$\bar{H}(z,r,t) = \bar{a}_{r\perp} \frac{\mathrm{d}l}{4\pi} \sum_{j=1}^{2} \frac{r}{R_j} \left[\frac{i(t-R_j/c)}{R_j^2} + \frac{1}{cR_j} \frac{\partial(t-R_j/c)}{\partial t} \right] \tag{7-55}$$

式中：ε_0 为真空介电常数；c 为光速；$i(t)$ 为偶极子上的时变电流；R_1、R_2 分别为放电点和镜像点到场点的距离；$R_j = [(z\mp z')^2 + r^2]^{1/2}$；$r$、$z$ 分别为场点到放电点距离中的径向距离和垂直距离；$Q(t)$ 为对电流的积分，$Q(t-R_j/c) = \int_0^t i(t' - R_j/c)\mathrm{d}t'$。

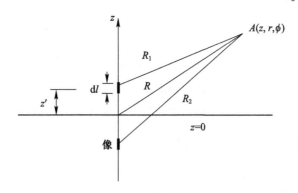

图 7-19　偶极子模型

利用式(7-54)和式(7-55)可进行导体对地放电辐射电磁场的求解。考虑如果导体对地放电，则放电火花靠近导体表面，可认为偶极子及其镜像与地面距离为零，即 $z' = 0$，则 $R_j = R = (z^2 + r^2)^{1/2}$，代入式(7-54)和式(7-55)，可得导体对地放电辐射场的解析表达式。盛松林、毕增军博士在研究中发现，电极静电荷对 ESD 的时空分布有影响，因此提出了改进型的偶极子模型。利用改进型偶极子模型可以计算 ESD 火花产生的全时空(近场、感应场和远场)电磁场。

从对电晕放电机理分析可知，当导体尖端发生电晕放电时，电晕区的电晕通道线度很小，一般为毫米或微米级，其电长度(电晕通道长度与光速的比值)与放电电流的上升时间(根据理论计算和试验研究可知，负电晕电流的上升时间为 0.5～5ns)相比很小，因此可认为脉冲电流在电晕区通道内是均匀分布的，根据 ESD 偶极子模型和改进偶极子模型可以将电晕通道看作一电偶极子来分析，空气电晕区电磁辐射场的时空分布可利用式(7-54)、式(7-55)来推导。为了简化计算,考虑到飞机在飞行过程中放电刷一般是与地面平行,电晕也与地面平行,而且飞机电晕放电辐射场测试系统一般位于地面,因此重点研究观察点位于地面,离地一定高度的电晕放电辐射场表达式。电晕区偶极子模型如图7-20所示,图中 P 为观察点,h 为电晕源点离地高度,r 为观察点与源点的水平距离。假设地面具

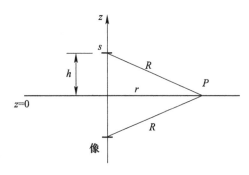

图7-20 电晕偶极子模型

有无限电导率,根据偶极子场分布的对称性,简化式(7-54)、式(7-55)可得空间电晕区电磁辐射场的解析表达式为

$$\bar{E}(z,r,t) = \bar{a}_z \frac{s}{2\pi\varepsilon_0} \left\{ \left[\frac{3r^2}{R^2} - 1 \right] \left[\frac{Q(t-R/c)}{R^3} + \frac{i_c(t-R/c)}{cR^2} \right] + \right.$$

$$\left. \left[\frac{r^2}{R^2} - 1 \right] \frac{1}{c^2 R} \frac{\partial i_c(t-R/c)}{\partial t} \right\} \qquad (7-56)$$

$$\bar{H}(z,r,t) = \bar{a}_{r\perp} \frac{s}{2\pi} \frac{h}{R} \left[\frac{i_c(t-R/c)}{R^2} + \frac{1}{cR} \frac{\partial i_c(t-R/c)}{\partial t} \right] \qquad (7-57)$$

式中:$R = (h^2 + r^2)^{1/2}$;$i_c(t)$ 为电晕区等效电流。从式(7-56)和式(7-57)可以看出,空气电晕在远区 P 点产生的电磁波近似为平面电磁波。电晕通道线度 s 和电晕区等效电流 $i_c(t)$ 是计算电晕区电磁辐射场的重要参量。下面首先对这两个参数进行估算。

α/p 与 E/p 有很大关系,在极不均匀场中,大曲率电极附近很小的区域内场强足够高,α 的值相当大,能产生电子碰撞电离,而其余部分场强如果低于空气的击穿场强(E_{air})时,发展不起有效电离,因此尖端导体的电晕一般分布在尖端邻近部位。如果知道电极空间的场强分布,就可以估算电晕通道线度 s。电晕电极采用图7-20所示的计算模型,则

$$s = \frac{U}{E_{air} \ln\left(\frac{2l}{r}\right)} - r \qquad (7-58)$$

对于一个大气压的空气来说,$E_{air} = 3 \times 10^4 \text{V/cm}$,假设 $l = 10\text{cm}$,$r = 0.01\text{cm}$,如果 $U = 60\text{kV}$,则 $s = 0.253\text{cm}$。从式(7-58)可知,电晕通道线度 s 随着 U 的升高而增大,随着尖端曲率半径的增加而增大,这符合电晕放电的物理机制。

将电晕通道看作电偶极子,则有

$$i_c s = \int J(x') \mathrm{d}V' \qquad (7-59)$$

式中:$J(x')$ 为电晕区的电流密度;V' 为电晕区电荷分布的体积。

为了计算电晕区偶极子的等效电流,假设电晕区内的场强均匀分布,为一常数 E_{av},则有

$$i(t) = \frac{1}{U} \int E \cdot J(x') \mathrm{d}V' \approx \frac{E_{av}}{U} \int J(x') \mathrm{d}V' \qquad (7-60)$$

由式(7-60)可得 $\int J(x') \mathrm{d}V' = U i(t)/E_{av}$,代入式(7-59)中,可得电晕区等效电流为

$$i_c(t) = \frac{U i(t)}{s E_{av}} = \frac{E_{air} \ln \left(\dfrac{2l}{a} \right)}{E_{av}} i(t) \qquad (7-61)$$

式中:平均场强 E_{av} 可近似由电场分布求得,$E_{av} = \left(\int_0^s E(x) \mathrm{d}x \right)/s$,如果 $U = -60 \mathrm{kV}, s = 0.253 \mathrm{cm}, l = 10 \mathrm{cm}, r = 0.01 \mathrm{cm}$,则 $E_{av} = 10.2 \times 10^4 \mathrm{V/cm}$。根据式(7-61)可知,由导体的电晕电流可计算电晕区的等效电流。将 s 和 $i_c(t)$ 代入式(7-56)、式(7-57),可计算电晕区电磁辐射场。

从式(7-56)、式(7-57)可见,电晕区电磁辐射场主要由电荷项、电流项和电流微分项3部分构成,而且这3部分产生的场分别按与距离立方、距离平方和距离一次方成反比关系衰减。电荷项对电晕区电磁辐射场的近区电场起主要作用,对于远区场点,由于电荷项产生的场衰减得很快,因此其对远区辐射场作用很小;电流项和电流微分项对电场和磁场都有影响,在近区电流项对电磁场的作用大于电流微分项的作用,而在远区电流微分项产生的场明显大于电流项的场。空间中任意近、远区场点都遵循这种变化规律,符合电磁波辐射和传播的一般规律。利用地面接收系统对空中飞行器电晕放电辐射场进行探测,重点关注的是飞机电晕放电远区辐射场。

假设导体电晕电流 $i(t)$ 为脉冲函数,导体充电电压 U 为 $-60 \mathrm{kV}$,电偶极子长度为 $0.253 \mathrm{cm}$,利用式(7-61)、式(7-56)、式(7-57)可计算离地高度 1m 的电晕,在与电晕源点水平距离为 5m、10m、15m 的地面观察点处,远区辐射电场和磁场如图7-21和图7-22所示;电晕源离地高度为 5m、10m、15m,观察点位于电晕源正下方时的远区辐射电场和磁场如图7-23、图7-24所示。

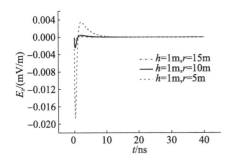

图 7-21 不同距离处的电晕辐射远区电场

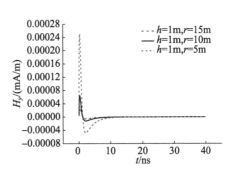

图 7-22 不同距离处的电晕辐射远区磁场

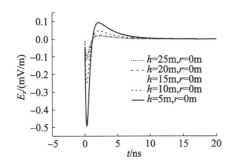

图 7-23 不同高度电晕辐射的远区电场

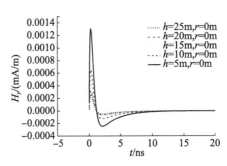

图 7-24 不同高度电晕辐射的远区磁场

从图 7-21 至图 7-24 中可见,电晕放电空气电晕区辐射的远场电磁波波形基本一致,近似为电流的微分,只是持续时间有所降低,幅值减少,因此电晕的远区辐射场主要由电流脉冲的微分项决定。从图 7-21 可知,对于离地 1m、激发导体产生幅值为 12mA、上升沿为 1ns 的电流脉冲的电晕放电,在与其水平距离为 5m 地面处产生的辐射电场幅值为 19μV/m,上升沿为 0.4ns;辐射磁场幅值为 0.26μV/m,上升沿为 0.4ns。从图 7-21 和图 7-22 可知,远场辐射电磁波的幅值与距离成一次反比衰减关系。从图 7-23 和图 7-24 可知,离地 5m 的电晕源正下方辐射电场幅值为 500μV/m,辐射磁场幅值为 1.3μV/m,其明显大于水平距离 5m 处的电磁场,因此可知电晕放电源点正下方具有最大幅值的辐射电磁场,这与电偶极辐射方向图一致。从式(7-56)、式(7-57)可以看出,辐射电磁场具有时延特性,因此电晕在不同距离处的辐射电磁场幅值出现的时间有所延迟,延迟时间由电磁波传播距离决定,近似为 R/c,图 7-21 至图 7-24 所示的不同距离电磁波时延近似为 16.7ns,这可用推迟势解释,观察点的电磁场变化滞后于场源的变化引起时延。

从飞机放电刷的实测脉冲电流结果可以看出,在放电刷电晕放电过程中,相同的施加电压下,电流脉冲的上升沿变化很大,幅值也各不相同,脉冲宽度和持续时间也不一样,而且实际电流具有多个次脉冲,因此其辐射电磁场也有很大差别。为此,采用实测正、负电晕的 4 组脉冲电流来计算辐射电磁场,电晕源位于离地 5m 处,观察点位于源点正下方的地面上,计算结果如图 7 - 25 所示。

图中,实线表示的是上升沿为 1ns、峰值为 12mA 的负电晕电流辐射电场波形,点画线表示的是上升沿为 4ns、峰值为 6mA 的负电晕电流辐射电场波形;实线表示的是上升沿为 5ns、峰值为 10mA 的正电晕电流辐射电场波形,黑色短画线表示的是上升沿为 10ns、峰值为 8mA 的正电晕电流辐射电场波形。从图中可以看出:正、负电晕在观察点产生辐射电场的首脉冲方向相反;辐射电场的上升沿由电晕电流的上升沿决定,不同上升沿电流的辐射电场的上升沿不同,辐射电场频率也不一样;与图 7 - 21 至图 7 - 24 相比,实测电流计算的电场波形具有多个振荡频率,这是由电晕电流的多个脉冲产生的,但电流的首脉冲决定了辐射电场的主要频率成分;电晕放电的电晕激发的辐射电场峰值由脉冲电流的峰值决定,电流峰值越大其辐射电场的峰值也越大。

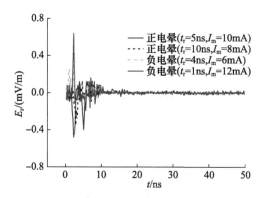

图 7 - 25　实测电流产生的远区电场(见彩图)

7.1.4　电晕电流注入导体的辐射场计算与分析

7.1.3 节计算了空气电晕区的辐射电磁场计算,由于电晕放电时会在导体上激发脉冲电流,脉冲电流在导体上传输过程中也会产生瞬态电磁辐射。国内外学者对 ESD 脉冲电流通过电缆产生的电磁辐射进行了理论计算。David Pommerenke 在计算 ESD 电流通过接地电缆产生的辐射时采用了长导体解析模型,他通过实测分析认为,接地电缆的 ESD 没有第一尖峰,只有缓变脉冲,由于缓变脉冲的前沿比较缓慢,一般大于 20ns,持续时间往往超过 100ns,所以其频率比较低,可认为在接地电缆中电流处处相等。长导体模型认为电缆附近的场主要由导线中的传导电流产生,磁场只存在环向分量,电场只存在垂直分量,其中磁场占主要成分,为低阻抗场。长导体解析模型适用于脉冲电流注入电缆的近区场计算,而不能计算远区场。

当电缆中的电流变化比较快时,如其中波长短于电缆长度的频谱成分不能忽略时,电场除垂直分量外,还有水平分量,长导体模型也需要修正。还有学者利用数值方法研究 ESD 电流注入电缆的辐射电磁场。意大利的 G. Cerri 对有 ESD 电流注入的单极子天线或环形天线,用修改的电场积分方程(EFIE)进行时域分析,流过导线的 ESD 电流用时域矩量(MoMTD)法确定,数值计算的结果与测量结果比较吻合。毕增军采用 FDTD 法计算了 ESD 电流注入细导线的辐射场,分析了 ESD 电流注入电缆的辐射电磁场特性。在电晕脉冲电流注入高压输电线的辐射场计算方面,S. K. Nayak 和 M. Joy Thomas 采用了积分方程计算了电压输电线电晕辐射的 EMI 场;国内学者采用了短偶极子模型来计算长导线电晕辐射场,认为脉冲电流注入输电线时,输电线各处的电流相等,只是时间滞后;陈士修提出了针 – 板电极系统电晕放电辐射场计算模型,他将电晕放电辐射场分解成等效的短偶极子天线和等效的小环形天线进行计算,并通过试验进行了验证。

从对导体电晕电流的理论计算和试验研究表明,脉冲电流具有很快的上升沿,而一般导体的电长度可以与脉冲电流的上升时间相比拟或者比其大,导体上的电晕脉冲电流不是均匀分布,因此利用长导体解析模型计算误差很大。利用偶极子模型计算电晕电流注入长导体辐射场,是将导体看作许多偶极子电流元的线性叠加,沿导体及其镜像导体积分来得到电磁场值,也存在由于电流的不均匀分布而导致误差增大。本书采用传输线模型研究导体电流分布,基于频域法推导电晕脉冲电流注入导体的辐射场解析表达式。图 7 – 26 所示为尖端圆柱导体。电晕放电时,导体由尖端无限小间隙电晕电压 U_c 馈电,导体长度为 L,半径为 a,$P(r,\theta,\phi)$ 为观察点,R 为观察点与电晕注入点的距离,r 为导体电流元 $\mathrm{d}z'$ 与 P 点的距离,θ 为 r 与导体轴线的夹角,其中 $R = r - z'\cos\theta$。下面推导不考虑地面镜像电流作用(自由空间内)的远区电磁场解析表达式。

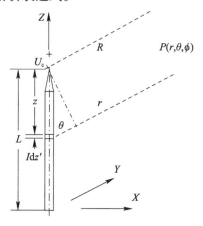

图 7 – 26 尖端导体电晕辐射场计算模型

根据麦克斯韦方程可知,观察点 P 的电磁场为

$$\nabla \times E = -\frac{1}{\mu_0}\frac{\partial H}{\partial t} \tag{7-62}$$

对于空气介质中的均匀平面电磁波,式(7-62)变为

$$\frac{E_\theta}{H_\phi} = \sqrt{\frac{\mu_0}{\varepsilon_0}} = 120\pi \tag{7-63}$$

则 $H_\phi = E_\theta/120\pi$,可由 E_θ 求 H_ϕ。

由文献可知,Z 轴上的电流元 $I\mathrm{d}z'$ 在远区 $P(r,\theta,\phi)$ 处的 E_θ 为

$$\mathrm{d}E_\theta = \mathrm{i}\omega\mu_0 \frac{\mathrm{e}^{-\mathrm{i}kr}}{4\pi r}\sin\theta\mathrm{e}^{\mathrm{i}k\cos\theta z'}I(z')\mathrm{d}z' \tag{7-64}$$

从式(7-64)可见,要得到远区辐射场首先要确定沿导体的电流分布 $I(z')$。电流分布与导体终端的特性有关系,如果导体终端无反射,沿导体电流在各频率都只有单向行波;如果导体终端有反射,沿导体电流在各频率是入射波和反射波的叠加。严格求解电流分布需用数值法解积分方程,这里假设导体 $L \gg a$,则电流分布主要与 z' 有关,导体电流分布可以近似为长度为 L 的传输线上电流分布。

由传输线理论可知,导体电流分布为

$$I(z',t) = A_1\mathrm{e}^{-\gamma z'} - A_2\mathrm{e}^{\gamma z'} \tag{7-65}$$

式中:A_1、A_2 为常数;γ 为导体等效传输线常数,$\gamma = \alpha + \mathrm{i}\beta$,其中 α 为衰减常数,β 为每单位长度的相位常数。假设传输线为无耗传输线,周围介质为理想介质,则 $\alpha = 0, \beta = k = \omega/c$。

式(7-65)中第一项为入射波,第二项为反射波,如果导体终端无反射,则导体上任意点的电流只有第一项,则导体电流分布为

$$I(z',t) = A_1\mathrm{e}^{-\mathrm{i}kz'} \tag{7-66}$$

对于图7-26所示的圆柱导体,当导体尖端发生电晕时,有电晕脉冲电流注入导体,即当 $z' = 0$ 时,由式(7-66)可得 $A_1 = I(0,t)$,则导体电流分布为

$$I(z',t) = I(0,t)\mathrm{e}^{-\mathrm{i}k|z'|} \tag{7-67}$$

将式(7-67)作傅里叶变换,得导体电流分布的频域形式为

$$I(z',\omega) = I(0,\omega)\mathrm{e}^{-\mathrm{i}k|z'|} \tag{7-68}$$

式中:$I(0,\omega)$ 为发生电晕时导体尖端注入的电晕脉冲电流的傅里叶变换。式(7-68)所示类似于理想行波天线的电流分布,由式(7-64)可求得其频域的远区辐射场。

对于 $L \gg a$ 的孤立圆柱导体发生电晕放电辐射场的计算,可以假设导体两端开放,导体尖端反射系数为 Γ_0,终端反射系数为 Γ_1。导体任意点的电流包括入射波

176

和反射波,则由式(7-65)、式(7-68)可得导体电流分布的频域形式为

$$I(z',\omega) = I(0,\omega)\left[\,\mathrm{e}^{-\mathrm{i}kz'} + \Gamma_1\mathrm{e}^{-\mathrm{i}k(2L-z')} + \Gamma_0\Gamma_1\mathrm{e}^{-\mathrm{i}k(2L+z')} + \right.$$

$$\Gamma_0\Gamma_1^2\mathrm{e}^{-\mathrm{i}k(4L-z')} + \Gamma_0^2\Gamma_1^2\mathrm{e}^{-\mathrm{i}k(4L+z')} +$$

$$\left.\Gamma_0^2\Gamma_1^3\mathrm{e}^{-\mathrm{i}k(6L-z')} + \Gamma_0^3\Gamma_1^3\mathrm{e}^{-\mathrm{i}k(6L+z')} + \cdots\right] \qquad (7-69)$$

式中:$0 \leqslant z' \leqslant L$。式(7-69)中第一项表示的是尖端发生电晕时,注入导体的电晕脉冲电流沿导体到达 z' 处的入射行波;第二项表示的是电晕脉冲电流经导体终端反射(反射系数为 Γ_1)后沿导体到达 z' 处的一次反射行波 $I(0,\omega)\Gamma_1\mathrm{e}^{-\mathrm{i}k(2L-z')}$,其对应的传播距离为 $2L-z'$;第三项表示的是反射行波 $I(0,\omega)\Gamma_1\mathrm{e}^{-\mathrm{i}k(2L-z')}$ 经导体尖端反射(反射系数为 Γ_0)后沿导体到达 z' 处的二次反射行波 $I(0,\omega)\Gamma_0\Gamma_1\mathrm{e}^{-\mathrm{i}k(2L+z')}$,其对应的传播距离为 $2L+z'$;第四项表示的是二次反射行波经导体终端反射后沿导体到达 z' 处的三次反射行波 $I(0,\omega)\Gamma_0\Gamma_1^2\mathrm{e}^{-\mathrm{i}k(4L-z')}$,其对应的传播距离为 $4L-z'$;式中其他项依此类推。将所有反射波和入射波叠加可得式(7-69)所示的导体电流分布。

当计算式(7-69)所示电流分布的远场电磁场时,$r = R + z'\cos\theta \approx R$,则由式(7-64)求得频域的远区辐射场为

$$E_\theta(R,\omega) = \mathrm{i}\omega L\mu_0 I(0,\omega)\frac{\mathrm{e}^{-\mathrm{i}kR}}{4\pi R}\sin\theta\left\{\frac{\sin kz_1}{kz_1}\left[\mathrm{e}^{-\mathrm{i}kz_1} + \Gamma_0\Gamma_1\mathrm{e}^{-\mathrm{i}k(2L+z_1)} + \cdots\right] + \right.$$

$$\left.\frac{\sin kz_2}{kz_2}\left[\Gamma_1\mathrm{e}^{-\mathrm{i}k(2L-z_2)} + \Gamma_0\Gamma_1^2\mathrm{e}^{-\mathrm{i}k(4L-z_2)} + \cdots\right]\right\} \qquad (7-70)$$

式中:$z_{1,2} = L(1 \pm \cos\theta)/2$。为求傅里叶的逆变换,将上式的 $\sin kz_1$、$\sin kz_2$ 用指数函数表示,即

$$\sin kz_n = (\mathrm{e}^{\mathrm{i}\omega z_n/c} - \mathrm{e}^{-\mathrm{i}\omega z_n/c})/2i = \mathrm{e}^{\mathrm{i}\omega z_n/c}(1 - \mathrm{e}^{-2\mathrm{i}\omega z_n/c})/2i \quad n = 1,2 \quad (7-71)$$

将式(7-71)代入式(7-70),并将 k 用 ω/c 表示,整理得

$$E_\theta(R,\omega) = q\mu_0 I(0,\omega)\frac{\mathrm{e}^{-\mathrm{i}\omega R/c}}{4\pi R}\left[\frac{\sin\theta}{1+\cos\theta}(1 - \mathrm{e}^{-2\mathrm{i}\omega z_1/c} + \Gamma_0\Gamma_1\mathrm{e}^{-\mathrm{i}\omega 2L/c} - \Gamma_0\Gamma_1\mathrm{e}^{-\mathrm{i}\omega(2L+z_1)/c} + \cdots) + \right.$$

$$\left.\frac{\sin\theta}{1-\cos\theta}(-\Gamma_1\mathrm{e}^{-\mathrm{i}\omega 2L/c} + \Gamma_1\mathrm{e}^{-\mathrm{i}\omega(2L-z_2)/c} - \Gamma_0\Gamma_1^2\mathrm{e}^{-\mathrm{i}\omega 4L/c} + \Gamma_0\Gamma_1^2\mathrm{e}^{-\mathrm{i}\omega(4L-2z_2)/c} + \cdots)\right]$$

$$(7-72)$$

假设初始电流脉冲为 $\delta(t)$,则 $I(0,\omega) = 1$,对式(7-72)进行傅里叶逆变换,得到 $\delta(t)$ 电流脉冲的时域远区辐射场为

$$e_\theta(R,t) = \frac{q\mu_0}{4\pi R}\left\{\frac{\sin\theta}{1+\cos\theta}\left[\delta(\tau) - \delta(\tau - 2z_1/c) + \Gamma_0\Gamma_1\delta(\tau - 2L/c) - \right.\right.$$

$$\left. \Gamma_0\Gamma_1\delta(\tau - 2L/c - 2z_1/c) + \cdots\right] + \frac{\sin\theta}{1-\cos\theta}\left[-\Gamma_1\delta(\tau - 2L/c) + \right.$$

$$\Gamma_1\delta(\tau - 2L/c + 2z_2/c) - \Gamma_0\Gamma_1^2\delta(\tau - 4L/c) +$$

$$\left.\left.\Gamma_0\Gamma_1^2\delta(\tau - 4L/c + 2z_2/c)\cdots\right]\right\} \tag{7-73}$$

式中:$\tau = t - R/c$。

当初始电流脉冲为电晕脉冲电流时,可由卷积得出其远场辐射场。式(7-73)可看作尖端导体注入$\delta(t)$电流时的冲激响应,那么当尖端导体注入电晕脉冲电流$i(t)$时,可根据卷积公式得出尖端导体电晕放电远场辐射场为

$$E_\theta(R,t) = e_\theta(R,t) * i(t) \tag{7-74}$$

从式(7-73)、式(7-74)可知,尖端导体注入电晕脉冲电流的远区辐射场与距离一次方成反比衰减关系;辐射场的分布与方向角θ有关,不同的辐射方向辐射场不一样;辐射场的幅值与导体两端反射系数及脉冲电流幅值有关;导体的长度及电晕电流波形参数等因素决定了辐射场的频率。

下面利用式(7-74)来求解电晕放电远区辐射场的波形,假设尖端导体的反射系数$\Gamma_0 = \Gamma_1 = -0.6$,观察点距离为10m,导体长度为30cm,则不同方向($\theta = \pi/2$、$\theta = \pi/3$)的辐射场波形如图7-27和图7-28所示。

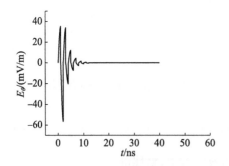

图7-27　$\theta = \pi/2$方向的远区辐射电场

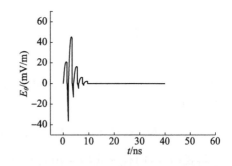

图7-28　$\theta = \pi/3$方向的远区辐射电场

从图7-27和图7-28可见,电晕电流注入导体的远区辐射场为衰减振荡波。根据导体电流分布特性可知,图7-27和图7-28所示波形的第一脉冲是电晕脉冲电流注入导体尖端时产生的,第二脉冲是电晕脉冲电流经导体终端反射产生的,第三脉冲是电晕脉冲电流经导体尖端反射产生的,依此类推。两图中的峰峰值之间的间隔正好是电流沿2倍长导体传输所用的时间。因此可知,导体电晕放电产生的衰减振荡波是由于电晕脉冲电流在导体两端来回反射产生的。从图中可以看出,长度为30cm导体的电晕放电辐射场在$\theta = \pi/2$方向10m远处的峰值为55mV/m,

178

$\theta = \pi/3$ 方向峰值为 44mV/m，辐射电场的持续时间约为 10ns。图 7 – 29 和图 7 – 30 分别是图 7 – 27 和图 7 – 28 对应的频谱，可以看出对于长度为 30cm 导体的电晕放电辐射场有一个约为 486MHz 的特征振荡频率。不同方向振荡频率有所差别，$\theta = \pi/3$ 方向电场具有多个振荡频率，包括低频、486MHz 和 1.01GHz，而 $\theta = \pi/2$ 方向主要有 486MHz 的特征振荡频率。从图 7 – 29 和图 7 – 30 可以看出，电晕放电辐射场具有宽频带特性。根据图 7 – 27 和图 7 – 28 及式(7 – 73)可知，导体电晕放电辐射场在 $\theta = \pi/2$ 的平面上最大，在 $\theta = 0°$ 的平面上最小，这与偶极天线的方向图相似。图 7 – 31 是在导体两端反射系数为 – 0.8 时的辐射电场计算波形，从图中可知，辐射电场的峰值为 63mV/m，持续时间为 20ns，峰值和持续时间大于图 7 – 27 所示波形。因此，辐射电场的峰值和持续时间与导体两端的反射系数有关。

电晕放电脉冲电流注入导体的辐射场可从能量转换的观点加以解释。外加激励的充电导体在电晕放电开始前，电荷集聚在导体尖端，在电晕放电开始时刻，导体尖端获得相反极性电荷，外加激励提供能量，并产生驱动电荷加速的外力，使正、负电荷向相反方向运动，外加激励的能量传给运动的电荷，其中一部分能量被电荷加速时产生的辐射场带走。在尖端被加速的电荷，连同电荷的电场和电荷运动产生的磁场以接近光速向导体终端传输。这种场不是辐射场，此时导体表现为传输近场能量的导行波结构。此传输过程中有一定的色散，伴随有微小的电荷减速，产生微小的辐射场。表现出脉冲前沿是光速传播，而后沿略慢、幅度略减。到达导体终端，电荷减速(负方向加速)到速度为零。电荷聚集在导体终端，同时建立起"内部势"，此内部势接收电荷减速到零时放出的能量，并提供内部力使电荷在相反方向加速。但不是把全部能量还给电荷，差值就是电荷负方向加速产生的辐射场带走的能量。

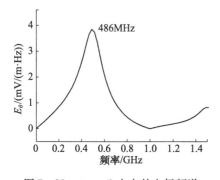

图 7 – 29　$\theta = \pi/2$ 方向的电场频谱

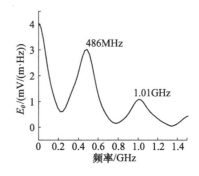

图 7 – 30　$\theta = \pi/3$ 方向的电场频谱

当导体长度不同时，其辐射场波形不同。图 7 – 32 是不同长度导体在 $\theta = \pi/2$ 方向 10m 远处计算的辐射场波形。图 7 – 33 至图 7 – 35 分别是长度为 60cm、

100cm、300cm 导体的辐射电场频谱。从图中可见,随着导体长度的增加,辐射场振荡频率逐渐降低,脉冲持续时间增大,这是由于随着导体长度的增加,电磁波来回反射的时间长,所以辐射场衰减的振荡频率逐渐降低,脉冲持续时间逐渐增大。

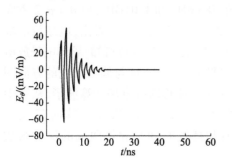

图 7 - 31　$\Gamma_0 = \Gamma_1 = -0.8$ 时的远区辐射电场

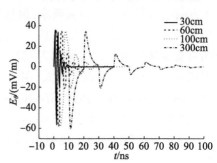

图 7 - 32　辐射场随导体长度的变化

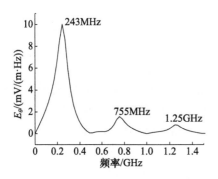

图 7 - 33　60cm 导体辐射电场频谱

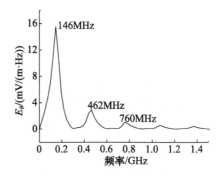

图 7 - 34　100cm 导体辐射电场频谱

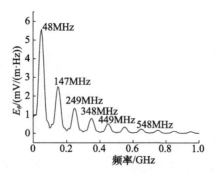

图 7 - 35　300cm 导体辐射电场频谱

　　上面研究了不考虑地面镜像电流影响时,电晕电流作用于导体远区的电磁场特性,如果导体离地较近,应考虑地面镜像电流影响,其辐射场特性有所差别。当导体平行于接地面时,在接地面附近观察点的辐射电场主要在 z 方向,磁场主要

180

在 y 方向,且离导体越远的地方电磁场波形越接近平面波。这是由于平行于接地面导体的电流方向与相对于接地面的镜像导体上的电流方向相反,它们在空间中各自产生的水平极化电场方向相反,是相互抵消的,而垂直极化电场方向相同,是增强的。如图 7-36 所示,图中 E 为电流 i 产生的辐射电场,E' 为电流 i' 产生的辐射电场,因此 P 点的合成电场在 z 方向是增强的,而在 y 方向上是减弱的。同理,当导体垂直于接地面时具有同样的规律。由此可知,导体无论是平行于接地面还是垂直于接地面,其电晕放电在远区产生的电场主要是垂直极化场。假设接地面具有无限电导率,则离导体很远处的接地面附近观察点的辐射电场大约为式(7-73)所示电场的 2 倍。

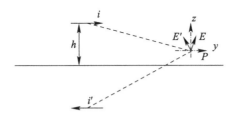

图 7-36 考虑镜像电流的辐射场合成

7.1.3 节与本节分别利用不同模型计算了空气电晕区和电晕电流注入导体的电磁辐射场,为比较尖端导体发生电晕时这两部分辐射场的强度,计算两者在同等条件下的归一化辐射场强。从图 7-27 可知,不考虑地面镜像电流作用,1mA 电晕电流注入导体在 $\theta = \pi/2$ 方向 10m 远处的辐射场强峰值为 4.6mV/m,从图 7-23 可知,不考虑地面镜像电流作用,1mA 电晕电流在正下方 10m 处产生的辐射场强峰值大约是 $11\mu V/m$,并且其产生的场没有振荡,所以其高频成分很低,可见电晕电流注入导体产生的辐射场要比空气电晕区产生的辐射场强得多。因此,在对电晕放电辐射场的远距离探测时,空气电晕区产生的辐射场可以忽略不计。

对于尖端导体电晕放电的辐射功率,可利用辐射场电场强度进行计算。天线辐射功率的一般表达式为

$$P_{\Sigma} = \frac{E_{max}^2 R^2}{240\pi} \int_0^{2\pi} \int_0^{\pi} F^2(\theta, \varphi) \sin\theta \mathrm{d}\theta \mathrm{d}\varphi \qquad (7-75)$$

式中:E_{max} 为最大辐射方向的场强;$F(\theta, \varphi)$ 为方向性系数。

对于图 7-26 所示的尖端导体电晕模型,导体上的电晕电流分布为式(7-69)所示,那么导体可看作电流为 $I(z, \omega)$、长度为 $\mathrm{d}z$ 的许多电基本振子串联而成。考虑到各电基本振子辐射场的叠加,此时导体在最大辐射方向上产生的电场为

$$E_{max} = \int_0^l \mathrm{d}E = \int_0^l I(z, \omega) \mathrm{d}z = \frac{60\pi}{\lambda R} \int_0^l I(z, \omega) \mathrm{d}z \qquad (7-76)$$

则电晕辐射功率为

$$P_{\Sigma} = \frac{15\pi}{\lambda^2} \left(\int_0^l I(z,\omega) \, \mathrm{d}z \right)^2 \int_0^{2\pi} \int_0^{\pi} F^2(\theta,\varphi) \sin\theta \mathrm{d}\theta \mathrm{d}\varphi \qquad (7-77)$$

在最大辐射方向上,$F(\theta,\varphi) = 1$,则

$$P_{\Sigma} = \frac{15\pi}{\lambda^2} \left(\int_0^l I(z,\omega) \, \mathrm{d}z \right)^2 \qquad (7-78)$$

将式(7-59)代入式(7-78),可得电晕放电的辐射功率。

从式(7-78)可以看出,当电晕放电脉冲激发尖端导体向外辐射电磁波时,电晕放电的辐射功率不仅和尖端导体的电长度有关,而且与电流脉冲的幅频特性有关。电晕放电激发的不同波长电磁波的辐射功率不同,这就要求我们在研制电晕放电辐射场接收机时要合理设计频率特性,才能实现电晕放电的远距离测试。对于幅值为1mA电晕脉冲电流注入30cm长导体的电磁辐射,利用数值计算方法可得出其辐射功率谱如图7-37所示。利用图7-37所示的电晕辐射功率谱可对电晕放电辐射的探测距离进行估计,以指导电晕放电辐射场接收机的设计。

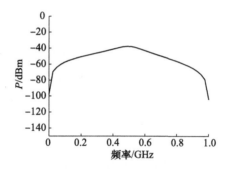

图7-37　30cm尖端导体辐射功率谱

7.2　飞行器静电放电辐射场特征

7.2.1　飞机电晕放电辐射场特性分析

对于飞机电晕放电辐射场的理论分析,可将飞机看作一个平行于地面的复杂结构导体,导体上分布有多个放电刷,当放电刷的电压达到一定值时,放电刷尖端发生电晕放电,产生空气电晕电流,并在放电刷上激发脉冲电流,脉冲电流沿着放电刷和机翼向机体的开放端传播,然后在开放端发生发射,这时飞机机体等效为一个脉冲传输线,当脉冲电流发生反转时向外辐射电磁波。由于空气电晕区的辐射场与电晕电流注入导体的辐射场相比可忽略不计,所以飞机电晕放电辐射场主要是电晕脉冲电流注入机体时产生的辐射电磁场。从对尖端导体电晕放电辐射场计

算结果可知,飞机的电晕放电辐射场的频率与电晕脉冲电流特性及其在机体上传播路径有关,电晕脉冲电流幅值决定飞机电晕放电辐射场的幅值。从式(7-73)可知,电晕放电远区辐射场与距离的倒数成反比衰减,所以飞机电晕放电辐射场与测试点位置有关。总之,电晕电流特性、放电刷尺寸、机体尺寸和测试距离等因素决定了飞机电晕放电辐射场特性。

由于电晕电流特性是飞机电晕放电辐射场特性的决定因素,因此可通过分析电晕电流的特性得出飞机电晕放电辐射场的规律。从前文对电晕电流的特性理论分析和试验研究可知,电晕脉冲电流具有重复特性,故飞机电晕放电辐射电磁场也具有重复特性,即单位时间内出现若干次衰减振荡信号,电晕脉冲电流的重复率决定电晕放电辐射电磁脉冲的重复率。从对飞机静电特性分析可知,飞机不同的飞行阶段电晕电流特性不同,因此不同飞行阶段电晕放电辐射场的特性也不同。飞机起飞阶段,随着飞机高度的逐渐增加,飞机对地电容逐渐减小并趋于稳定值,当静电荷积累到一定程度后,随着静电电压逐渐增大,电晕电流相应增大,飞机电晕放电辐射信号逐渐增强;飞机降落阶段,静电起电量减少,随着飞机高度的逐渐降低,飞机对地电容逐渐增大,静电电压逐渐减小,电晕电流相应减小,飞机电晕放电辐射信号逐渐减弱;当飞机匀速飞行时,电晕放电电流基本不变,电晕放电过程较稳定,电晕放电辐射信号相对稳定;当飞机加速飞行时,飞机的电晕放电电流增加,电晕放电过程加剧,电晕放电辐射信号变强;当飞机减速飞行时,飞机的电晕放电电流减小,电晕放电过程减弱,电晕放电辐射信号变弱。通过对飞机电晕放电辐射场侦测信号变化规律的分析和信号处理,可以实现对飞机飞行阶段和飞行状态的识别,这对飞机电晕放电辐射场的探测具有重要意义。

飞机的电晕放电辐射场的频率主要取决于电晕电流的传播路径。假设当飞机放电刷产生的电晕脉冲电流到达放电刷与机翼结合处时,脉冲电流大部分被反射,只有一小部分进入机体,由于放电刷上的放电电流幅值比机体上的放电电流要大得多,因此飞机电晕放电的远区辐射场主要由电晕脉冲电流在放电刷两端来回反射产生,因而放电刷尺寸是影响辐射场频率的主要因素。由于飞机一般有多个放电刷,因此飞机电晕放电辐射场是各个放电刷产生辐射场的叠加。从有关文献可知,机身上相对位置的双放电刷放电电流是单刷的2倍,而邻近位置的双放电刷与单刷的放电电流差别不大,这说明放电刷的数量和位置对放电电流影响很大。因此,放电刷的数量和位置也影响飞机电晕放电辐射场的特性。如果将放电刷等效为单极子天线,则飞机电晕放电辐射场的方向图与单极子天线的方向图类似,在放电刷的垂直方向,电磁辐射场最强,而飞机的头部电晕放电辐射场很小,这说明飞机放电刷一方面能降低飞机的静电电位,另一方面也减少了电晕放电对机头部导航、通信等天线的电磁干扰。如果放电刷的电晕放电电流一部分注入机翼,电晕脉冲电流就会在机翼上传播,然后在机翼的开放端发生反射,向外辐射电磁波,此时产生的电晕放电辐射场特性与机翼的尺寸有关,其在飞机机翼的垂直方向上辐射场最强。总之,飞机电晕放电辐射场主要由两部分构成:一部分是将放电刷等效为单极子天线产生的辐射场;另一部分是将机体等效为脉冲传输线向外辐射的电磁场。这两部分哪种是飞机电晕放电辐射场的主要辐射机制,需要经过试验验证,下面将通过飞机电晕放电模拟方法研究和试验证明飞机电晕放电的主要辐射机制。

7.2.2 飞行器静电放电辐射场仿真

由于实际飞行器的三维模型比较复杂,下面就结合 CST 微波工作室对飞行器静电放电产生的远区电磁辐射场进行三维时域全波仿真,进一步分析飞行器静电放电电磁辐射场的时域和频域特征。

1) 仿真模型的建立与设置

根据前期的理论分析和地面模拟实验测试可知,飞行器的静电放电电流具有指数脉冲衰减特性,通常可以利用双指数脉冲进行表示,其表达式为

$$I(t) = kI_0(e^{-at} - e^{-bt}) \qquad (7-79)$$

式中:k 为归一化系数;I_0 为峰值因子;a 和 b 为调整脉冲波形的常数。这里取 $k = 1.11$,$I_0 = 1\text{mA}$,$a = 5.21 \times 10^7$,$b = 2.58 \times 10^9$,其时域仿真波形如图 7-38 所示。

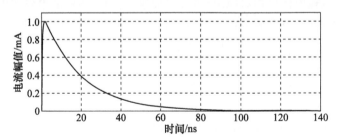

图 7-38　飞行器静电放电电流的仿真波形

参考某飞机的实际尺寸(翼展 9.45m,全长 15.09m,高度 5.09m)建立飞机的三维缩比仿真模型(6:1)如图 7-39 所示。其中,为获得飞机放电产生的远区电磁辐射场特征,在仿真环境中设置了 P11、P12、P13、P2、P3 和 P4 等 6 个远区电场监测点,且每个场点均参照笛卡儿坐标系设置了 3 个相互垂直的电场分量 E_x、E_y 和 E_z。以飞机模型的中心为原点,以图中笛卡儿坐标系的正方向为参考方向,6 个远区电场监测点的坐标分别是 P11(0,-10,10)、P12(0,-50,50)、P13(0,-100,100)、P2(-50,-50,0)、P3(0,-50,-50)、P4(50,-50,0),以上坐标点的单位均为 m。以上 6 个远区电场监测点中,距离飞机最近的 P11 点到飞机模型中心点的直线距离约为 14m,而 P13 点距飞机最远约为 141m。由于放电电磁辐射场在远区随距离成反比衰减,更远距离处的电磁场特征可据此进行推算。此外,考虑到

飞机在实际飞行过程中其放电点不止一处,本仿真模型分别在飞机尾翼及其两侧机翼上选取了 3 个典型位置来放置放电刷(放电刷 1 位于尾翼上,放电刷 2、3 分别位于飞机两侧的机翼上)。

(a) 三维飞机模型

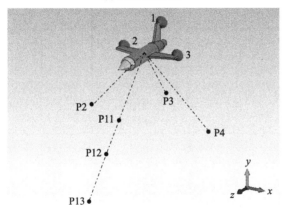

(b) 放电刷及远场监测点设置

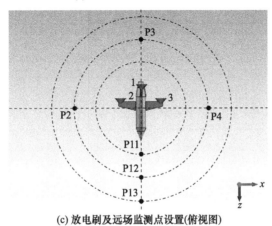

(c) 放电刷及远场监测点设置(俯视图)

图 7 - 39　飞机的三维仿真模型及仿真环境设置

185

2) 仿真计算结果与分析

（1）时域特征分析。飞机静电放电在远区产生的电场辐射时域波形如图 7 – 40 所示。从图 7 – 40 中可以看出，P11、P12 和 P13 这 3 个监测点处的电场时域波形基本一致，均呈现振荡衰减特性，仅在电场幅值上有差异，且其电场幅值满足随距离增大而呈反比衰减的趋势；同时，这 3 点处的电场在 x 方向上的分量均近似为 0，而 y 方向和 z 方向的电场分量 E_y、E_z 基本相等。

同时，对比处于飞机不同方位且距飞机中心距离相等的 P12、P2、P3 和 P4 这 4 个电场监测点可以看出，处于飞机机头下方 P12 点处的电场强度最小，而处于飞机机尾下方 P3 点处的电场强度最大，且 P3 处的电场在 x 方向上的分量 E_x 也近似为 0，而 y 方向和 z 方向的电场分量 E_y、E_z 的时域波形则极性相反、幅值大小相等。

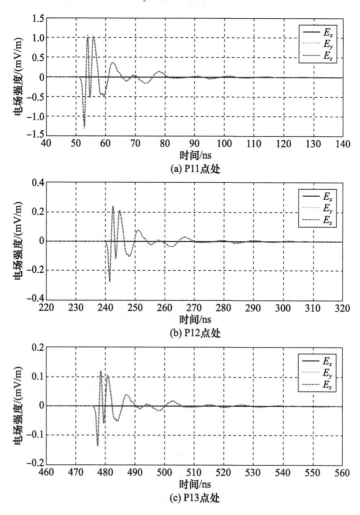

(a) P11点处

(b) P12点处

(c) P13点处

186

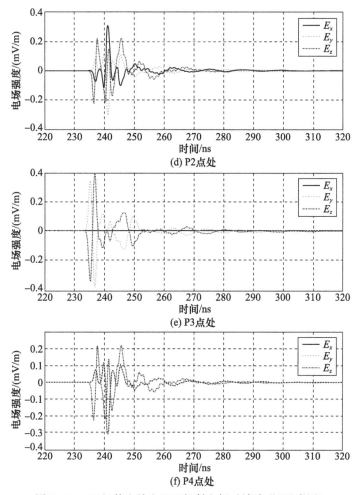

图 7-40 飞机静电放电远区辐射电场时域波形(见彩图)

P2 点处电场在 3 个方向上的电场分量大小相近,且其在 x 方向和 y 方向的电场分量 E_x、E_y 的时域波形极性相反、幅值大小相等;而 P4 点由于在位置上与 P2 点具有一定的对称性,因此其电场的各分量在时域波形和幅值大小上也与 P2 具有相似性,主要区别是 P4 点和 P2 点处电场在 x 方向上的电场分量 E_x 方向相反。

通过以上对比可以看出:①飞机发生静电放电时,远区电磁辐射场的时域波形均呈现振荡衰减特性,且其电场幅值随探测距离的增大而呈反比衰减规律,这也与前面的理论分析相符;②飞机静电放电产生的远区辐射场在不同方向分量上的强度大小与探测点和飞机的相对位置有关,处于飞机尾翼下方一侧的电场强度相对较大,而处于飞机机头下方一侧的电场强度相对较小。

(2)频域特征分析。在频域研究了飞机静电放电在远区的电场辐射图,仿真计算结果如图 7-41 所示,这里分别给出了 f 为 50MHz、150MHz、250MHz、

350MHz、450MHz 及 550MHz 等几个典型频点的远区三维电场辐射波瓣图。

从图 7 - 41 所示的对比中可以看出,在 $f = 50MHz$ 的较低频段处,飞机静电放电在远区的电场辐射波瓣图与半波天线的场波瓣图相似,此时由于放电电流注入放电刷及与其相连的机体,而使得机体近似等效为一个辐射天线,其最大强度的电场辐射方向近似分布在垂直于机体的 Oxy 平面上。随着频率升高,机体的线度不再满足远小于波长的条件,放电电流在机体上的分布也不能再视为均匀分布的,此时波瓣图也会发生显著变化:在 $f = 150MHz$ 时,波瓣图开始分化并向前倾斜,远区电场在机头上方一侧的辐射强度较大;在 $f = 250MHz$、$f = 350MHz$ 时,远区电场在飞机机身上部、下部以及两侧机翼方向的辐射强度较大;而当频率增大到 $f = 450MHz$、$f = 550MHz$ 时,远场辐射波瓣进一步变窄,远区电场辐射在多个方向上出现较大值。同时,随着频率的升高,远区电场辐射的方向性增益有随之增大的趋势。

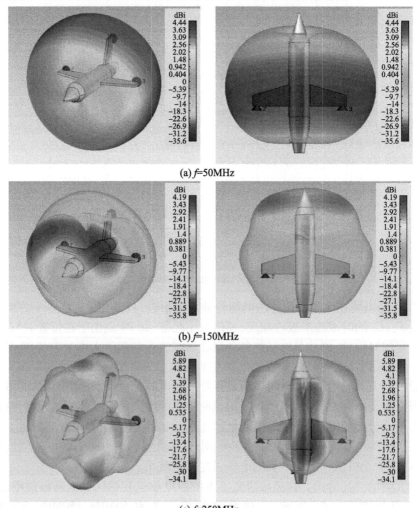

(a) f=50MHz

(b) f=150MHz

(c) f=250MHz

188

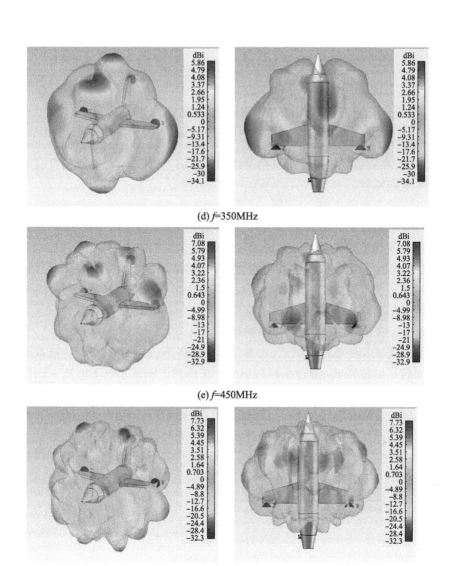

(d) *f*=350MHz

(e) *f*=450MHz

(f) *f*=550MHz

图 7-41 飞机静电放电远区辐射电场波瓣图(见彩图)

综合以上对比分析可见:①在飞机线度远小于波长的较低频段,飞机静电放电在远区的电场辐射波瓣图与半波天线的场波瓣图相似,整个机体可近似等效为一个辐射天线,最大强度的电场辐射方向近似与机体垂直;随着频率升高,远区电场辐射的波瓣图开始分化变窄,其方向性增益最大值也随之增加;②在机头前方、机尾后方两个方向上,飞机静电放电产生的远区辐射场强度在各个频点上均比较小;③在低频段至高频段的多个频率点上,机身下方均存在比较大的电场辐射强度,这比较有利于在地面对飞机静电放电产生的电磁辐射场实施探测。

7.3 基于系统辨识的静电放电辐射场建模

7.3.1 基于模型参数辨识的放电辐射场建模原理

影响放电的因素较多,如电极结构、极间电压、温湿度及气压等,而对于一个固定的放电体,在实验测试过程中可把上述因素归结为放电电流的改变,并且由天线效应产生电磁辐射。

在一定的测试距离内,对于同一个辐射源产生的辐射信号:①传播距离使得辐射信号产生了相位上的滞后;②降低了信号的强度,但信号间的相关性接近于1,即时域信号仅仅是幅值产生了衰减,但波形并未发生根本上的变化;③信号频谱分布基本保持不变。这3点特性直接表明,若已知某测试点 r_1 处辐射信号,则可直接计算得到 r_2 处辐射信号,该特性为利用实验数据直接对放电电流产生的辐射场建模奠定了基础,在工程应用中具有重要意义。

如图7-42所示,建模步骤可归纳如下:

(1)首先选择一基准测试点,在满足远场条件下,这个测试点最优选取距离放电源相对较近的位置 R_0,通过系统辨识的方法得到该测试系统下电流-辐射场之间的传递函数 H_0。

(2)辐射信号从 R_0 传播至 R,用衰减因子 A_R 来表征传播距离对信号的衰减作用。

(3)用时延因子 T_R 来表征传播距离对信号的时延作用。

(4)最终得到的电流辐射场模型由传递函数、衰减因子和时延因子级联组成,可用某个测试点 R_x 处有限的实测数据建模,并实现对任意测试点 R 处辐射信号的预测。

图7-42 建模过程框图

涉及的具体的数学关系如下:

$E_{R_0} = H_0(i)$,其中算子 $H_0[\ \cdot\ ]$ 表征整个放电与测试系统的动态特性,为输入输出的数学关系,常视为系统的传递函数。

$E_{A_R} = A(E_{R_0})$,其中算子 $A[\ \cdot\ ]$ 为辐射信号幅值衰减特性,与传播距离和接收天线增益有关,其值近似 $\propto 1/R$。

$E_R = T(E_{A_R})$,其中算子 $T[\ \cdot\ ]$ 为辐射信号时延特性,只与传播距离、速度有关,信号滞后的时间为 $(R - R_0)/v$,当只考虑大气环境时 v 为光速。

7.3.1.1 衰减因子 A_r 与时延因子 T_r

电磁波在空气中传播时,随着传播距离的增大,辐射信号幅值降低,其衰减特

190

性遵循一定的规律,与影响放电产生的各种因素无关。放电信号随传播距离 r 的衰减特性可由信号峰值、峰峰值或能量等随 r 的变化规律得出。信号因传播产生的时延效应直接可以由传播距离与光速的比值得到。

欲与实验进行对比,基于偶极辐射理论我们对放电辐射进行了仿真。利用 CST 软件建立一个偶极辐射天线模型,对以 1m 为步进、2 ~ 30m 的不同测试点 z 方向辐射场电场信号进行监测,激励源为等效的电晕放电电流,仿真模型如图 7 - 43 所示。电晕放电电流采用双指数脉冲函数,即

$$I = kI_0 (\mathrm{e}^{-\alpha t} - \mathrm{e}^{-\beta t})$$

式中:系数 $k = 1.2$；$I_0 = 50$；衰减常数 $\alpha = 0.019$；$\beta = 0.019$；t 单位为 ns。

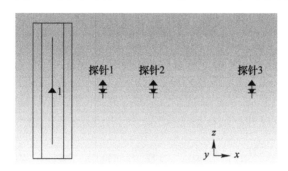

图 7 - 43　放电辐射模型

放电辐射信号在大气中传播时,随着传播距离的增加,获得的不同测试点的信号将会有时延。如图 7 - 44 所示,以仿真得到的 10m、20m 和 30m 处的辐射信号为例,它们相对于辐射源产生的时延分别为 32.24ns、65.59ns 和 98.94ns,与理论值相一致,其中 c 为光速。

$$\Delta t = \frac{\Delta r}{c}$$

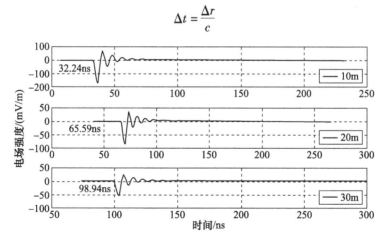

图 7 - 44　放电信号传播产生的时延

191

若忽略时延,根据公式

$$C = \frac{\langle s_1, s_2 \rangle}{\sqrt{\langle s_1, s_1 \rangle \cdot \langle s_2, s_2 \rangle}}$$

可求得不同距离处的辐射信号相互间的归一化相关系数 C 均为 1,说明在 30m 的传播距离内,随着测试距离的增加放电信号仅仅在强度上有所降低,但并未发生时域波形的改变,如图 7-45 所示。

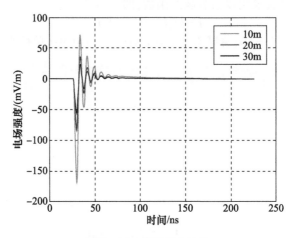

图 7-45 信号间相关性

选取测试距离 2~30m 的模拟辐射信号,得到信号峰值随传播距离的衰减曲线,对该曲线进行函数拟合,得到衰减函数为

$$a = \frac{732.26605}{r}$$

式中:r 为传播距离(m),拟合得到的标准差为 2×10^{-12}。归一化后的衰减函数为

$$a = \frac{2}{r}$$

归一化后衰减系数曲线如图 7-46 所示。可知该衰减特性符合经典的振子辐射场理论。

仿真和实验均表明,当放电辐射信号在一定距离内进行传播时,信号之间的时延及衰减特性与影响放电的其他因素无关,在建模时时延因子和衰减因子可视为与距离有关的独立变量。

在建模中,衰减因子 A_t 的计算对象选取信号的峰值,通过求取多个测试距离多组实测数据的峰值,通过峰值曲线拟合得到衰减曲线的数学表达式。

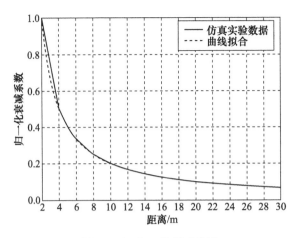

图 7 - 46 归一化衰减曲线

7.3.1.2 传递函数 H_0

若视放电源点至某一测试距离 r_0 处测试系统终端所包围的空间为一个整体、一个动态系统,在该系统内放电过程激发出的电磁辐射信号经过传播达到测试终端的过程,将遵循相同的物理规律,这种规律可量化为放电产生的电流脉冲和测试系统检测到的辐射场信号之间的固定数学关系,该数学特性可视为传递函数。针对不同的等效系统,传递函数的表征形式具有多样性。

1) 线性模型

由经典辐射场模型计算结果可知,放电产生的辐射信号近似为电流的一阶微分关系,在频域可由传递函数

$$H(\mathrm{j}\omega) = \frac{E(\omega)}{I(\omega)} \qquad (7-80)$$

将两者联系起来,此时该系统可视为线性定常系统。

不失一般性,将任意一放电、测试的等效系统均可以用多阶常微分方程进一步推广开来,即

$$\sum_{j=0}^{n} a_j(t) \frac{\mathrm{d}^j}{\mathrm{d}t^j} E_R(t) = \sum_{l=0}^{m} b_l(t) \frac{\mathrm{d}^l}{\mathrm{d}t^l} i(t) \qquad (7-81)$$

式中:a_j、b_l 为定常系统的系数,理论上它们是电压、温湿度、气压等影响放电参数的宏观体现,因为测试过程中辐射信号、电流信号在处理时均被处理为电压信号,因此系数 a_j 和 b_l 无量纲。

离散化处理时,式(7-81)表征的连续系统所对应的差分方程形式为

$$a_0 E_R(k) + a_1 E_R(k-1) + \cdots + a_n E_R(k-n) = b_0 i(k) + b_1 i(k-1) + \cdots + b_m i(k-m)$$

$$(7-82)$$

式(7-82)变换后得到

$$a_0 E_R(k) = -[a_1 E_R(k-1) + \cdots + a_n E_R(k-n)] + \\ [b_0 i(k) + b_1 i(k-1) + \cdots + b_m i(k-m)] \qquad (7-83)$$

式(7-83)为通过电流求解辐射场的一般表达式,通过求解该系统传递函数可得到放电电流和辐射场之间的动态关系。

线性系统的传递函数具有多种结构。以 $y(k)$、$x(k)$ 分别表示系统的输出和输入,系统的 n 阶差分方程

$$y(k) + a_1 y(k-1) + \cdots + a_n y(k-n) = b_0 u(k) + b_1 u(k-1) + \cdots + b_n u(k-n)$$

$$(7-84)$$

称为自回归滑动平均(Auto-Regressive Moving Average, ARMA)模型。

经过 z 变换,系统的传递函数为

$$H(z) = \frac{Z\{y(k)\}}{Z\{u(k)\}} = \frac{b_0 + b_1 z^{-1} + \cdots + b_n z^{-n}}{1 + a_1 z^{-1} + \cdots + a_n z^{-n}} \qquad (7-85)$$

令 $A(z^{-1}) = 1 + a_1 z^{-1} + \cdots + a_n z^{-n}$,$B(z^{-1}) = b_0 + b_1 z^{-1} + \cdots + b_n z^{-n}$。
ARMA 模型为

$$A(z^{-1}) y(k) = B(z^{-1}) u(k) \qquad (7-86)$$

当考虑噪声项 $\varepsilon(k)$ 时,有

$$A(z^{-1}) y(k) = B(z^{-1}) u(k) + \varepsilon(k) \qquad (7-87)$$

式(7-87)为带有外部输入的自回归模型(ARX)。

$$y(k) = \frac{B(z^{-1})}{A(z^{-1})} u(k) + \varepsilon(k) \qquad (7-88)$$

式(7-88)为输出误差(Output Error, OE)模型。

$$y(k) = \frac{B(z^{-1})}{A(z^{-1})} u(k) + \frac{C(z^{-1})}{D(z^{-1})} \varepsilon(k) \qquad (7-89)$$

式(7-89)为博克思-詹金斯(Box-Jenkins, BJ)模型,其中 $C(z^{-1}) = 1 + c_1 z^{-1} + \cdots + c_q z^{-q}$,$D(z^{-1}) = 1 + d_1 z^{-1} + \cdots + d_p z^{-p}$。

2)非线性模型

实际上放电的辐射机理较为复杂,而且辐射信号测试手段可选择性较多,比如对于同一个辐射信号,出于不同的测试目的可以采用不同类型的测试天线对该信号进行接收,此时整个放电与测试的等效系统极有可能具有高度的非线性。例如,

Wojciech Sikorski 等在研究局部放电(PD)定位时,就指出 PD 本身就是一种非线性、动态现象,并且具有较强的随机性。因此,为研究直接利用实验数据对放电辐射信号辐射场建模的一般规律,更应该从非线性系统的角度出发去研究放电辐射场的建模问题。

尽可能考虑全面,将系统式(7-83)非线性化,可得到更一般的数学关系描述,即

$$E_R(k) = f\{E_R(k-1), \cdots, E_R(k-n), i(k), i(k-1), \cdots, i(k-m)\} \qquad (7-90)$$

此处将传递函数上升到系统激励与响应之间的本征特性 f,f 表征的函数关系既可以是线性的又可以是非线性的,此时该系统便转换为一个典型的非线性动力学系统。

能够辨识非线性系统输入输出关系的常用模型有 Volterra 函数模型、Laguerre 模型、Hammerstein – Wiener 模型、带有外部输入的非线性自回归模型(NARX)、神经网络等。由于神经网络具有强大的非线性处理能力,为得到式(7-90)所示系统 f 的精确解,本书在非线性建模时将 NARX 与神经网络结合起来,重点研究 NARX 神经网络模型的函数逼近、预测能力。

7.3.2 基于 OE 模型的放电辐射场建模

1) 模型参数辨识原理

基于 OE 模型的放电辐射场建模实质是对系统的参数 $A(z^{-1})$ 和 $B(z^{-1})$ 的最小二乘估计问题,通过不断优化模型参数,在给定的判定准则下使得模型的输出逼近真实系统输出,对应的参数即为真实系统的最优估计参数。

$$y(k) = \frac{B(z^{-1})}{A(z^{-1})} u(k) + \varepsilon(k) \qquad (7-91)$$

对于一个放电辐射 – 测试系统而言,$E(k)$、$i(k)$ 对应式(7-91)中的 $y(k)$ 和 $u(k)$,两者分别为系统输出、输入观测量。$\varepsilon(k)$ 为残差,z^{-1} 为移位算子。$A(z^{-1}) = 1 + a_1 z^{-1} + a_2 z^{-2} + \cdots + a_n z^{-n}$、$B(z^{-1}) = b_0 + b_1 z^{-1} + b_2 z^{-2} + \cdots + b_m z^{-m}$ 中 n、m 对应模型的阶次。这里简要给出辨识的基本过程,系统辨识的相关基础知识可参考相关文献。系统的最小二乘形式为

$$E(k) = \boldsymbol{\varphi}^{\mathrm{T}}(k)\theta + \varepsilon(k) \qquad (7-92)$$

$$\boldsymbol{\varphi}(k) = [-E(k-1), -E(k-2)\cdots -E(k-n), i(k),$$
$$i(k-1), i(k-2), \cdots, i(k-m)]^{\mathrm{T}}$$
$$\boldsymbol{\theta} = [a_1, a_2, \cdots, a_n, b_0, b_1, \cdots, b_m]^{\mathrm{T}}$$

式(7-92)的向量形式为

$$E = \boldsymbol{\Phi}\theta + e \qquad (7-93)$$

式中:E 为 N 维输出向量;$\boldsymbol{\Phi}$ 为测量矩阵;θ 为 $m+n+1$ 维参数向量;e 为残差。引入最小二乘准则,有

$$J = \sum_{k=n}^{N} \hat{e}^2(k)$$

其中影响残差估计值 $\hat{e}(k)$ 的两个不定因素分别为参数估计的拟合误差及随机噪声误差。最小二乘估计是在残差二乘方准则函数极小意义下的最优估计,即按照准则函数

$$J = \hat{e}^{\mathrm{T}}\hat{e} = (Y - \boldsymbol{\Phi}\hat{\boldsymbol{\theta}})^{\mathrm{T}}(Y - \boldsymbol{\Phi}\hat{\boldsymbol{\theta}}) = \min$$

对其求偏导数并令其值等于 0,可得式(7-93)中 $\boldsymbol{\theta}$ 的最小二乘估计为

$$\boldsymbol{\theta} = (\boldsymbol{\Phi}^{\mathrm{T}}\boldsymbol{\Phi})^{-1}\boldsymbol{\Phi}^{\mathrm{T}}E$$

最终可获取估计值 $\hat{A}(z^{-1})$、$\hat{B}(z^{-1})$。

2) 仿真计算

以仿真数据作为建模数据,并且不考虑时延因子 T_r 的影响。以 2m 处辐射场信号 E 和放电电流 i 作为模型的输出与输入,对模型进行训练,最优预测结果如图 7-47 所示。对比模型预测结果和仿真数据的时域波形,发现预测结果较为准确,仅在第 1、2 个脉冲峰值处略有出入。

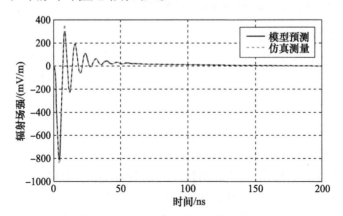

图 7-47　2m 辐射场训练和预测结果

辨识得到的模型参数分别为

$$n = m = 3$$

$$B(z) = 1.144(\pm 0.1661) - 3.018(\pm 0.3574)z^{-1} + 1.874(\pm 0.1914)z^{-2}$$

$$A(z) = 1 - 2.791(\pm 0.007204)z^{-1} + 2.598(\pm 0.01414)z^{-2} - 0.805(\pm 0.006999)z^{-3}$$

结合衰减因子 A_r,利用 2m 辐射场信号训练得到模型直接预测 10m、20m 和 30m 处辐射信号,结果如图 7-48 所示,预测结果与仿真计算值较为吻合,所建立的模型较为准确。

196

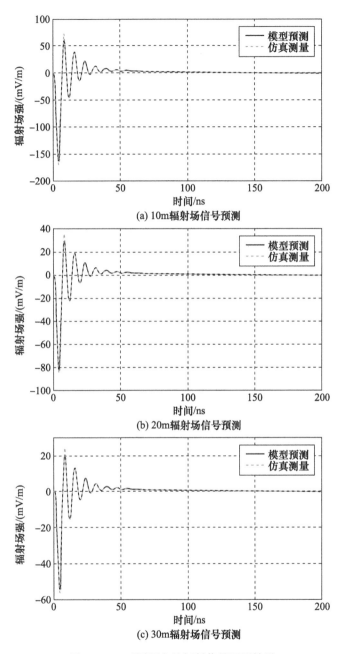

(a) 10m辐射场信号预测

(b) 20m辐射场信号预测

(c) 30m辐射场信号预测

图 7 – 48　不同距离处辐射信号预测结果

3）实验验证

为验证所提出的建模方法的实用性,设计了电晕放电电流和辐射场测试实验。测试距离以 1m 为步进,依次选取了 1~8m 共计 8 个测试点,利用电晕放电过程的随机性,在每个测试点处重新模拟 1 次电晕放电并记录下对应的放电电流和辐射信号。

对所有测试记录的辐射信号数据进行预处理,滤除窄带干扰和去除时延。

距离放电源 1m 位置的辐射场及电流数据的训练结果如图 7 - 49 所示。训练结束后,对建模数据进行了自预测,预测结果与真实测试数据一致性较好。

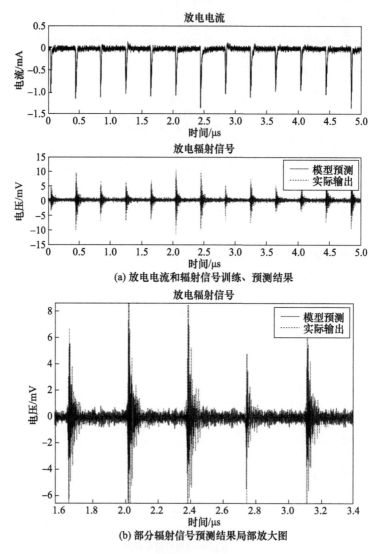

(a) 放电电流和辐射信号训练、预测结果

(b) 部分辐射信号预测结果局部放大图

图 7 - 49　1m 试验数据训练和预测结果(见彩图)

首先以 1m 位置测试得到的辐射信号及电流数据对 OE 模型进行训练和参数辨识,并对训练数据进行自预测。然后,以其余 2 ~ 8m 共计 7 个测试点记录的放电电流作为激励,利用辨识得到的最优模型分别对对应辐射信号直接进行预测,并

与实测辐射信号进行对比,评估建模效果。

利用1m处实验数据训练和辨识得到的最优辐射场模型的自验证结果如图7-49所示。结果表明,在同一个测试点,模型预测得到的辐射信号和实验测试信号持续时间相同,波形趋势较为吻合,预测信号峰值略低于实测信号。综合而言,模型预测效果较好。

训练得到的模型参数为

$m = 20, n = 10$

$$\begin{aligned}B(z) = {}& 1.796(\pm 0.1761) - 8.913(\pm 0.9158)z^{-1} + 14.01(\pm 1.605)z^{-2} - \\ & 0.9523(\pm 0.4665)z^{-3} - 26.35(\pm 2.485)z^{-4} + 25(\pm 2.947)z^{-5} + \\ & 2.527(\pm 0.5731)z^{-6} - 17.54(\pm 1.757)z^{-7} + 10.15(\pm 1.403)z^{-8} - \\ & 0.4526(\pm 0.5339)z^{-9} - 0.9684(\pm 0.5147)z^{-10} - 5.627(\pm 1.319)z^{-11} + \\ & 13.71(\pm 1.729)z^{-12} - 7.086(\pm 0.5276)z^{-13} - 15.1(\pm 2.809)z^{-14} + \\ & 23.66(\pm 2.559)z^{-15} - 6.133(\pm 0.4103)z^{-16} - 10.1(\pm 1.594)z^{-17} + \\ & 8.451(\pm 0.9524)z^{-18} - 1.979(\pm 0.1886)z^{-19}\end{aligned}$$

$$\begin{aligned}A(z) = {}& 1 - 5.639(\pm 0.00469)z^{-1} + 11.61(\pm 0.02608)z^{-2} - 6.901(\pm 0.06282)z^{-3} - \\ & 11.43(\pm 0.08831)z^{-4} + 22.33(\pm 0.07718)z^{-5} - 10.62(\pm 0.07147)z^{-6} - \\ & 7.071(\pm 0.1089)z^{-7} + 10.97(\pm 0.09156)z^{-8} - 5.129(\pm 0.0386)z^{-9} + \\ & 0.881(\pm 0.006614)z^{-10}\end{aligned}$$

实测辐射信号衰减特性分析和衰减因子计算具体公式为

$$s_r = \frac{1}{0.67 + 0.3r}s_1$$

利用训练模型分别对2~8m距离处辐射信号进行预测,每个测试点有多组放电数据,且数据之间相互具有随机性,将预测结果与对应的真实值进行对比,结果如图7-50至图7-56所示。

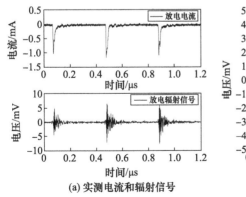
(a) 实测电流和辐射信号

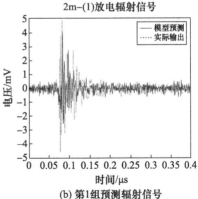
(b) 第1组预测辐射信号

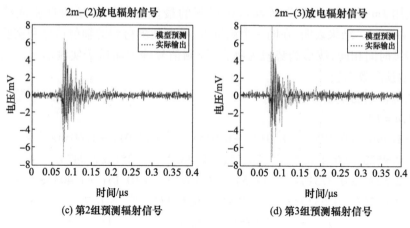

(c) 第2组预测辐射信号   (d) 第3组预测辐射信号

图 7-50   2m 辐射信号预测结果(见彩图)

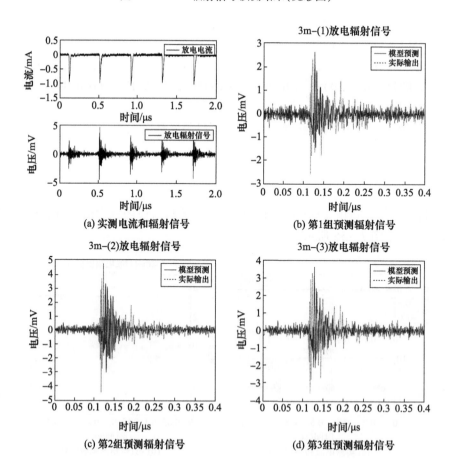

(a) 实测电流和辐射信号   (b) 第1组预测辐射信号

(c) 第2组预测辐射信号   (d) 第3组预测辐射信号

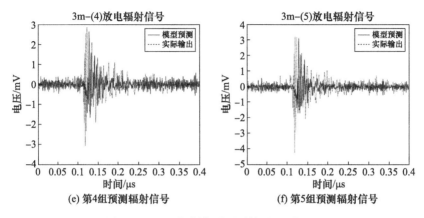

(e) 第4组预测辐射信号　　　　　　(f) 第5组预测辐射信号

图7-51　3m辐射信号预测结果(见彩图)

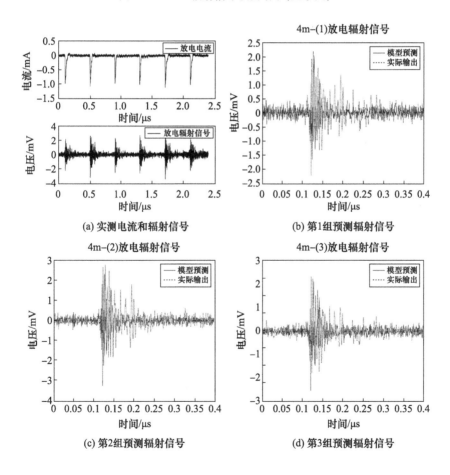

(a) 实测电流和辐射信号　　　　　　(b) 第1组预测辐射信号

(c) 第2组预测辐射信号　　　　　　(d) 第3组预测辐射信号

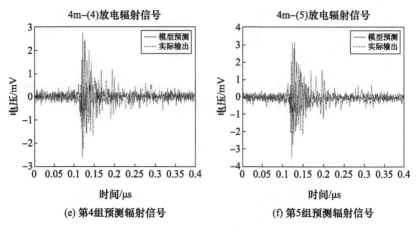

(e) 第4组预测辐射信号   (f) 第5组预测辐射信号

图 7-52 4m 辐射信号预测结果(见彩图)

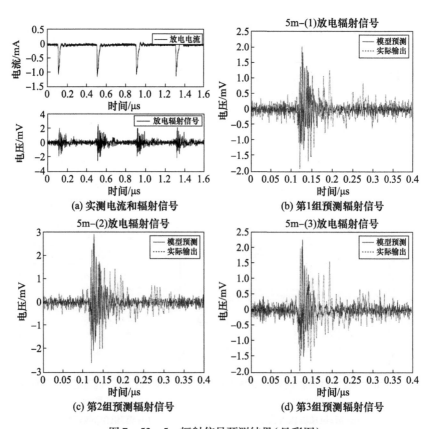

(a) 实测电流和辐射信号   (b) 第1组预测辐射信号

(c) 第2组预测辐射信号   (d) 第3组预测辐射信号

图 7-53 5m 辐射信号预测结果(见彩图)

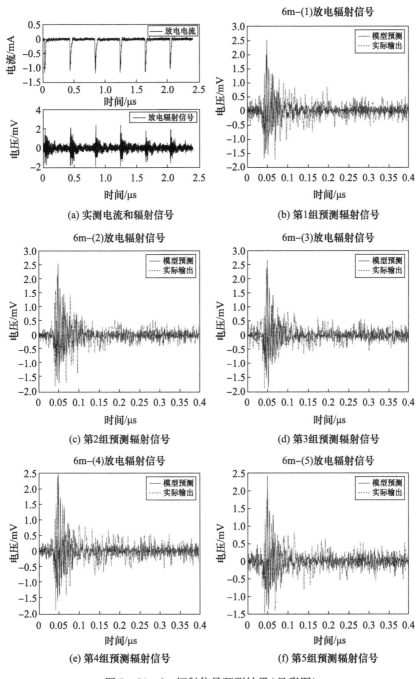

图 7 - 54　6m 辐射信号预测结果(见彩图)

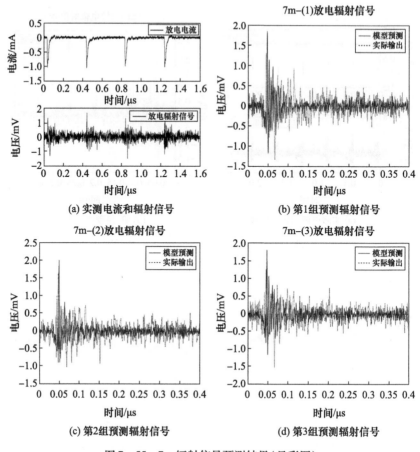

(a) 实测电流和辐射信号

(b) 第1组预测辐射信号

(c) 第2组预测辐射信号

(d) 第3组预测辐射信号

图 7-55　7m 辐射信号预测结果(见彩图)

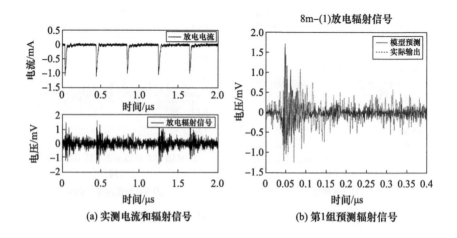

(a) 实测电流和辐射信号

(b) 第1组预测辐射信号

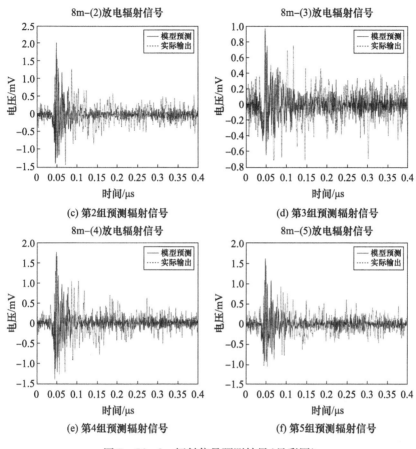

(c) 第2组预测辐射信号
(d) 第3组预测辐射信号

(e) 第4组预测辐射信号
(f) 第5组预测辐射信号

图 7-56 8m 辐射信号预测结果(见彩图)

电晕放电具有随机性,不同时刻的放电过程记录得到的电流、辐射信号之间会有一定的差异性,但对比图 7-50 至图 7-56 中不同距离处电晕放电辐射信号的预测值和实验值发现,在已知放电电流的情况下,通过模型可直接准确地预测出任意测试点处的放电辐射信号的波形趋势,预测值与实验测试值较为吻合,误差较小,预测信号峰值略小于实验值。

7.3.3 基于 NARX 神经网络模型的放电辐射场建模

1) NARX 神经网络

鉴于神经网络强大的非线性处理能力,在对放电电流-辐射场非线性建模时我们重点关注 NARX 神经网络模型。对于式(7-90)所表征的放电辐射系统特性数学描述,其对应的 NARX 神经网络拓扑结构如图 7-57 所示。

图 7-57 中 TDL 代表时延,对应式(7-90)中的 n 和 m。实测电流 $I(t)$ 为网

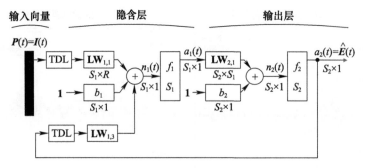

图 7-57　NARX 神经网络模型

络的输入向量,实测辐射信号 $E(t)$ 为网络的目标向量,网络的输出向量即辐射信号预测值为 $\hat{E}(t)$。隐含层与输出层传递函数 f_1、f_2 分别为 logsig 函数和 purelin 函数。

　　建模时网络需要经历训练和预测两个过程。训练过程中网络实行串并联结构式运算,如图 7-58(a)所示,采用反向传播(Back Propagation,BP)算法。预测时网络实行并联结构式运算,如图 7-58(b)所示,采用动态反向传播(Dynamic Back Propagation,DBP)算法。举例说明,假如选取 $n=2$、$m=3$,神经元个数 $N=5$,则对应建模过程中的网络拓扑结构如图 7-59 所示。

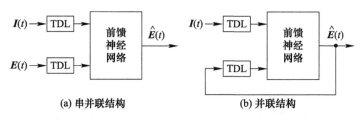

图 7-58　网络运算结构

　　利用 NARX 神经网络对放电辐射场建模的一般流程如图 7-60 所示。

　　(1)实验数据选取。建模数据均来源于实测放电产生的电流和辐射信号,样本组数越多越好。样本数据分为训练样本和验证样本,前者用来训练网络以得到整个放电辐射测试系统的等效特征关系,后者用来验证通过训练所建立模型的准确性。

　　(2)NARX 网络初始化。人工设定神经元个数 N、延时 n 和 m。神经元个数关系到系统的函数关系 f 能否被网络准确学习,其取值规律尚无准则可依据,但其规律为辐射信号波形越复杂、振荡系数越大、N 值取值也越大。延时阶数与网络存储能力有关,取值越大网络存储能力越强,逼近 f 的能力越强。

　　(3)网络训练和验证。训练过程中,选定训练样本后以电流数据作为输入向

206

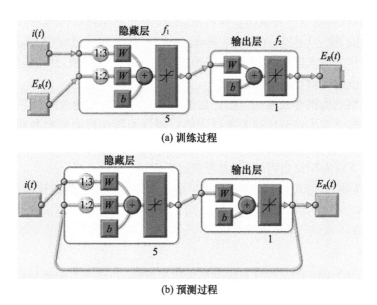

(a) 训练过程

(b) 预测过程

图 7 – 59   NARX 神经网络建模实例

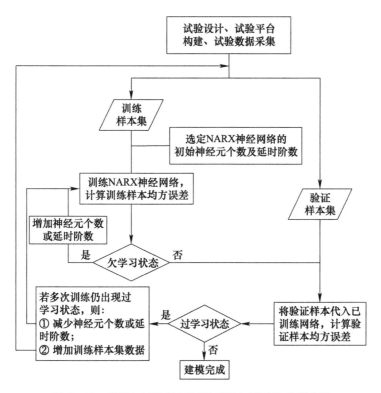

图 7 – 60   利用 NARX 神经网络对放电辐射场建模流程

量,对应的辐射场信号作为输出目标向量,采用串并联结构对网络进行训练,训练算法为改进的 BP – LM(Levenberg – Marquardt)算法。验证过程中,选定验证样本的电流数据作为输入向量,利用训练好的模型对输出进行预测,并与验证样本中实测辐射信号值进行对比。

(4) 网络结构调整及模型定型。如果网络对样本的预测效果较好(以样本数据与预测数据之间的百分比误差进行评估),则认为所选取的模型参数较为合理,建立的模型为真实放电辐射测试系统等效的试验模型;若效果不好,需要适当调整网络参数并重新对网络进行训练,直至该过程完成。

(5) 网络输出输入数学关系 f 提取。通过提取最终确定的最优网络的权值系数 $\mathbf{IW}_{11}$、$\mathbf{LW}_{21}$ 和 $\mathbf{LW}_{13}$ 以及阈值系数 b_1 和 b_2,按照图 7 – 57 网络运算法则,得到精确数学关系 f。

2) 仿真计算

同样以图 7 – 48 所示的仿真数据作为建模数据,并且不考虑时延因子 T, 的影响。以 2m 处辐射场信号 E 和放电电流 i 作为 NARX 网络的输出与输入,对模型进行训练,对辐射信号自预测结果如图 7 – 61(a) 所示,网络能够非常准确地预测出辐射信号。此时对应的网络参数为 $m = 2$、$n = 0$,隐含层神经元 $N = 10$。

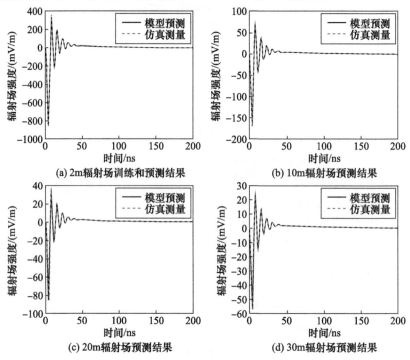

图 7 – 61　NARX 模型训练和预测结果

考虑衰减因子 A_r 后,网络对 10m、20m 及 30m 处辐射信号预测结果,如图 7 - 61 (b) ~ (d) 所示,结果表明训练得到的网络能够精准地预测任意距离处的辐射场信号。

仿真建模结果表明,只要网络的延迟和神经元选择适当,通过实验数据建模是可以得到电流和任意距离处辐射场之间的精确关系。

提取网络权值、阈值参数如下:
$$\mathbf{IW}_{11} = [-20.0008,89.2012, -36.7296,64.0528,113.1910$$
$$-23.1175, -70.8749,18.3946, -122.3135,22.1372]^T$$
$$\mathbf{LW}_{31} = [16.8273, -94.7157,28.8583, -70.2644, -118.9823$$
$$20.0733,70.7262, -10.3013,103.7280, -22.1050]^T$$
$$\mathbf{IW}_{21} = [-11.2038,50.0663,28.4092, -22.5617, -29.3385,$$
$$14.7646, -53.0042,26.7643, -0.0735, -36.739]$$
$$\boldsymbol{b}_1 = [1.1484,3.0830,7.1552,3.6702,3.0764,$$
$$1.3051, -1.1063, -7.3293,2.9495,0.7514]^T$$
$$b_2 = -19.4761$$

3) 实验验证

同理,为验证所提出的 NARX 神经网络建模方法的实用性,以连续测试记录得到的 13 组放电电流作为网络输入,电流在 1m 处产生的辐射信号作为网络输出,对网络进行训练,训练结束后对辐射信号进行自预测。经过反复训练,发现当网络延迟取 $m = 30$、$n = 2$,神经元数目 $N = 15$ 时,网络训练效果最好,结果如图 7 - 62 所示。

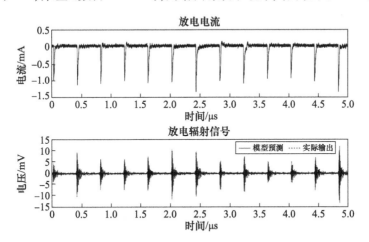

图 7 - 62 电流和 1m 处辐射信号建模结果(见彩图)

为进一步检验网络预测效果,以其余 2~8m 共 7 个测试点的多组放电电流产生的辐射信号分别进行预测,并与实测数据进行对比,结果如图 7 - 63 至图 7 - 69 所示。预测结果表明,在已知放电电流的情况下,通过建模可直接、准确地预测出任意测试点处的放电辐射信号的波形趋势,多数预测值与实验测试值非常吻合,误差较小。

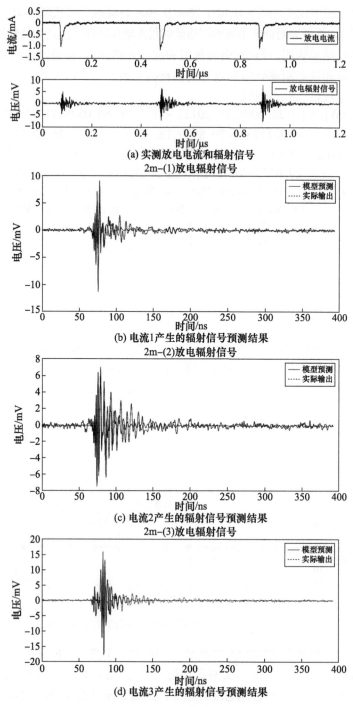

(a) 实测放电电流和辐射信号

(b) 电流1产生的辐射信号预测结果

(c) 电流2产生的辐射信号预测结果

(d) 电流3产生的辐射信号预测结果

图 7-63 2m 辐射信号预测结果(见彩图)

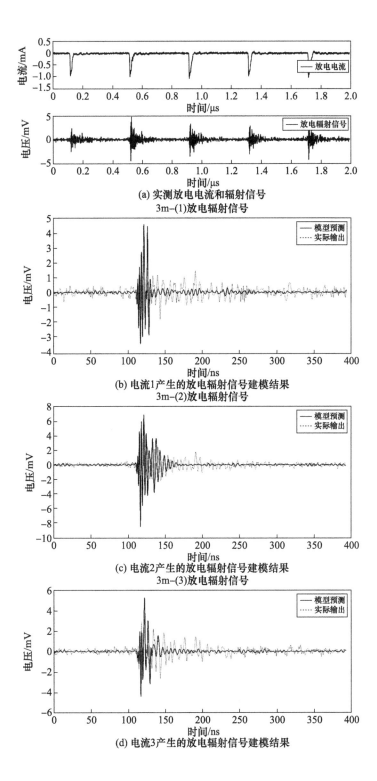

(a) 实测放电电流和辐射信号
3m-(1)放电辐射信号

(b) 电流1产生的放电辐射信号建模结果
3m-(2)放电辐射信号

(c) 电流2产生的放电辐射信号建模结果
3m-(3)放电辐射信号

(d) 电流3产生的放电辐射信号建模结果

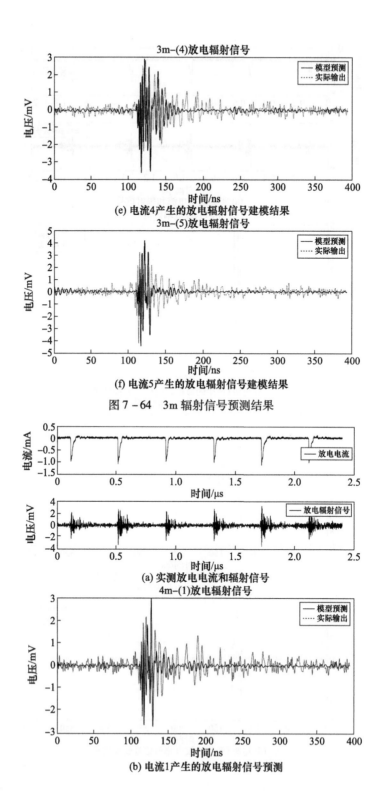

(e) 电流4产生的放电辐射信号建模结果

(f) 电流5产生的放电辐射信号建模结果

图 7 - 64   3m 辐射信号预测结果

(a) 实测放电电流和辐射信号

(b) 电流1产生的放电辐射信号预测

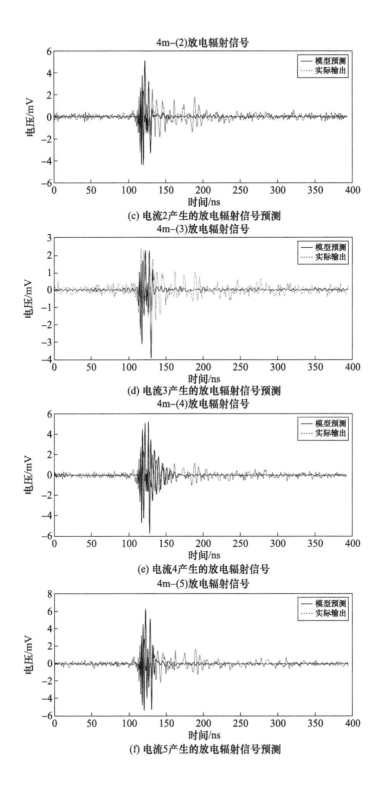

(c) 电流2产生的放电辐射信号预测

(d) 电流3产生的放电辐射信号预测

(e) 电流4产生的放电辐射信号

(f) 电流5产生的放电辐射信号预测

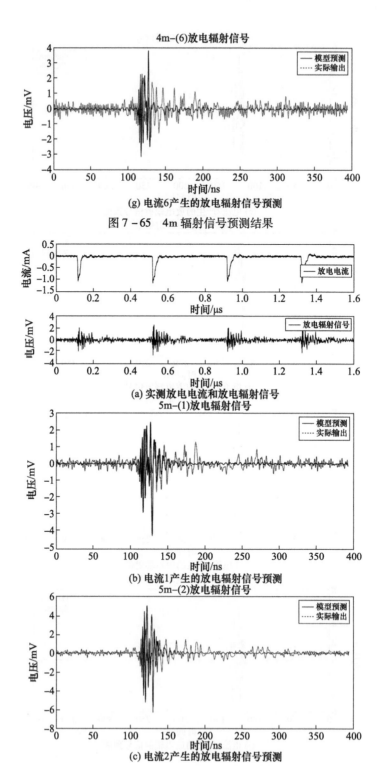

(g) 电流6产生的放电辐射信号预测

图 7 - 65　4m 辐射信号预测结果

(a) 实测放电电流和放电辐射信号

(b) 电流1产生的放电辐射信号预测

(c) 电流2产生的放电辐射信号预测

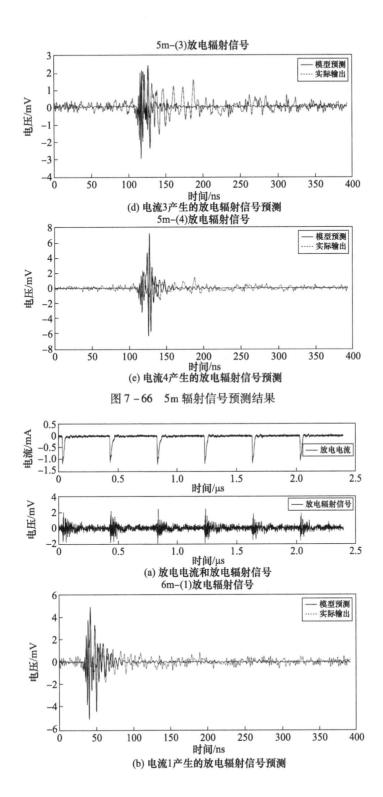

5m-(3)放电辐射信号

(d) 电流3产生的放电辐射信号预测

5m-(4)放电辐射信号

(e) 电流4产生的放电辐射信号预测

图 7-66　5m 辐射信号预测结果

(a) 放电电流和放电辐射信号

6m-(1)放电辐射信号

(b) 电流1产生的放电辐射信号预测

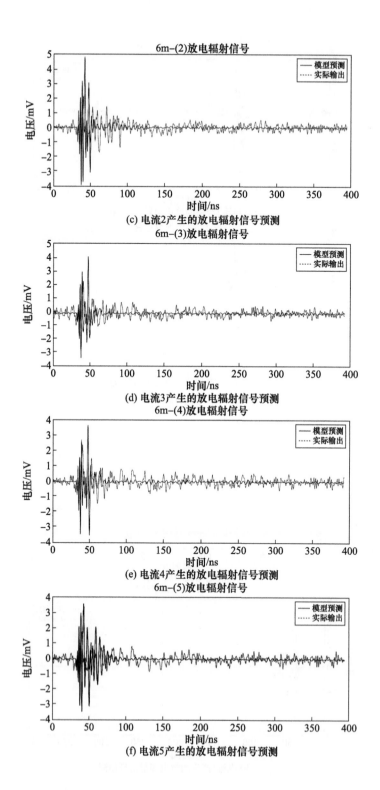

(c) 电流2产生的放电辐射信号预测

(d) 电流3产生的放电辐射信号预测

(e) 电流4产生的放电辐射信号预测

(f) 电流5产生的放电辐射信号预测

216

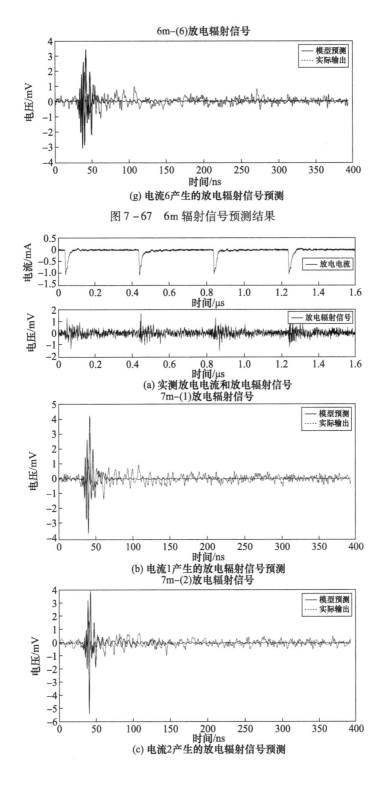

6m-(6)放电辐射信号

(g) 电流6产生的放电辐射信号预测

图 7 - 67　6m 辐射信号预测结果

(a) 实测放电电流和放电辐射信号

7m-(1)放电辐射信号

(b) 电流1产生的放电辐射信号预测

7m-(2)放电辐射信号

(c) 电流2产生的放电辐射信号预测

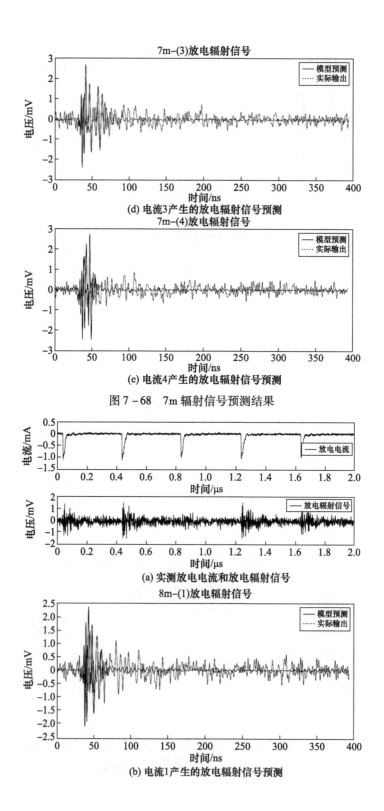

(d) 电流3产生的放电辐射信号预测

(e) 电流4产生的放电辐射信号预测

图 7-68 7m 辐射信号预测结果

(a) 实测放电电流和放电辐射信号

(b) 电流1产生的放电辐射信号预测

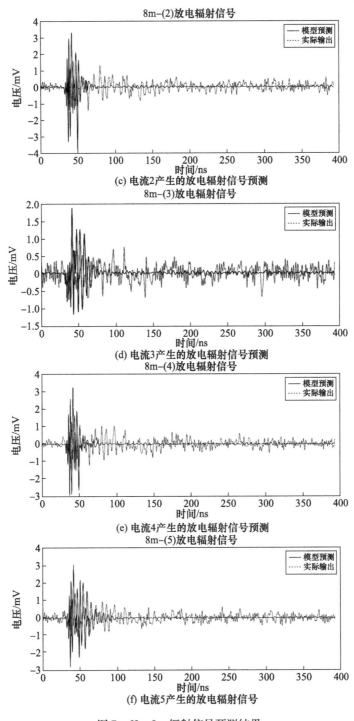

图 7 - 69 8m 辐射信号预测结果

7.3.4 建模若干影响因素

1）模型参数选取

从本章建模过程可知,对基于实验数据统计分析的放电辐射场建模,无论是将系统等效为线性系统还是非线性系统,模型的阶次 m、n 值的设定对建模结果影响最为重要。根据式(7-90),两者对应了真实系统的阶次,直接决定了构建的模型是否能够逼近真实的动态系统。

由偶极子法计算放电辐射场的结果可知,辐射场主要与激励电流源的一次微分项相关,因此式(7-90)代表的系统中 n 的理论值应为0,且 m 值为1。但模拟仿真电晕放电辐射时选取振子长度与放电电路尺寸相当量级,由于谐振频率变小,导致波形产生一定的振荡,因此 n 值不再为0且 m 值不为1,但由于波形振荡程度并不剧烈,因此 n、m 值理应为接近于理想值的值,因此仿真建模时 OE 模型阶次选择为 $n=m=3$,NARX 模型延迟 $n=0$、$m=2$ 均取得了较好的建模效果。

不同于仿真计算,当利用实测实验数据进行建模时,模型阶次的选取变得较为复杂。原因主要可归结为测试得到的真实辐射信号的波形变得较为复杂,主要表现为波形振荡更加剧烈,辐射信号与脉冲电流之间在数学上呈现出多阶微分关系,因此 n、m 的值随之增大,故在利用实验数据进行建模时,OE 模型阶次选择为 $m=20$、$n=10$,而 NARX 神经网络延迟设定为 $m=30$、$n=2$。

对于 NARX 神经网络建模而言,网络神经元个数 N 的取值没有特定要求,只需满足工程人员的实际需要和数据预测精度要求即可,一般规律是 N 取值越大信号预测越准确,但过大会出现过拟合。

2）模型选择

基于实验数据对真实放电辐射信号进行建模时,给出了典型的线性建模和非线性建模两种方式,相比较而言,非线性建模更加具有普适性。然而在实际应用时如何在两者之中做出合理选择尚无可靠的判定准则,选择合适的建模方法主要依赖于研究人员的先验知识。

对于电极形状简单、系统结构并不复杂的放电系统、辐射信号传播路径简单、测试系统天线特性简单的情况,采用线性建模即可;否则,尽量采用非线性建模。通过对比基于 OE 模型和 NARX 神经网络模型对仿真数据和实验数据的建模结果可知,两种建模方式的能力相差不大,均能较为准确地预测出任意场点处的辐射场信号。这是因为对于尖板电极结构的电晕放电辐射场,可以用偶极辐射理论进行解释,即辐射场与电流微分项相关,而且在辨识时其为线性系统。仿真得到的辐射信号由虚拟的场监视器测量得到,为放电辐射的真实信号;放电模拟实验过程产生的辐射信号经空间传播,被对数周期天线测量得到,而对数周期天线接收过程仍可用偶极辐射理论解释,而两个线性系统级联后仍可视作线性系统。因此,无论是对仿真实验还是对放电模拟实验进行建模,均可视作线性建模,故在此 OE 模型建模能力与 NARX 模型相当。

实际生活中放电种类繁多、放电系统结构较为复杂、传播路径不一、测试系统天线特性众多,各个环节综合下来导致整个等效系统非线性特性较为明显,此时最宜采用非线性建模。

3)建模样本数据选择

建模时训练数据包含放电电流及其在某个场点处产生的辐射信号,一般这个场点尽量选取离放电源点较近的位置。例如,在仿真实验中我们选择离源点 2m 处,在真实的放电模拟实验中选择离源点 1m 处的辐射信号数据,而不是其余的 $2 \sim 8m$。因为离放电源点较近的场点处辐射信号较强,相对于现场背景,其信噪比较高,受干扰较少,蕴含在其中的系统的动态特性较为明显,易于辨识,故训练后的模型对其他任意场点处辐射信号的预测效果较好。

训练数据样本量要尽可能大。从辨识的角度看,训练样本特性变化越大,越能激发出系统的动态特性,所建立的模型更加逼近真实系统,模型的预测能力也更强,泛化能力更好。

实验数据样本量也要尽可能大。在利用模型预测其他场点位置处辐射信号时需要引入衰减因子 A_r,而 A_r 通常是辐射信号峰值的统计平均值,各个测试场点处辐射信号样本量越多,最终计算得到的峰值衰减特性曲线越接近于真实情况,预测信号的幅度也会更加接近于真实值。而本章用于建模的实验数据样本偏少,一般是 $3 \sim 6$ 个信号的峰值均值,得到的衰减特性曲线与真实情况有些许误差,故最后模型预测的辐射信号的峰值与真实辐射信号的峰值不能完全拟合上。

7.4　地面模拟与测试

采用实验室模拟和外场试验相结合的方法研究电晕放电辐射场的时频特征和影响因素,验证飞机电晕放电的主要辐射机制。首先构建细长导体电晕放电模拟系统、单个放电刷电晕放电模拟系统、飞机模型电晕放电模拟系统以及孤立导体电晕放电模拟系统,试验研究了细长导体、单个放电刷、飞机模型和孤立导体电晕放电辐射场的时频域特性,其中细长导体电晕放电辐射场试验是在室外进行的,单个放电刷电晕放电试验是在电波暗室内进行的,而飞机模型和孤立导体电晕放电辐射场试验是在普通实验室内进行的。通过对实验室模拟测试结果的分析,得出了不同电晕放电模拟系统电晕放电辐射信号的规律和影响因素,最后开展了某型飞机的电晕放电外场试验研究,证明了实验室模拟结果的正确性,并提出了飞机静电放电探测技术研究的关键问题。

7.4.1 细长导体电晕放电辐射场试验

通过从理论上计算细长尖端导体的电晕放电辐射场,得出细长尖端导体的电晕放电辐射场的时频特性,分析了电晕放电辐射场与导体长度的变化规律,为验证理论计算结果,搭建了细长尖端导体电晕放电模拟与辐射场特性测试系统,测试了不同长度细长导体的电晕放电辐射信号,并与理论计算结果进行比对,分析了其电晕放电辐射场特性。

1)试验设置

图7-70所示为细长导体电晕放电模拟和辐射场测试设置,细长导体半径为10mm。试验时,细长导体直立于地面,底端由直流高压源供电,在与其水平距离为 d 的位置架设天线,测试天线通过高频电缆接入示波器进行数据采集和存储。直流高压源最高输出电压为300kV,并有正、负两种极性,通过调节输出电压值和电压极性,模拟不同电压条件下的电晕放电。示波器采用的是泰克(Tektronix)公司的 TDS7404B 型数字示波器,其采样速率为20GS/s,带宽为4GHz,输入阻抗为 50 Ω,能满足电晕放电辐射场的测试要求。测试天线包括双锥天线和对数周期天线,其中双锥天线带宽为20~300MHz,输入阻抗为50Ω,驻波比不大于2.0;对数周期天线带宽为30~2000MHz,输入阻抗为50Ω,驻波比不大于1.5,能满足电晕放电辐射场的测试要求。

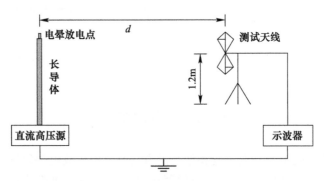

图7-70 细长导体电晕放电辐射场试验设置

试验时,直流高压源通过细长导体底端向细长导体供电,当直流高压超过放电点的电晕电压阈值时,细长导体放电点附近的空气发生电离产生电晕放电,电晕脉冲电流经细长导体向底端传输,产生电磁辐射。由理论分析可知,电晕放电辐射场应是空气区电晕辐射场和电流脉冲注入细长导体产生的辐射场的叠加。在一定距离处的测试天线将电晕放电辐射信号传输到示波器进行采集和存储。调整直流高压源的电压幅值、电压极性及细长导体的长度,可获得不同放电电压和不同长度下细长导体的电晕放电辐射场。为减少周围物体的反射,试验地点选择在室外开阔

222

空旷处;为降低空间背景噪声干扰,选择在凌晨进行试验。

2)试验结果及分析

当直流电压为 ±80kV、细长导体长度为 6m、测试距离 d 为 8m 时,利用测试系统测量得到的接收天线负载端的电压波形如图 7-71 和图 7-72 所示。由于接收天线采用垂直极化方式,接收天线负载端的电压波形基本能表征 z 方向电晕放电辐射电场波形。对于 12m 和 30m 长的细长导体,同样在直流充电电压为 ±80kV、测试距离 d 为 10m 时,z 方向电晕放电辐射电场波形如图 7-73 至图 7-76 所示。从图中可以看出,在不同极性电压下不同长度导体的电晕放电辐射电场波形均呈现振荡衰减过程;相同电压下,导体长度越长,测量得到的辐射电场各个脉冲的间隔时间越大,持续时间越长,导体长度相同时,不同电压下得到的辐射信号脉冲间隔时间和持续时间基本相同;相同极性电压下,辐射信号的首脉冲方向(指放电辐射信号的前沿走向,以下同)相同,不同极性电压下,辐射信号的首脉冲方向相反。从 7.2.7 节可知,电晕放电辐射电场波形的衰减振荡是由于电晕脉冲电流在细长导体的两端来回反射造成的,当电流脉冲在细长导体两端反转时对外辐射电磁波,导体长度越长,电晕电流传播的路径越大,所以辐射电场的脉冲间隔时间越长,持续时间也越长。不同极性电晕放电辐射电场的首脉冲方向相反,这是因为电晕放电电流的特性决定辐射场的特性,不同极性电晕放电,电晕电流的方向相反,所以辐射电场的首脉冲方向相反。从测试结果和理论分析可知,导体电晕放电辐射电场信号主要由导体电晕放电电流的特性和传播路径决定,导体空气电晕区的辐射信号对测量结果影响不大,因此空气电晕区辐射场可忽略不计。

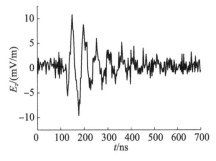

图 7-71 6m 细长导体 -80kV
电晕放电辐射场

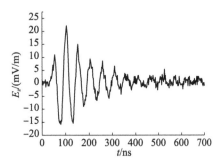

图 7-72 6m 细长导体 +80kV
电晕放电辐射场

理论计算的电晕放电辐射电场的时间较短,300cm 长的导体电晕放电辐射场持续时间约 100ns,与测量得到的电晕放电辐射场持续时间相比小得多,这是由于计算波形是空间中某点的电磁场,而试验测量得到的波形是空间中接收天线周围区域内各点电磁场的叠加,且天线的放入对于场有一定的扰动;再者,由于接收天线不是理想的行波天线,接收天线上的电流将在两端点来回发射,使得测量得到的电场波形有很长的振荡拖尾,因此试验测量结果与解析计算结果在波形和幅度上都存在一定的差别。

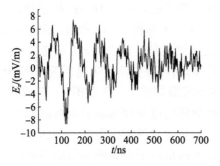

图 7 – 73 12m 细长导体 – 80kV
电晕放电辐射电场

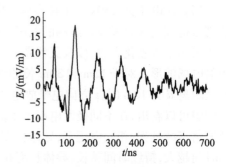

图 7 – 74 12m 细长导体 + 80kV
电晕放电辐射电场

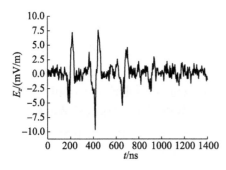

图 7 – 75 30m 细长导体 – 80kV
电晕放电辐射电场

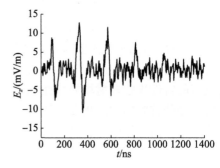

图 7 – 76 30m 细长导体 + 80kV
电晕放电辐射电场

试验还分别测量了 6m 细长导体在充电电压为 ± 80kV、接收天线水平极化时的辐射信号,测量波形特性与图 7 – 71、图 7 – 72 一致,但幅度要小得多。充电电压为 + 80kV 时,信号幅度为 7.1mV;充电电压为 – 80kV 时,信号幅度为 5.2mV。这说明电晕放电辐射场为垂直极化场。

分别对测量得到的图 7 – 71 至图 7 – 76 所示电晕放电辐射电场进行 FFT 得到图 7 – 77 至图 7 – 82 所示频谱。从所得频谱可见 90 ~ 100MHz 附近以及更高吉赫兹的频率分量始终存在,由于试验是在室外进行,我们认为这些频率主要是广播电视频段或手机频段的干扰频率,频谱分析时将不予考虑,因此为更清楚地获得电晕放电辐射电场的频谱特性,主要分析 100MHz 以下较低的频段。从图 7 – 77 至图 7 – 82 中可见,相同长度的细长导体在不同极性电压情况下的辐射电场频谱基本接近,不同长度的细长导体辐射电场频谱主要特征频率不同,随着长度的增加,辐射电场主要特征频率减小。

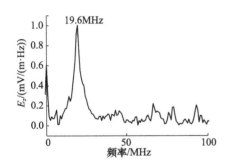

图 7 - 77　6m 细长导体 - 80kV
电晕放电辐射电场频谱

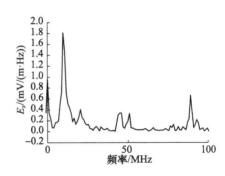

图 7 - 78　6m 细长导体 + 80kV
电晕放电辐射电场频谱

从图 7 - 77 至图 7 - 80 可见,长度为 6m 和 12m 的细长导体电晕放电辐射电场特征频率约为 20MHz 和 10MHz,而根据电晕放电辐射电场解析表达式,在远区 $\theta = \pi/2$ 方向上电场波形波峰与波峰之间的间隔应是电晕脉冲电流沿 2 倍长的导体传输所用的时间,其特征频率理论计算式为 $c/2l$,因此计算得到的电晕放电辐射电场特征频率为 25MHz 和 12.5MHz。理论计算和实际测量存在误差是计算中假设是远区场造成的。图 7 - 71 中的辐射场第一脉冲由导体顶端电晕电流注入发出,第二脉冲由电晕电流在导体底端反转发出,第三脉冲由电晕电流在导体顶端反转发出,第四脉冲由电晕电流在导体底端反转发出。依此类推,在远区 $\theta = \pi/2$ 方向上,导体顶端和底端到达观察点的路径基本相等,而在试验中,观察点到导体顶端和底端的路径不同。对于长度为 6m 的细长导体,测试距离为 8m 时,导体顶端和底端到观察点的路程差为 2m,脉冲延迟时间为 $2/c = 6.7\text{ns}$,故实际测量波形各个脉冲之间多延迟了 6.7ns,因此实际测量波形的主要特征频率要比计算结果约低 4MHz;对于长度为 12m 的细长导体,测试距离为 8m 时,实际测量波形各个脉冲之间多延迟 21.3ns,主要特征频率要比计算结果约低 2.6MHz。

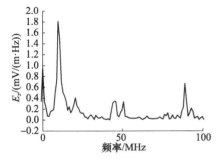

图 7 - 79　12m 细长导体 - 80kV
电晕放电辐射电场频谱

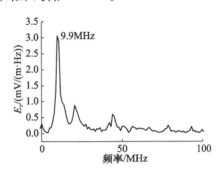

图 7 - 80　12m 细长导体 + 80kV
电晕放电辐射电场频谱

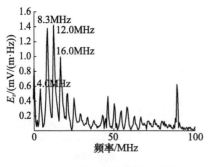

图 7-81　30m 细长导体 -80kV
电晕放电辐射电场频谱

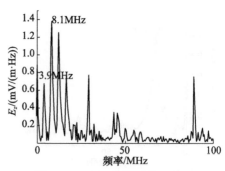

图 7-82　30m 细长导体 +80kV
电晕放电辐射电场频谱

从图 7-81 和图 7-82 可见,长度为 30m 细长导体的电晕放电辐射电场频率成分很多,这与长导体辐射场理论计算结果一致,长导体越长,电晕放电辐射场的频率成分越多。对于长度为 30m 细长导体,理论计算的辐射场主要特征频率为 5MHz,而测量波形的主要特征频率为 4.0MHz。

试验中测量了不同长度细长导体在不同电压情况下的电晕放电辐射场,从时域波形上看,不同电压下,电晕放电辐射场均为衰减振荡。对测量结果进行分析,可总结得出不同条件下的细长导体电晕放电辐射场的时频域特征如表 7-3 所列。

表 7-3　细长导体电晕放电辐射信号的时频域特征

长度/m	电晕电压/kV	峰值电压/mV	持续时间/ns	主要振荡频率/MHz	首脉冲方向	放电重复率/(10^2 次·min^{-1})
6	-80	10.1	约 400	19.6	向下	0.9
	+40	11.0	约 400	19.5	向上	1.3
	+60	11.6	约 400	19.5	向上	2.5
	+80	16.6	约 400	19.0	向上	3.1
12	-80	9.0	约 650	10.0	向下	0.8
	+40	14.6	约 650	10.0	向上	1.8
	+60	19.8	约 650	10.0	向上	2.3
	+80	20.2	约 650	10.0	向上	4.1
30	-60	7.3	约 1000	4.1、8.0、11.9、16.3	向下	0.2
	-80	9.1	约 1000	4.0、8.3、12.0、16.0	向下	0.7
	+60	12.6	约 1000	4.0、8.2、12.1、16.2	向上	1.1
	+80	14.4	约 1000	3.9、8.1、12.2、16.4	向上	1.8

226

从表 7-3 中可见,当放电电压极性为负极性时,6m 和 12m 的细长导体只测到 -80kV 的电晕放电辐射场,而在 -40kV、-60kV 时观察不到明显的放电辐射信号,这与背景噪声的干扰有关,因为我们所做的试验是在室外进行的,噪声干扰水平较高。对于 30m 的细长导体,测量到了 -60kV 时的电晕放电辐射场,这是因为 30m 细长导体测量试验是在不同时间进行的,试验环境为温度(10±2)℃、湿度为(51±4)%,而 6m 和 12m 细长导体试验环境为温度(8±2)℃、湿度为(36±3)%,电晕放电强弱与湿度有很大关系,当湿度较大时电晕放电容易发生,且电晕放电电流增大,因此当外加电压较低时能测量到放电辐射信号。从表 7-3 中可知,在相同极性电压情况下,随着电压升高,放电信号的重复率提高,信号强度也随之增强;不同极性的放电电压,放电信号的重复率有很大差别,负电晕放电的辐射场脉冲重复率一般小于正电晕放电的重复率,负电晕放电辐射信号峰值也小于正电晕放电辐射信号峰值,这是因为负电晕的放电阈值低于正电晕的放电阈值,负电晕放电电流一般比正电晕放电电流要小。

试验中还测量了不同测试距离时的辐射场信号,图 7-83 所示是在 ±80kV 电压下 12m 导体电晕放电辐射场峰值与测试距离的关系。从图中可见,辐射场峰值基本按距离的倒数衰减。这与式(7-73)的辐射场理论计算结论相同。

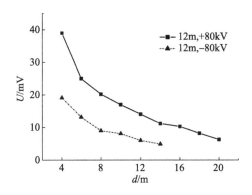

图 7-83 测试距离与辐射场峰值的关系

综合以上分析,得出以下结论。

(1)细长导体电晕放电辐射场主要是垂直极化场,它是由电晕电流在导体两端来回反射引起的,空气电晕区电磁辐射场可忽略。

(2)细长导体电晕放电辐射信号的时域特征。信号的时域波形呈衰减振荡形式;信号的峰值随外加电压的升高而增大,正电压下信号的强度明显比负电压下信号的强度大;信号首脉冲的方向随外加电压的极性不同而相反;信号的持续时间在几百纳秒量级,而且随着导体长度的增加,信号的持续时间有增大的趋势。

(3)细长导体电晕放电辐射信号的频域特征。同一长度导体在不同外加电压下,信号的频率分布基本一致;导体长度不同时,信号的频率分布有明显差别,而且随着导体长度的增加,信号的频率分布有降低的趋势。

(4) 导体长度对电晕放电辐射信号的频率分布有很大的影响,而外加电压的高低仅对辐射信号的强弱有很大影响,对其频率分布影响不大。

(5) 在相同极性电压情况下,随着电压升高,放电信号的重复率提高;负电晕放电的辐射场脉冲重复率一般小于正电晕放电的重复率。

(6) 相同条件下的电晕放电辐射场峰值与测试距离的一次方基本成反比例衰减关系。

7.4.2 电波暗室内单放电刷电晕放电辐射场试验

7.4.1 节所述细长导体电晕放电辐射场试验是在室外进行的,试验过程中不可避免地会受到噪声干扰,为弄清飞机放电刷的电晕放电辐射场频域特性,在电波暗室内进行了单个放电刷电晕放电辐射场试验研究。

1) 试验设置

试验布局如图 7 – 84 所示。试验中接收天线选用了 3 种类型天线,分别是对数周期天线 3142B(30MHz ~ 2GHz)、双脊喇叭天线 HF906(1 ~ 18GHz)、杆天线 HFH2 – Z6(10kHz ~ 30MHz)。利用 EMI 测试系统对接收信号进行频域分析,利用 Agilent inifniium 示波器测量电晕放电时域波形;放电体采用的是某型飞机放电刷;直流高压源类型与 7.4.1 节试验相同,试验时将放电刷安装在直流高压源的高压塔上,通过调节输出电压值和电压极性,模拟不同电压条件下的电晕放电。试验时在放电体与接收天线之间放置铁氧体和吸波材料,其目的主要是防止地面反射,接收天线通过同轴电缆与测试室中的示波器和 EMI 测试系统连接。试验原理框图如图 7 – 85 所示。为了减少试验场地环境对测量结果的影响,提高测量的复现性,在试验区域内应清除与实验无关的物体,包括不必要的设备、电缆、桌子、椅子及储物柜等,与试验无关的人员也必须在实验室外,目的是尽量减少邻近物体对天线的加载效应,减小实验室内由于邻近物体和人员的位置变化引起的多径效应。试验设置和接收天线设置如图 7 – 86 和图 7 – 87 所示。

2) 试验结果及分析

图 7 – 88 是当接收天线为对数周期天线,与放电体的距离为 10m 时测量得到的背景噪声频谱,测量时天线处于水平极化方向,天线高度为 1.2m,试验温度为 26℃,相对湿度为 65%。图 7 – 89 是直流高压源的充电电压为 – 120kV,放电刷竖直向上时测量得到的电晕放电频谱图,接收天线为水平极化、测试距离为 10m。将图 7 – 88 与图 7 – 89 进行对比可知,电晕放电时,其信号频谱与背景噪声频谱明显不同,在 30 ~ 40MHz 之间出现电晕放电频率分布,信号幅度约为 8dBμV/m,在较高频段(60 ~ 100MHz)也有电晕放电频率分布。

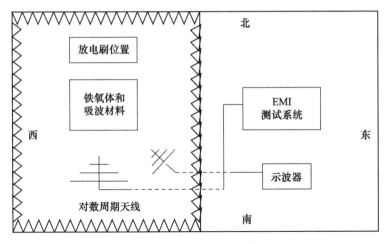

图 7 - 84　试验布局示意图

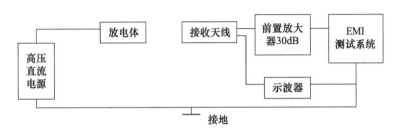

图 7 - 85　试验原理框图

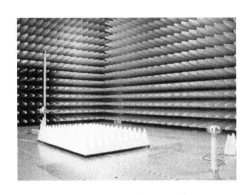

图 7 - 86　试验设置照片

图 7 - 87　接收天线设置照片

为进一步研究不同极性电晕放电在不同极化方向上的信号频谱特征,试验中测量了天线为垂直极化和水平极化时,充电电压为 ±120kV 的电晕放电辐射信号频谱,当测试距离为 10m、放电刷竖直向上时,测量结果如图 7 - 89 至图 7 - 92 所示。

229

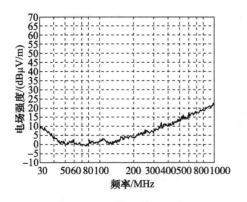

图 7 - 88　背景噪声频谱

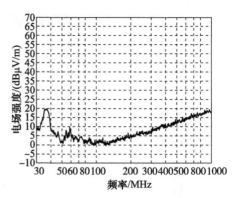

图 7 - 89　天线水平极化时 - 120kV
放电信号频谱

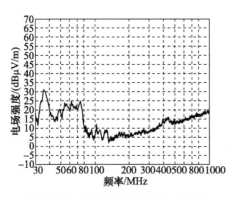

图 7 - 90　天线垂直极化时 - 120kV
放电信号频谱

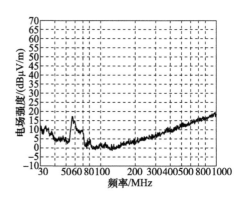

图 7 - 91　天线水平极化时 + 120kV
放电信号频谱

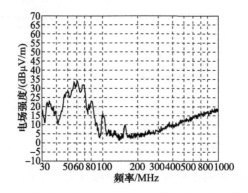

图 7 - 92　天线垂直极化时 + 120kV 放电信号频谱

从图 7 - 89 至图 7 - 92 可以看出,不同极性的电晕放电辐射信号频谱不同。

当天线处于水平极化方向时,负电晕放电频率范围主要集中在 30 ~ 40MHz 之间,而正电晕放电频率范围主要集中在 50 ~ 80MHz 之间;当天线处于垂直极化方向时,无论正、负晕放电,其频率范围都主要集中在 30 ~ 200MHz 之间,但频谱形状差别很大。将图 7 – 89 与图 7 – 90 对比可知,天线垂直极化时信号频率范围大于水平极化时信号频率范围,并且信号幅度高于水平极化时信号幅度,这说明电晕放电辐射场一般为垂直极化场。将图 7 – 89 与图 7 – 92 进行对比可知,正电晕放电信号幅度要高于负电晕放电信号幅度,这是因为负电晕的放电阈值低于正电晕的放电阈值,负电晕放电电流一般比正电晕放电电流要小。

试验中还测量了不同极性、不同大小的充电电压(±30kV、±60kV、±80kV、±160kV、±200kV、±240kV、±280kV)条件下电晕放电辐射信号频谱,试验设置与前面 ±120kV 电晕放电辐射信号试验设置相同。从测量结果可知,当充电电压升高时,信号幅度也随之增大,信号频谱形状基本不变。当充电电压为 ±280kV 时,信号频谱形状略微发生变化,在高频段出现毛刺,但是正、负电晕放电频率范围基本不变。

试验中还测量了不同测试距离条件下的电晕放电辐射信号峰值,测量结果如表 7 – 4 所列,测试天线为对数周期天线,天线高度为 1.2m,充电电压为 – 200kV,放电刷竖直向上,天线处于垂直极化方向,试验温度为 26℃,相对湿度为 62%。从表 7 – 4 中可以看出,信号峰值随着距离的增大而减小,且基本与距离的倒数成反比例关系。

表 7 – 4　信号峰值随距离的变化情况

测试距离/m	6	8	10	12
信号峰值/(μV/m)	50.1	39.8	28.2	25.1

前面试验中使用的接收天线是对数周期天线,测量频率范围为 30MHz ~ 1GHz,为弄清电晕放电辐射是否在其他频段也有频率分布,利用鞭状天线(10kHz ~ 30MHz)和双脊喇叭天线(1 ~ 18GHz)对电晕放电辐射信号进行研究。利用鞭状天线在 10kHz ~ 30MHz 频段对放电刷电晕放电辐射场进行测量时,接收机检测到许多毛刺,但是去掉高压塔上的放电刷,将直流高压源充电至同一电压时,接收机仍能够检测到类似毛刺,分析这些频率成分可能是高压塔尖端或电源线上产生的干扰信号,因此在这种情况下难以确定 10kHz ~ 30MHz 之间是否有电晕放电频率成分。利用双脊喇叭天线在 1 ~ 18GHz 频段对放电刷电晕放电辐射场测量时,直流电压源的充电电压分别是 ±60kV、±280kV,天线测试距离为 10m,试验温度为 26℃,相对湿度为 62%。图 7 – 93 所示为测量得到的背景噪声频谱,图 7 – 94 所示为 +60kV 电晕放电时测量得到的信号频谱,对比图 7 – 93 和图 7 – 94 可知,在 1 ~ 18GHz 频段内没有电晕放电频率分布。充电电压为 – 60kV、+280kV、–208kV 时,测试结果与充电电

压为 +60kV 时相同,在 1～18GHz 频段内也没有电晕放电频率分布。

图 7-93 1～18GHz 频段背景噪声

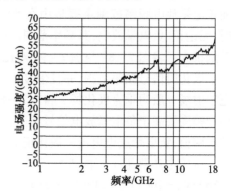
图 7-94   +60kV 放电时 1～18GHz 信号频谱

综合以上分析,得出以下结论。

(1) 电波暗室内放电刷电晕放电辐射场主要为垂直极化场。

(2) 不同极性电晕放电在不同极化方向上,辐射场的频率分布不同。负电晕放电在水平极化方向上的频率范围主要集中在 30～40MHz 之间,而正电晕放电在水平极化方向上的频率范围在 50～80MHz 之间;在垂直极化方向上,无论正、负电晕放电,其频率范围都主要集中在 30～200MHz 之间,但频谱形状差别很大。

(3) 正、负电晕放电在 1～18GHz 频段内没有频率分布;由于高压塔尖端或电源线上产生干扰辐射,10kHz～30MHz 之间难以确定是否有频率分布。

(4) 相同条件下放电刷电晕放电辐射场幅值随着充电电压的升高而增大,信号频谱形状基本不变。

(5) 电晕放电辐射信号峰值随着距离的增大而减小,且基本与距离的倒数成反比例关系。

7.4.3 飞机模型电晕放电辐射场试验

前面试验研究了长导体和单个放电刷电晕放电辐射场的特性,为进一步弄清复杂结构导体——飞机的电晕放电辐射场特性,制作了某型飞机的缩比模型,构建了飞机模型的电晕放电模拟系统,利用辐射场测试系统测量了飞机模型的电晕放电辐射信号,并分析了试验结果,得出了飞机模型的电晕放电辐射场特性,为研究实际飞机的电晕放电辐射场特性提供了试验基础。

1) 试验设置

图 7-95 所示为飞机模型电晕放电辐射系统,该系统包括飞机模型(按照某型飞机 4∶1 缩比、高压直流电源(±300kV)。飞机模型的机翼尖端处安装有放电

刷,如图7-96所示。图7-97所示为飞机模型电晕放电辐射场试验设置图,图中接收天线和示波器组成辐射信号测试系统。试验时,用绝缘绳将飞机模型水平悬挂,直流高压源通过绝缘高压电缆给飞机模型供电,当充电电压达到或超过放电刷的放电阈值时,放电刷发生电晕放电,向外辐射电磁波。通过调节高压直流源的电压极性和幅值,模拟不同电压条件下的电晕放电。测试天线、示波器和直流高压源类型与细长导体电晕放电辐射场试验相同。试验在实验室内进行,试验时尽量减少飞机模型周围的物体以及人员的活动,以避免物体和人员对天线的加载效应对测量结果的影响。

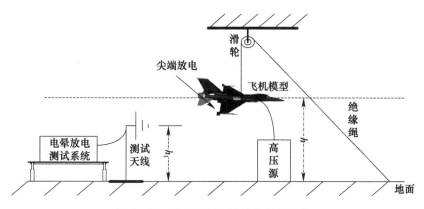

图7-95　飞机模型电晕放电模拟系统

图7-96　放电刷安装位置

2)试验结果及分析

当高压直流源的充电电压为 +60kV 和 +120kV、接收天线为对数周期天线、测试距离为 12m 时,z 方向上的天线耦合电压波形如图7-98和图7-99所示。由于接收天线采用垂直极化方式,接收天线负载端的电压波形基本能表征 z 方向电晕放电辐射电场波形。

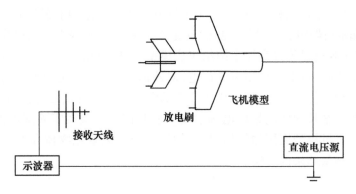

图 7 - 97 试验设置

从图中可见,飞机模型电晕放电辐射电场波形呈现振荡衰减过程,持续时间大约为400ns,+120kV 电晕放电辐射场幅度比 +60kV 电晕放电辐射场幅度要大。试验中还测量了充电电压分别为 ±80kV、±100kV、±150kV 时的飞机模型电晕放电辐射电场,从试验结果可见,不同充电电压下的飞机模型电晕放电辐射电场波形大致相同,只是幅度不同,不同充电电压下的电晕放电辐射信号幅度如表 7 - 5 所列。

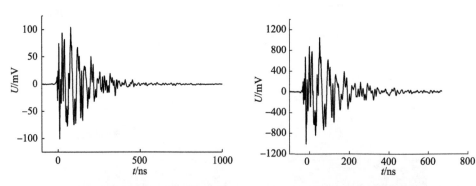

图 7 - 98　+60kV 电晕放电辐射电场波形　　图 7 - 99　+120kV 电晕放电辐射电场波形

表 7 - 5　正、负电晕信号幅度的对比情况

电压/kV	极性	信号幅度/mV	
		天线垂直极化	天线水平极化
20	正	12.1	—
	负	9.9	—
40	正	56.3	23.1
	负	47.2	15.1

234

电压/kV	极性	信号幅度/mV	
		天线垂直极化	天线水平极化
60	正	102.8	42.0
	负	93.0	31.6
80	正	323.1	50.1
	负	241.5	46.2
100	正	892.3	150.3
	负	754.0	126.9
120	正	1047.5	203.1
	负	762.9	131.9
150	正	1089.6	221.3
	负	801.7	141.0

从表7-5可以看出,随着充电电压的增大,辐射电场的幅值增大;相同电压幅值的充电电压条件下,正极性的辐射场一般大于负极性的辐射场,这是因为负电晕的放电阈值低于正电晕的放电阈值,负电晕放电电流一般比正电晕放电电流要小,这与细长导体电晕放电辐射场规律相同。从表中可看出,当充电电压大于100kV时,辐射电场幅值很大且变化趋势变缓,这是因为充电电压超过电晕放电阈值一定值时,平均电晕电流幅值达到最大,此时随充电电压的增大,平均电晕电流幅值基本不变,则辐射电场幅值达到最大,这满足电晕放电的伏安特性规律。从表中还可看出,天线水平极化方式接收的辐射电场幅度比垂直极化方式要小得多,说明电晕放电辐射场主要为垂直极化场。

分别对图7-98和图7-99所示电晕放电辐射电场进行FFT得图7-100和图7-101所示频谱。从频谱图可以看出,在不同充电电压情况下,飞机模型电晕放电辐射场的频谱分布大致相同,频率范围为20~200MHz,主要特征频率有24MHz、50MHz、74MHz等。在飞机模型电晕放电辐射场试验中,直流电压源通过3m长的高压电缆给飞机模型充电,充电位置为飞机头部,当充电电压超过飞机放电刷的电晕放电阈值时,放电刷发生电晕放电,并产生电晕放电电流,一部分电晕脉冲电流通过机体、高压输电线和直流电源流入大地,一部分电晕脉冲电流发生反转,电晕放电辐射场是由于电晕脉冲电流在机体和高压输电线上来回反射产生的,此时电晕脉冲电流的传播路径约为6.5m,根据理论计算结果可得电晕放电辐射场的特征频率为23.1MHz、46.2MHz、69.3MHz等,这与测量结果比较接近。因此,利用尖端导体电晕放电辐射场理论计算结果来分析飞机模型电晕放电辐射场是基本正确的,而且从测试波形及频谱分析可知,电晕放电辐射电场主要是电晕脉冲电流注入机体产生的,空气电晕区的电磁辐射可以忽略不计。

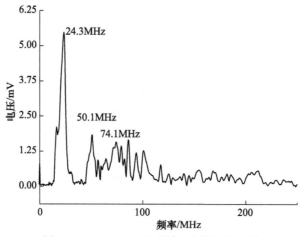

图7-100   +60kV 电晕放电辐射电场频谱

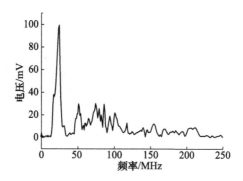

图7-101   +120kV 电晕放电辐射电场频谱

电晕放电辐射场是具有重复特性的,因此试验中测量了不同充电电压(-60kV、-70kV、-80kV、-90kV、-100kV、-110kV 和-120kV)情况下的电晕放电辐射信号重复率,测量结果如图7-102 所示。测量时,示波器的触发电平设置为70mV,图7-102 所示的脉冲重复率是指幅值大于70mV 的电晕放电脉冲在1min 内出现的次数。从图中可见,不同充电电压条件下辐射信号的重复频率不同,充电电压越大,信号重复率也越大。随着放电电压的增加,电晕放电电流重复率增大,因此辐射信号的重复率也增大。

试验中测量了+60kV 电晕放电、测试距离分别为5m、10m、15m、20m、25m 时的辐射电场波形。从试验结果可见,不同距离时的辐射电场波形大致相同,幅度与距离的一次方大致成反比例衰减关系。信号幅度与测试距离的关系如图7-103 所示。

236

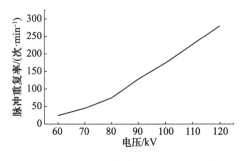

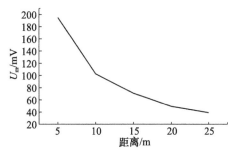

图 7 - 102　电晕重复率与充电电压的关系　　图 7 - 103　信号幅度与距离的关系

　　为研究飞机模型安装不同数量放电刷时的辐射电场特性,在充电电压为 -80kV、接收天线为对数周期天线、测试距离为 10m 的情况下测试了飞机模型安装不同数量放电刷时的辐射电场波形。试验发现,飞机模型安装不同数量放电刷时,辐射电场波形大致相同,只是信号幅度和信号重复率不同,随着放电刷的增多,信号幅度增大,信号重复率也变大。这是因为随着放电刷的增多,飞机模型电晕放电电流增大,放电电流的重复率也增大,使得辐射场的信号幅度和重复率变大。

　　试验中还测量了飞机模型不同位置(头部、侧部和尾部)的辐射信号。试验时充电电压为 -60kV,接收天线为对数周期天线,测试距离为 9m。试验发现,接收天线与飞机模型的相对位置不同,所测到的输出信号波形大致相同,但信号幅度是有差别的。接收天线位于飞机模型头部时,信号幅度为 71.5mV;接收天线位于飞机模型侧部时,信号幅度为 96.2mV;接收天线位于飞机模型尾部时,信号幅度为 82.2mV。从测试结果可见,接收天线在飞机模型的侧部时幅度最大,尾部次之,头部最小。根据天线理论分析,当飞机机体等效成一个单极子天线时,辐射场强度在与单极子天线垂直的方向即飞机模型的侧部最大,水平方向即飞机模型的头部和尾部最小。

　　综合以上分析,可以得出以下结论。

　　(1) 飞机模型的电晕放电辐射场主要为垂直极化场,它是由电晕放电脉冲电流在机体及高压电缆上来回反射产生,空气电晕区电磁辐射可以忽略不计。

　　(2) 飞机模型的电晕放电辐射信号时域波形呈现振荡衰减过程,持续时间大约为 400ns,信号的峰值随外加电压的升高而增大,正电压下信号的强度明显比负电压下信号的强度大。

　　(3) 在不同充电电压情况下,飞机模型电晕放电辐射场的频谱分布大致相同,频率范围为 20 ~ 200MHz,主要特征频率有 24MHz、50MHz、74MHz 等。飞机模型电晕放电场频谱分布由机体尺寸和高压电缆决定。

　　(4) 飞机模型不同位置(头部、侧部和尾部)的辐射信号有所差别,接收天线

237

位于飞机模型侧部时幅度最大,尾部次之,头部最小。

(5)不同充电电压条件下辐射信号的重复频率不同,充电电压越大,信号重复率也越大。

(6)飞机模型安装不同数量放电刷时,辐射电场波形大致相同,只是信号幅度和信号重复率不同,随着放电刷的增多,信号幅度增大,信号重复率也变大。

(7)不同距离时的辐射电场波形大致相同,幅度与距离的一次方大致成反比例衰减关系。

7.4.4 孤立导体电晕放电辐射场试验

将单个放电刷和飞机模型电晕放电辐射场试验结果进行对比可知,电晕放电辐射场特性与模拟系统的结构和试验方案有很大的关系,不同的电晕放电模拟系统测量得到的电晕放电辐射场特性不同。从飞机模型电晕放电辐射场试验方案和测量结果可知,飞机模型电晕放电辐射场信号不仅与飞机机体尺寸有关,而且与电缆长度有关,这是因为飞机模型电晕放电模拟系统充放电过程始终需要连接电源线、地线等电缆,当充电电压达到或超过飞机模型的放电阈值时,放电刷发生电晕放电,产生的电晕脉冲电流会通过充电电缆、直流高压源地线流入大地,从天线辐射理论可知,脉冲电流经过电缆会产生辐射,电缆越长,辐射信号的主要特征频率越低,导致飞机模型电晕放电辐射电场信号的频率降低。另外,模拟系统中的直流电源高压塔存在许多尖端,这些尖端也会产生电晕放电,会对飞机模型的电晕放电辐射场测量结果产生影响,这与实际飞行的飞机电晕放电过程有所差异。从单个放电刷的电晕放电辐射场试验结果可知,将放电刷直接安装在直流高压源的高压塔上进行试验研究,高压塔的尖端也存在电晕放电,而且电缆也存在电磁辐射,这不利于放电刷的电晕放电辐射场特性分析。从对飞机静电特性的分析可知,高空飞行的飞机可以看作自由空间中的孤立导体,其起电和放电过程不能简单地用直流高压源和充电电缆来模拟,因此需要提出一种孤立导体电晕放电的实验室模拟方法,为研究空中飞行飞机的电晕放电辐射场特性和影响因素提供试验依据。

1)孤立导体电晕放电模拟方法和试验设置

试验中采用充电极板和大地组成电容器来储存电荷,利用"非静电力做功,变容升压"模拟方法来模拟孤立导体电晕放电。图7-104是孤立导体电晕放电模拟装置,它由吊绳、充电极板、放电刷及屏蔽槽组成,模拟装置的结构是将放电刷安装在充电极板上,这与放电刷安装在飞机蒙皮上的结构类似,不同大小的充电极板模拟不同大小的飞机蒙皮,试验选用3种尺寸的圆形充电极板,直径分别是2m、1.5m和0.6m;吊绳为绝缘尼龙绳;充电极板为铝制圆薄板,表面涂敷绝缘漆,以避免充电极板上毛刺、边缘等处的电晕放电;放电刷长度为21cm,直径为1.2cm。

图7-105是孤立导体电晕放电辐射场试验设置,右侧为孤立导体电晕放电模

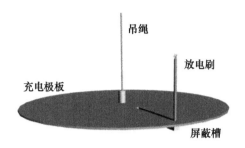

图 7 - 104　孤立导体电晕放电模拟装置结构

拟系统,采用升降滑轮来实现充电极板的高度变化,左侧为电晕放电辐射信号接收系统,测试天线、示波器和直流高压源类型与细长导体电晕放电辐射场试验相同。试验前通过吊绳、滑轮系统将充电极板吊离地面一定高度 h_1,放电刷置于充电极板的屏蔽槽内,在充电极板一定距离处放置接收天线,并将其与示波器或频谱仪相连。试验时利用直流高压源给充电极板充电,充到指定电压后将高压源撤离并关闭,这时由充电极板和大地组成的电容器就存储了大量的电荷,此时将充电极板迅速提高至 h_2,电容减小,如果带电量不变,则充电极板的电压增大,然后将放电刷从屏蔽槽内抬起,这时充电极板的电荷会重新分布,放电刷尖端聚集大量的静电荷,产生电晕放电现象,充电极板的电荷通过放电刷释放到空气中。电晕放电产生的辐射信号经接收天线接收传输至示波器或频谱仪进行采集和存储。

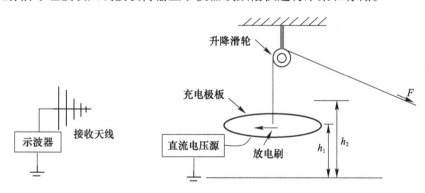

图 7 - 105　孤立导体电晕放电辐射场试验设置

　　在试验中,可以通过改变充电电压值的高低或极性、充电极板离地面的高度、充电极板的大小、放电刷的长度或周围环境等因素来模拟不同条件下孤立导体的电晕放电,同时利用信号接收系统测量电晕放电辐射信号,分析测量结果的时、频域特征,在此基础上,分析飞机等孤立导体的电晕放电辐射场特性和影响因素。

　　2)试验结果与分析

　　图 7 - 106、图 7 - 107 所示为孤立导体(直径为 0.6m 的圆形充电极板)充电至

±80kV,测试距离为 10m 时测量得到的电晕放电辐射信号,由于接收天线采用垂直极化方式,接收天线负载端的电压波形基本能表征 z 方向电晕放电辐射电场波形。从图中可以看出,电晕放电辐射信号时域波形呈衰减振荡形式,持续时间约为 30ns,信号中混有大量的背景噪声;+80kV 放电辐射信号幅值比 −80kV 放电要大;±80kV 放电的辐射信号首脉冲方向相反。

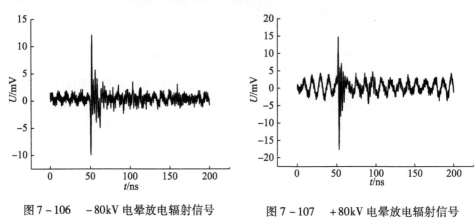

图 7 – 106　−80kV 电晕放电辐射信号　　　　图 7 – 107　+80kV 电晕放电辐射信号

　　分别对测量得到的图 7 – 106、图 7 – 107 所示电晕放电辐射信号进行 FFT 得图 7 – 108、图 7 – 109 所示频谱。

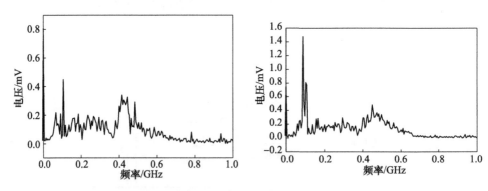

图 7 – 108　−80kV 电晕放电辐射信号频谱　　图 7 – 109　+80kV 电晕放电辐射信号频谱

　　从频谱图中可以看出,孤立导体(直径为 0.6m 的圆形充电极板)产生的电晕放电辐射信号的频率分布范围较广,从 50MHz 到 600MHz 甚至更高频段,能量主要集中在较高的频段,在 400 ~ 600MHz 之间;不同极性的电晕放电辐射场频谱分布基本相同。辐射信号频谱中存在 90 ~ 100MHz 附近的频率分量,为分析这些频率分量来源及随时间变化的关系,利用短时傅里叶变换(Short – Time Fourier Transform,STFT)对信号进行时频分析,结果如图 7 –110 和图 7 –111 所示。

240

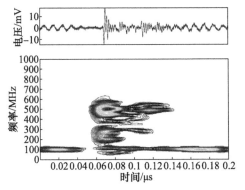

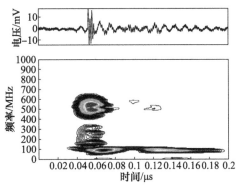

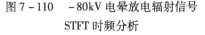

图7-110 -80kV电晕放电辐射信号
STFT时频分析

图7-111 +80kV电晕放电辐射信号
STFT时频分析

从图7-110和图7-111可见,频谱中90~100MHz附近以及更高吉赫兹的频率分量始终存在,对比背景噪声的频谱分析可知,这些频率分量主要是广播电视信号引起的,我们在分析电晕放电辐射场频谱时不考虑这些频率分量。从时频分析结果可以更清楚地看出电晕放电辐射信号的频率分布规律。从时频分布图中还可以看出,电晕放电时域波形上除了有一个较大的衰减振荡脉冲外,在其后还会有一些类似的小脉冲信号出现,这些脉冲信号频率与电晕放电辐射信号的频率基本相同,这可能是因为放电刷发生电晕放电时多个电晕电流脉冲或周围物体对辐射信号的反射等原因引起的。

试验中测量了不同充电电压情况下的电晕放电辐射信号,其波形与图7-106、图7-107基本一致。图7-112是对不同充电电压下得到的辐射信号进行傅里叶变换得到的频谱图。从图中可以清楚地看出,不同的充电电压下,信号的频率分布基本一致。

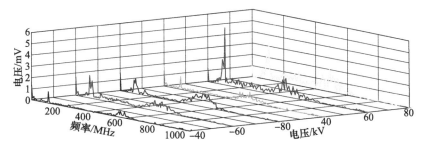

图7-112 孤立导体电晕放电辐射信号的频谱

对不同充电电压情况下的电晕放电信号时、频域特征进行统计分析,结果如表7-6所列。从表中可见:相同极性电压下,辐射信号的首脉冲方向相同,不同极

241

性电压下,辐射信号的首脉冲方向相反;正电晕放电的辐射信号幅值小于负电晕放电;辐射信号的持续时间基本相同,约为30ns。

表7-6 孤立导体电晕放电辐射信号的时、频特征

充电电压/kV	峰值/mV	持续时间/ns	主要频率范围/MHz	首脉冲方向
-40	10.4	约30	400~600	向下
-60	13.3	约30	400~600	向下
-80	17.1	约30	400~600	向下
+40	15.2	约30	400~600	向上
+60	16.3	约30	400~600	向上
+80	19.8	约30	400~600	向上

从图7-106和图7-107中电晕放电辐射信号的时域波形可以看出,脉冲峰峰值的时间间隔约为1.5ns,而电晕脉冲电流沿2倍长的放电刷传输所用的时间为1.4ns,两者比较接近,因此孤立导体电晕放电辐射信号可利用电晕放电辐射电场的理论计算结果解释,此时放电刷相当于一个脉冲电流传输线,电晕放电辐射电场波形的第一脉冲由导体顶端电晕电流注入发出,第二脉冲由电晕电流在放电刷底端反转发出,第三脉冲由电晕电流在放电刷顶端反转发出,第四脉冲电晕电流在放电刷底端反转发出,依此类推。脉冲时间间隔理论计算结果和实际测量存在误差是由于计算中假设是远区场造成的。为验证充电极板大小对孤立导体电晕放电辐射信号的影响,试验中测量了不同直径充电极板(直径分别为1.5m和2m)的电晕放电辐射信号。从测量结果可见,不同直径的充电极板电晕放电辐射时域信号和频率分布基本一致,只是在信号的强度上有差异,这是因为不同直径的充电极板对地电容 C 的不同,在相同充电电压下,根据 $Q=CU$ 可知,不同大小的极板和不同的充电电压最终只能影响储存电荷 Q 的多少,从而影响辐射信号的强弱,而对辐射信号的频率分布基本无影响。为验证放电刷的长度对辐射信号频率分布的影响,试验中测量了安装不同长度放电刷(长度为30cm、50cm)孤立导体的电晕放电辐射场,从测量结果可见,放电刷增长会导致辐射频率的降低,规律与前面细长导体电晕放电试验结果相同。因此,我们认为孤立导体发生电晕放电时,电晕放电辐射场主要是由于电晕放电电流在放电刷上来回发射造成的,其频率分布主要取决于放电刷的尺寸,而与充电极板的大小关系不大,充电极板的大小主要影响放电信号的强弱。

试验中测量了+80kV孤立导体电晕放电、不同测量距离时的辐射信号波形。从试验结果可见,不同距离处的辐射信号波形大致相同,幅度与距离的一次方大致成反比例衰减关系。辐射信号峰值与测量距离的关系如图7-113所示,这与前面的电晕放电辐射场试验结论相同。

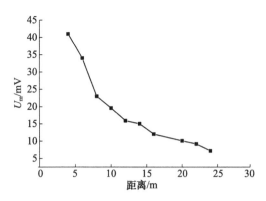

图 7 – 113　测试距离与辐射信号幅值的关系

试验中还测量了孤立导体在充电电压为 ±80kV、接收天线水平极化时的辐射信号,测量波形特性与图 7 – 106、图 7 – 107 一致,但幅度要小得多。充电电压为 +80kV 时,信号幅度为 9.1mV;充电电压为 –80kV 时,信号幅度为 7.1mV。这说明电晕放电辐射场主要是垂直极化场。

综合以上分析,可以得出以下结论。

(1)孤立导体的电晕放电辐射场主要为垂直极化场,它是由于电晕放电脉冲电流在放电刷上来回反射产生,空气电晕区电磁辐射可以忽略不计。

(2)孤立导体电晕放电辐射信号的时域特征。辐射信号的时域波形呈衰减振荡形式;辐射信号峰值随充电电压的升高有增大的趋势,正电晕放电辐射信号的强度明显比负电晕放电辐射信号的强度大;辐射信号首脉冲的方向电晕放电极性不同而相反;不同充电电压下电晕放电辐射信号的持续时间基本一致,均在几十纳秒量级。

(3)孤立导体电晕放电辐射信号的频域特征。不同充电电压下,信号的频率分布基本一致,范围从 50MHz 到 600MHz 甚至更高,能量主要集中在 400 ~ 600MHz 之间;充电极板的大小对辐射信号的频率基本无影响,而放电刷的长短对辐射信号的频率有影响。

(4)不同距离时的辐射信号波形大致相同,幅度与距离的一次方大致成反比例衰减关系。

(5)将孤立导体电晕放电试验与实际飞行飞机电晕放电过程进行对比,可以初步看出:飞机飞行过程中的电晕放电辐射信号主要是电晕脉冲电流在放电刷上来回反射产生的;信号频率分布主要取决于放电刷尺寸,而与放电刷相连的飞机部件尺寸关系不大;飞机形状和尺寸对电晕放电辐射信号的强弱有影响,这可由飞机起电机理解释,飞机尺寸越大,飞机带电量越大,则飞机电晕放电辐射信号越强;飞机电晕放电辐射场主要是垂直极化场,其幅度与距离的一次方成反比例衰减关系。

7.4.5　某型飞机电晕放电信号测试

　　前面通过对孤立导体电晕放电试验结果分析可知,电晕放电辐射场时域信号为衰减振荡形式,频率分布范围为 50~600MHz。通过将孤立导体电晕放电试验与实际飞行飞机电晕放电过程进行对比,初步得出了飞机电晕放电辐射信号的时、频域特征和主要辐射机制,这为实际飞机电晕放电接收机研制和信号测试提供了试验指导。为进一步验证实验室模拟结果,开展了某型飞机飞行过程中电晕放电辐射信号的外场试验。基于对电晕放电实验室模拟结果和现场环境背景噪声的时频域特征分析,试验时选用接收天线、带通滤波器、带阻滤波器、放大器和数据记录设备组成信号接收系统。为获得飞机各个飞行阶段的电晕放电信号特征,试验时分别测试了某型飞机起飞、降落和飞行过程中的电晕放电辐射信号。对飞机起飞时电晕放电信号的测试,测试地点位于机场跑道北 1km 处,接收系统与飞机航道垂直高度为 200m;对飞机降落时电晕放电信号的测试,测试地点位于机场跑道南 1km 处,接收系统与飞机航道垂直高度为 200m;对于飞机高空飞行时的电晕放电信号测试,测试地点位于飞机航道正下方处。试验时温度为 19.2~25.1℃,湿度为 35.2%~43.8%。图 7 - 114 所示为飞机降落时电晕放电信号测试设置。

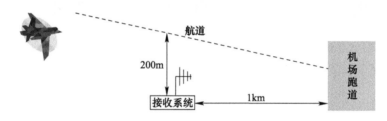

图 7 - 114　某型飞机降落时电晕放电信号测试设置

　　试验中在每个测试点分别测试了多架次某型飞机的起飞、降落和飞行过程中的电晕放电信号。通过将测试结果与环境背景噪声进行对比可知,当飞机在起飞过程时,测试系统未侦测到电晕放电辐射信息,利用关于对飞机起飞过程中电晕放电信号特征的分析结论可知,飞机起飞过程中静电起电时间较短,机身积累的静电荷尚未达到飞机放电系统的起晕电压,可能未发生电晕放电过程;当飞机在高空飞行过程中,测试系统也未侦测到电晕放电信号,分析原因是测试距离较远,电晕放电辐射信号较弱,而且可能完全被背景噪声淹没,测试系统的灵敏度较低,无法满足电晕放电辐射信号的远距离探测;当飞机在降落前低空飞行过程中,测试系统侦测到电晕放电辐射信号,测试结果如图 7 - 115 和图 7 - 116 所示,该信号与环境背景噪声源的时频域特性存在明显差异,可以判定是飞机电晕放电过程产生的辐射信号。

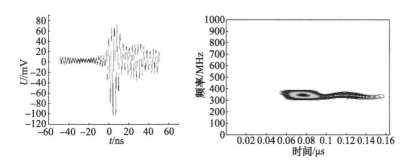

图 7 - 115　某型飞机电晕放电信号及其时频谱(一)

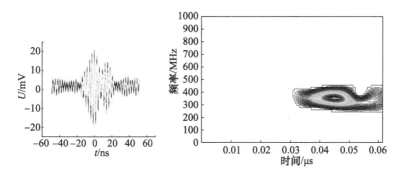

图 7 - 116　某型飞机电晕放电信号及其时频谱(二)

从图 7 - 115 和图 7 - 116 可见,飞机电晕放电辐射时域信号为衰减振荡形式,主要频率分布范围为 250 ~ 450MHz。信号的时域特征与实验室模拟结果一致,频率特性与模拟结果有差别,这是因为该型飞机的放电系统类型、设置位置和数量都与实验室模拟系统不同,因此辐射信号频率特性存在一定的差别。试验时共测试了 20 架次该飞机的降落过程,但测试系统只侦测到 5 次电晕放电辐射信号,这是因为飞机降落过程伴随着对地电容急剧增加,当机身电荷量不变前提下对地电压不断降低,制约了飞机电晕放电过程,而且飞机放电系统最后一次放电时间具有随机性,由于飞机本身积聚静电荷量、环境条件等因素的影响,当放电点与测试系统距离较远时,有用信息可能完全被噪声淹没,因此测试系统无法侦测到电晕放电信号。

通过对某型飞机电晕放电信号外场测试结果的分析可知,飞机飞行过程中存在可探测的电晕放电辐射信号,其时频特性与实验室模拟结果基本相同,证明了飞机电晕放电的主要辐射机制是由于电晕脉冲电流在飞机放电系统上来回发射产生的,但要实现对飞机电晕放电辐射场的远距离探测,需研制高灵敏度的接收机和研究强背景噪声环境下弱信号提取方法。

参 考 文 献

［1］刘尚合,魏光辉,刘直承,等. 静电理论与防护［M］. 北京:兵器工业出版社,1999.

［2］胡小锋,刘尚合,王雷,等. 尖端导体电晕放电辐射场的计算与实验［J］. 高电压技术,2012,
38(9):2266－2272.

［3］郑会志. 舱外航天服纯氧环境静电与电磁安全性评价研究［D］. 石家庄:军械工程学院,2008.

［4］邢政. 基于静电信息的目标定位方法研究［D］. 石家庄:军械工程学院,2017.

［5］刘卫东,刘尚合,胡小锋,等. 基于互相关信息积累的非周期微弱局部放电源探测方法［J］.
高电压技术,2017,43(3):966－972.

［6］张悦. 基于混沌理论与互相关时延估计的微弱放电信号检测方法［D］. 石家庄:军械工程学院,2016.

［7］刘卫东. 瞬态电场时域测试理论与关键技术研究［D］. 石家庄:军械工程学院,2012.

［8］刘浩. 不同环境下飞行器表面静电起电放电研究［D］. 石家庄:军械工程学院,2015.

［9］胡小锋. 飞机静电起电放电机理及辐射场特征研究［D］. 石家庄:军械工程学院,2009.

［10］杜照恒,刘尚合,魏明,等. 飞行器静电起电与放电模型及仿真分析［J］. 高电压技术,2014,40(9):2806－2812.

［11］郑会志,胡小锋,樊高辉,等. 蒙皮材料静电起电影响因素实验研究［J］. 军械工程学院学报,2012,24(6):19－22.

［12］樊高辉,刘尚合,魏明,等. 用于远距离电晕放电检测的窄带测试系统设计［J］. 高电压技术,2014,40(9):2770－2777.

［13］朱利,刘尚合,王雷,等. 用于电晕放电远距离探测的螺旋天线的研究［J］. 科学技术与工程,2013,13(25):7332－7337.

［14］樊高辉. 电晕放电电磁辐射信号特性分析及检测算法研究［D］. 石家庄:军械工程学院,2015.

［15］张悦,刘尚合,胡小锋,等. 微弱瞬态电磁辐射信号的双耦合 Duffing 振子自适应检测方法
［J］. 高电压技术,2016,42(6):2009－2016.

［16］胡小锋,刘尚合,刘卫东,等. 强背景噪声下电晕放电辐射信号小波阈值去噪和分析［J］.
军械工程学院学报,2010,22(3):18－21.

［17］刘浩,刘尚合,胡小锋,等. 某飞行器表面硅基热防护材料静电起电和泄漏特性及其影响因素［J］. 高电压技术,2017,43(9):3050－3054.

［18］胡小锋,魏明,刘卫东,等. 空中目标电晕放电辐射信号测试［J］. 四川兵工学报,2009,30(10):16－18.

［19］万博,刘尚合,胡小峰,等. 空气中电晕放电的 Monte Carlo 模拟［J］. 电讯技术,2011,51

(4):111 – 114.

[20] 胡小锋,刘卫东,张悦,等．空间放电辐射脉冲的探测与定位[J]．强激光与粒子束,2015,
27(10):103226.

[21] 杜磊,刘卫东,王阳阳．静电放电小空间测试装置性能分析与验证实验[J]．高电压技术,
2012,38(9):2248 – 2253.

[22] 毕增军．静电放电电磁场及其孔缝耦合的数值建模与计算[D]．石家庄:军械工程学
院,2004.

[23] 雷晓勇,刘尚合,胡小峰,等．尖端导体电晕放电试验研究[J]．计算机测量与控制,2011,
19(9):2197 – 2213.

[24] 陈智超,魏明,纪志强,等．基于系统辨识的火箭弹电磁脉冲响应建模[J]．军械工程学院
学报,2015,27(2):34 – 38.

[25] 张悦,刘尚合,刘卫东,等．基于加窗四阶累量与互相关时延估计的微弱瞬态电磁辐射信
号检测算法[J]．系统工程与电子技术,2016,38(3):512 – 517.

[26] 刘卫东,魏明,胡小锋．带限测试系统对电磁脉冲波形参数的影响分析[J]．微波学报,
2011,27(5):73 – 78.

[27] 樊高辉,刘尚合,胡小锋,等．基于辐射场窄带测试的电晕放电远距离探测技术研究[J]．
电波科学学报,2011,29(5):833 – 840.

[28] 刘尚合,杜照恒,胡小锋．航空发动机尾气静电带电机理分析与试验研究[J]．高电压技
术,2014,40(9):2678 – 2684.

[29] 朱利,刘尚合,郑会志,等．航空发动机喷流起电机理建模与试验研究[J]．物理学报,
2013,62(22):225201.

[30] 蒙志成,孙永卫,原青云,等．航天器充放电效应研究现状及发展趋势[J]．军械工程学院
学报,2015,27(3):33 – 37.

[31] 胡小锋,刘卫东,王雷．广义互相关电晕放电辐射信号时延估计方法[J]．强激光与粒子
束,2018,30(1):013201.

[32] 刘浩,刘尚合,魏明,等．高空低气压电晕放电特性模拟试验研究[J]．高电压技术,2015,
41(5):1704 – 1708.

[33] 刘卫东,刘尚合,王雷,等．一种改进的小波软阈值去噪方法性能分析[J]．军械工程学院
学报,2007,19(3):27 – 30.

[34] 胡小锋,刘卫东,周帅．电晕放电辐射信号的特征提取和模式识别方法研究[J]．装备环
境工程,2017,14(4):57 – 61.

[35] 孙永卫,刘浩,原青云,等．电晕放电辐射场实验研究[J]．河北大学学报,2010,30(5):
494 – 498.

[36] 刘卫东,刘尚合,毕军建,等．电磁脉冲测试系统的非线性辨识建模与性能补偿[J]．强激
光与粒子束,2011,23(12):3431 – 3436.

[37] 张自嘉,王其,孙亚杰,等．大气带电粒子对电磁波的散射研究[J]．电波科学学报,2011,
26(4):758 – 764.

[38] 杨华玮．静电云微物理对云形成的影响[D]．上海:华东师范大学,2018.

[39] 石国德. 300kV 飞机静电放电试验方法研究[D]. 沈阳:沈阳航空航天大学,2012.

[40] 罗强. 飞机沉积静电电荷分布的研究和应用[D]. 西安:西安石油大学,2018.

[41] 王晓春,夏冰,胡挺. 飞机 P - 静电防护[J]. 江苏航空,2011,3:5 - 7.

[42] 柳昌龄. 飞机静电的介绍及防护[J]. 动力与电气工程,2017,(05):47 - 48.

[43] 段泽民,仇善良,司晓亮,等. 飞机静电放电器静电泄放性能的影响参数[J]. 高电压技术,2016,42(5):1356 - 1362.

[44] 张靖,司晓亮,仇善良,等. 飞机静电放电刷静电放电特性的试验研究[J]. 合肥工业大学学报,2018,41(1):40 - 44.

[45] 王天顺,刘树斌,吕朝晖. 飞机静电环境特性研究[J]. 飞机设计,2008,28(6):59 - 65.

[46] 袁海环. 复合材料飞机沉积静电防护研究[J]. 航空航天科学技术,2019,(08):9 - 12.

[47] 郗琦,晁鲁静,王海涛,等. 运载火箭静电带电理论研究与试验验证[J]. 航天器环境工程,2016,33(3):282 - 288.

[48] 翟聪. 基于静电放电的摩擦发电机性能提升器的研究与设计[D]. 太原:中北大学,2019.

[49] 高健. 摩擦起电真空测量装置研制及起电机理研究[D]. 北京:北京林业大学,2020.

[50] 李薇. 滑动摩擦起电检测装置研制及机理研究[D]. 北京:北京林业大学,2019.

[51] 常天海,吴金成. 固体材料二次电子发射特性对其静电起电性能的影响[J]. 科学技术与工程,2011,11(33):8140 - 8144.

[52] JOSEPH E N. Static charging and its effects on avionic systems[J]. IEEE Transactions on EMC,1982,24(2):203 - 209.

[53] GRITSININ S I,GUSHCHIN P A,DAVYDOV A M,et al. Pulsed microwave discharge in a capillary filled with atmospheric pressure gas[J]. Plasma Physics Reports,2013,39(8):644 - 650.

[54] JONES J J. Electric charge acquired by airplanes penetrating thunderstorms[J]. Journal of Geophysical Research,1993,95(D10):16589 - 16600.

[55] KEITH W D,SAUNDERS C P R. Charging of aircraft - high - velocity collisions[J]. Journal of Aircraft,1990,27(3):218 - 222.

[56] ABDEL - GALIL T K,SHARKAWY R M,SALAMA M M A,et al. Partial discharge pattern classification using the fuzzy decision tree approach[J]. IEEE Transactions on Instrumentation and Measurement,2005,54(6):2258 - 2263.

[57] Mardiguian M. Comments on fields radiated by electrostatic discharges[J]. IEEE Transactions on Electromagnetic Compatibility,1992,34(1):62.

[58] HUAN Z F,YONG J X,ZHANG J. Analysis of corona discharge interference on antennas on composite airplanes[J]. IEEE Trans. on Electromagnetic Compatibility,2008,50(4):822 - 827.

[59] ILLINGWORTH A J,MARSH S J. Static charging of aircraft by collisions with ice crystals [J]. Revue Physics Application,1986,(21):803 - 808.

[60] METWALLY I A. Status review on partial discharge measurement techniques in gas - insulated switchgear lines[J]. Electric Power System Research,2004,69:25 - 36.

[61] URBANO M,BENOCCI R,MAURI L. Study of a positive corona discharge in argon at different pressures[J]. The European Physical Journal D,2006,37(06):115 - 122.

［62］ WANG L M,BIAN X M,LIU Y P,et al. High altitude effect on corona inception voltages of dc power transmission conductors based on the mobile corona cage[J]. IEEE Transactions On Power Delivery,2013,28(3):1971 – 1973.

［63］ GREASON W D,CASTLE G S P. The effects of electrostatic discharge on microelectronic devices – A review[J]. IEEE Transactions on Industry Application,1984,20(2):247 – 252.

［64］ HOU H,SHENG G,JIANG X. Robust time delay estimation method for locating UHF signals of partial discharge in substation [J]. IEEE Transactions on Power Delivery, 2013, 28 (3): 1960 – 1968.

［65］ 洪亮,额日其太,徐惊雷. 双喷管 STOVL 飞行器升力突降动态过程的三维数值模拟[J]. 航空动力学报,2015,30(11):2688 – 2694.

［66］ 文振华. 航空发动机静电监测技术[M]. 北京:知识产权出版社,2014.

［67］ 宋瑞海,张书锋,张明志,等. 航天器空间环境模拟器中的等离子体分布规律[J]. 真空科学与技术学报,2014,34(7):720 – 723.

［68］ 马勉军,陈焘,雷军刚,等. 大型低地球轨道空间等离子体环境模拟实验系统设计[J]. 真空科学与技术学报,2016,36(6):680 – 685.

［69］ 刘尚合,武占成,等. 静电放电及危害防护[M]. 北京:北京邮电大学出版社,2004.

［70］ 王雷. 飞机静电放电辐射信号测试及数据降噪处理研究[D]. 石家庄:军械工程学院,2011.

［71］ 包方闻. 大气气溶胶光学特性及黑碳浓度卫星遥感反演研究[D]. 北京:中国科学院大学,2018.

［72］ 洪亮,额日其太,徐惊雷. 垂直起降飞行器升力突降动态过程的数值模拟研究[J]. 推进技术,2015,36(4):527 – 731.

［73］ 陈晰,杨宏伟,吴超,等. 高聚物包装材料静电起电原理的研究[J]. 当代化工,2012,41 (9):983 – 985.

［74］ 徐飞. 基于近红外波段的大气粒子散射特性研究[D]. 南京:南京气象学院,2004.

［75］ 徐飞. 基于蒙特卡洛理论的大气偏振特性分析[D]. 合肥:合肥工业大学,2011.

［76］ 钟辰. 基于时域有限差分法的非球形大气粒子散射特征研究[D]. 合肥:合肥工业大学,2014.

［77］ 袁亚飞. 电子工业静电防护技术与管理[M]. 北京:中国宇航出版社,2013.